高等院校木材科学与工程专业规划教材

胶合板制造学

周晓燕　主　编
王　欣　杜春贵　副主编
李凯夫　主　审

中国林业出版社

图书在版编目（CIP）数据

胶合板制造学／周晓燕主编. —北京：中国林业出版社，2012.10（2024.2 重印）
高等院校木材科学与工程专业规划教材
ISBN 978-7-5038-6777-4

Ⅰ. ①胶… Ⅱ. ①周… Ⅲ. ①胶合板－制造工艺－高等学校－教材
Ⅳ. ①TS653.3

中国版本图书馆 CIP 数据核字（2012）第 234346 号

中国林业出版社·教材出版中心

策划、责任编辑：杜 娟
电话、传真：83280473　83220109

出版发行	中国林业出版社(100009　北京市西城区德内大街刘海胡同 7 号) E-mail：jiaocaipublic@163.com　电话：(010)83223119 http：//lycb.forestry.gov.cn
经　　销	新华书店
印　　刷	中林科印文化发展(北京)有限公司
版　　次	2012 年 12 月第 1 版
印　　次	2024 年 2 月第 2 次印刷
开　　本	850mm×1168mm　1/16
印　　张	13.75
字　　数	318 千字
定　　价	42.00 元

未经许可，不得以任何方式复制或抄袭本书之部分或全部内容。

版权所有　侵权必究

木材科学及设计艺术学科教材
编写指导委员会

顾　　　问	江泽慧　张齐生　李　坚　胡景初	
主　　　任	周定国	
副　主　任	赵广杰　王逢瑚　吴智慧　向仕龙　杜官本　费本华	

"木材科学与工程"学科组

组长委员　周定国

副组长委员　赵广杰　刘一星　向仕龙　杜官本

委　　　员（以姓氏笔画为序）

　　　　　　于志明　马灵飞　王喜明　吕建雄　伊松林　刘志军
　　　　　　刘盛全　齐锦秋　孙正军　杜春贵　李凯夫　李建章
　　　　　　李　黎　吴义强　吴章康　时君友　邱增处　沈　隽
　　　　　　张士成　张　洋　罗建举　金春德　周捍东　周晓燕
　　　　　　夏玉芳　顾继友　徐有明　梅长彤　韩　健　谢拥群

秘　　　书　徐信武

前 言

人造板工业是林产工业领域的一个重要分支，与人类社会的发展、生态环境的建设以及科学技术的进步有着紧密的联系。近几十年来，特别是改革开放三十多年以来，我国人造板工业获得了突飞猛进的发展，发生了翻天覆地的变化。目前，我国人造板产量已位居世界之首。我国正在朝着人造板工业大国和强国的目标迈进。

伴随着人造板工业的科技进步，专业人才培养也受到了国家、企业和全社会的高度重视。历经几代人的努力，开设木材科学与工程专业的各高校在"人造板工艺学"的课程设置和教材建设方面形成了自己的优势和特色，为我国人造板工业技术创新和赶超世界先进水平发挥了重要的作用。为了促进人造板教材的结构调整和质量提升，各高校学科带头人提出了《胶合板制造学》、《纤维板制造学》和《刨花板制造学》三书合一的大胆构想，编写了《人造板工艺学》新教材，该教材以原料单元为主线，以工艺过程为重点，以材料改性为突破，形成了新教材的个性和亮点。教材受到了各个学校和广大师生的欢迎，至今已进行了第二次修订，多次重印，并被评为教育部国家级规划教材及江苏省级精品教材。

在肯定新教材各方面优点的同时，编者和读者已经注意到该教材存在的不足之处，比如，新教材在引进专业概念和具体技术时，入门起点偏高，引进速度偏快，学生的注意力难以集中，希望有一个循序渐进的平稳过渡。在广泛进行调查研究的基础上，我们组织编写了《胶合板制造学》、《纤维板制造学》和《刨花板制造学》三本教材，作为新教材的入门专业教材。这三本教材的共同特点是：既重视理论，更重视实践；既重视原料单元，更重视产品结构；既重视产业传承，更重视技术创新。相信这三本教材在人造板专业教学改革中必将发挥重要的作用。

本书由周晓燕教授（南京林业大学，编写第1章概述，第3章单板制造，第6章单板胶合，第8.2节单板层积材）任主编；王欣副教授（内蒙古农业大学，编写第2章备料，第5章单板施胶与组坯，第7章后期处理）和杜春贵教授（浙江农林大学，编写第4章单板干燥和加工，第8.1节竹材胶合板，第8.5节细木工板）为副主编；潘明珠副教授（南京林业大学，编写第8.3节平行单板条层积材，第8.4节集成材，第8.6节木材层积塑料）参编。周晓燕负责全文通稿，华南农业大学李凯夫教授担任本书主审，我们谨向为本书写作、编辑、出版和发行等作出积极贡献的各位专家、教授（其中特别包括年轻的专家和学者）和出版工作者表示衷心的感谢！

本书适合本科生在上"人造板工艺学"专业课程前先期阅读，提前接受专业感性认识，也可以用作大学生进行生产实习的专业辅助读物，还可以供企业管理人员以及操作工人阅读。

由于作者水平所限，本书难免存在不妥之处，请广大读者批评指正，以便再版时得以纠正。

编 者
2012 年 7 月

目 录

前 言

第1章 绪 论
1.1 胶合板生产的发展历史 …………………………………………… (1)
1.2 胶合板的分类 ……………………………………………………… (6)
1.3 胶合板的性能 ……………………………………………………… (7)
1.4 胶合板的生产工艺流程 …………………………………………… (9)
1.5 胶合板的构成原则 ………………………………………………… (10)

第2章 备 料
2.1 原料选择 …………………………………………………………… (15)
2.2 原木检验和贮存 …………………………………………………… (22)
2.3 原木截断 …………………………………………………………… (23)
2.4 木段预处理 ………………………………………………………… (27)
2.5 木段剥皮 …………………………………………………………… (34)

第3章 单板制造
3.1 木段定中心 ………………………………………………………… (38)
3.2 单板旋切 …………………………………………………………… (41)
3.3 单板质量 …………………………………………………………… (60)
3.4 单板输送 …………………………………………………………… (67)
3.5 薄木制造 …………………………………………………………… (70)

第4章 单板干燥和加工
4.1 单板干燥方法 ……………………………………………………… (81)
4.2 单板干燥工艺 ……………………………………………………… (82)
4.3 单板干燥质量 ……………………………………………………… (90)
4.4 单板干燥设备 ……………………………………………………… (94)
4.5 单板加工 …………………………………………………………… (99)

第 5 章 单板施胶与组坯
- 5.1 胶黏剂调制 …………………………………………………………………………（110）
- 5.2 单板施胶 ……………………………………………………………………………（115）
- 5.3 组坯与预压 …………………………………………………………………………（125）

第 6 章 单板胶合
- 6.1 胶合原理 ……………………………………………………………………………（129）
- 6.2 胶合方法 ……………………………………………………………………………（134）
- 6.3 胶合工艺 ……………………………………………………………………………（135）
- 6.4 胶合质量 ……………………………………………………………………………（145）
- 6.5 胶合设备 ……………………………………………………………………………（148）
- 6.6 其他胶合方法 ………………………………………………………………………（150）

第 7 章 后期处理
- 7.1 裁边 …………………………………………………………………………………（159）
- 7.2 砂光 …………………………………………………………………………………（164）
- 7.3 检验分等 ……………………………………………………………………………（168）

第 8 章 其他单板类人造板
- 8.1 竹材胶合板 …………………………………………………………………………（171）
- 8.2 单板层积材 …………………………………………………………………………（181）
- 8.3 平行单板条层积材 …………………………………………………………………（188）
- 8.4 集成材 ………………………………………………………………………………（191）
- 8.5 细木工板 ……………………………………………………………………………（196）
- 8.6 木材层积塑料 ………………………………………………………………………（202）

参考文献 …………………………………………………………………………………（210）

第 1 章 绪　论

本章介绍了胶合板的定义、结构、种类、用途、特点、性能以及胶合板生产的发展历史，概述了胶合板的生产工艺流程，并从复合材料力学的角度阐述了胶合板的构成原则。

1.1 胶合板生产的发展历史

1.1.1 发展简史

胶合板的生产最早起源于公元前 3000 年的古埃及，首次利用手工锯切将贵重木材制造成小薄片（现在所谓的单板），然后用合适的磨料（如浮石）磨光，与具有艺术价值的金属薄片或象牙之类的材料黏合在一起，用于制造国王和王族所用的高级家具。之后，单板制造技术不断发展，1812 年法国获得了第一个单板锯机专利，1818 年世界上出现了第一台旋切机，这一发明使单板能批量生产。19 世纪中叶，第一个单板制造工厂在德国诞生，使胶合板的工业化生产成为可能。

据全球产业研究公司（Global Industry Analysts，Inc）公布的名为《胶合板：全球战略商业报告》研究报告中的预测，到 2015 年全球的胶合板产量可达 7590 万 m^3。这份报告对全球的胶合板市场做了全面审查，分析了胶合板市场的发展趋势，同时提供了美国、加拿大、日本、欧洲、中国以及亚太其他地区 6 年（2001～2006 年）的胶合板产量，并据此预测了 2007～2015 年全球的胶合板产量。报告中指出，目前中国是世界上第一大胶合板生产国。

我国的胶合板工业起步于 20 世纪初期。1920 年德国专家在天津建成了我国第一条胶合板生产线。自此以后，我国的胶合板工业迅速发展起来。从我国胶合板发展历程和生产来看，大致经历了六个阶段，第一阶段：1920～1957 年为启蒙阶段，这期间胶合板生产使用的胶黏剂为动植物蛋白胶，主要是血胶、豆胶，使用动植物蛋白胶生产的胶合板优点是环保、产品无毒无害，最大的问题是耐水性差，胶合强度低。这期间胶合板的发展速度很慢，产量大约只有 3.5 万 m^3。第二阶段：1957～1980 年为缓慢增长阶段，年产量从 3.5 万 m^3 增加到 32.9 万 m^3，年均增长超过 1 万 m^3，该时期胶合板工业的发展得益于化工工业的发展和合成树脂的诞生。第三阶段：1980～1993 年为波动增长阶段，年产量从 32.9 万 m^3 增加到 212 万 m^3，年均增长超过 14 万 m^3。该时期的胶合板工业发展，首先得益于加工技术的发展和加工机械的革新，以及计算机辅助控制技术和激光定芯技术等在胶合板生产中的应用；其次是改革开放带来国内市场需求的大幅度提高。第四阶段：1993~2003年为飞速发展阶段，年产量从212万 m^3 增加到2102万 m^3，年均增长近200万 m^3。该时期的胶合板工业发展，主要得益于市场的巨大需求和西方工业发达国家的工业进行的结构性调整，劳动密集型的胶合板产业快速向发展中国家转移，劳动力资源丰富的中国成了理想的胶合板生产地。为了适应市场的快速变化，我国胶合板生产企业曾经有过一天提高6次出厂价格的经历，财富的快速积聚使不少胶合板生产和经营者很快成为百万元户、千万元户，并为我国胶合板产业的持续发展奠定了基础。中国胶合板产品质量的提升，得到发达国家的广泛认可，这期间许多欧美胶合板进口商在进口中国胶合板业务中取得巨大利益。第五阶段：2004~2008年为平稳发展阶段，该阶段我国胶合板工业呈现稳定态势，产量变化不大，国内外市场趋于平稳，虽然进口大径材日趋枯竭，但国内人工林小径材取代进口大径材，小型加工设备取代了大型加工机械和进口成套设备，市场分工呈现多元化并日趋合理。受2008年金融危机影响，我国胶合板行业面临巨大考验，有45%的胶合板企业关停，有20%~30%的胶合板企业艰难维持。第六阶段：2009至今为理性发展阶段，胶合板产业主要特征表现为：一是产品质量有所提升，特别是美国推出CARB认证以后，以自制脲醛树脂胶生产的小型胶合板企业生存艰难，它们或者采用低醛环保胶黏剂，或者采购市场上大品牌高档环保胶黏剂来维持生产；二是产业分工更趋市场化，具体表现是单板旋切工序和胶合成板工序分开，旋切工序更靠近原材料基地，胶合成板工序更靠近市场；三是地板基材用胶合板量骤增，受多层实木复合地板行业发展的影响，特别是南方速生桉树单板用于地板基材，直接带动胶合板产业的发展；四是由于国内装饰装修行业的带动，一大批小型胶合板企业改为生产细木工板，它们进入市场方便，不受国家生产许可证直接管理；五是部分技术装备稍好的企业，将普通胶合板生产改为非结构单板层积材生产，以满足快速发展的家具、木质门行业框架材料生产的需求。我国胶合板产业已经步入结构性调整期，受国际市场持续疲软、人民币升值压力增大、生产成本持续增加的影响，那些投机性质的企业、技术力量薄弱的企业、产品质量差的企业、没有市场开发能力的企业将失去继续生存和发展的机会。我国胶合板产业在"十二五"期间只有依靠科技创新和技术进步才能得到可持续发展。

1.1.2 生产现状

日本林业经济研究所理事长荒谷明日儿曾在文章《世界木材生产与贸易现状》中指出，与1995年相比，2008年世界胶合板生产量为8110万 m^3，增长47%。其中，欧洲因俄罗斯猛增1.8倍而增长52%，亚洲因中国猛增3.5倍而增长95%，北美大幅度减产34%。各洲生产量在世界的占有率以亚洲为最高，达到68%。从主要生产国来看，居世界前4位的生产大国分别是中国、美国、马来西亚和印尼。其中，中国作为世界第一大胶合板生产国其产量是美国的两倍多。同期，世界胶合板出口量增长28%，达到2500万 m^3。从出口占有率来看，亚洲从69%降至61%，欧洲从14%升至21%，北美洲从11%降至4%。

在1995~2008年的13年里，中国的胶合板工业取得了飞跃发展，胶合板产量增长2倍、出口量增长6.3倍，已经取代了美国和印尼成为世界胶合板生产和出口第一大国。而且，中国胶合板产量在世界的占有率从 15% 升至 40%，出口量从 5% 升至 30%，完全取代了美国和印尼当年在世界的地位。

进入 21 世纪，尤其是自 2003 年由中共中央、国务院颁布《关于加快林业发展的决定》以来，我国各地贯彻落实发展人造板的方针政策(包括《林业产业政策要点》)，加大投资力度和科技含量，千方百计扩大人造板原料，在体制上实行林板一体化，积极引进国外的先进生产工艺、设备与管理，使我国的人造板产业有了突飞猛进的发展。据统计(图 1-1)，2009 年我国人造板产量达到 11373 万 m^3，比 2008 年增长 21%，比 2001 年的 2111.27 万 m^3 增加了 4.39 倍，平均每年递增 59.85%。

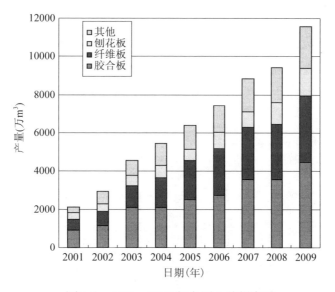

图 1-1　2001~2009 年全国人造板产量

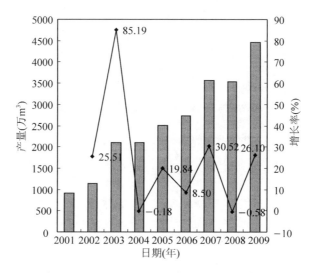

图 1-2　2001~2009 年胶合板产量及增长率

胶合板占人造板总量从 2001 年的 42.8% 到 2006 年的 36.7%，再到 2009 年的 39.3%，所占比例高低振荡，但总体呈下降趋势（图 1-2）。胶合板近 10 年来受市场和原料影响，产量有起有伏，除 2008 年外，总体上保持年均近 30% 的增长速度。我国胶合板从 2001 年年产 904.51 万 m^3，到 2009 年的 4465 万 m^3，9 年间产量增加了 3.94 倍。

目前我国胶合板产业规模以上企业约 4000 家，产能达到万立方米的企业约 1800 家，从事单板旋切的作坊型企业逾万家。生产区域主要集中在河北、山东、江苏、浙江、广西、广东等省，形成了五大产业集群，即以邢台、文安、廊坊为中心的河北省产业集群，以临沂为中心的山东省产业集群，以邳州、宿迁为中心的江苏省苏北产业集群，以嘉兴、嘉善为中心的浙江省产业集群和以南宁为中心的广西省产业集群，这些产业集群已成为我国胶合板生产的中坚力量。

20 世纪 90 年代中期，我国胶合板开始出口，历年来在我国人造板出口板种中居首位，出口量居世界第一位。2007 年后，我国胶合板出口呈下降趋势，2010 年 1~11 月，我国出口胶合板 689.48 万 m^3，出口量有所回升。由于国产胶合板质量、产量逐年提升，进口量逐年减少。如图 1-3 所示。

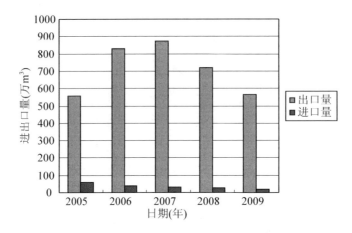

图 1-3　2005~2009 年胶合板进出口量

我国胶合板出口地区较为集中，2009 年出口量前十位的地区占了出口总量的 58.9%。表 1-1 为 2009 年我国胶合板出口量占前十位的国家和地区。

表 1-1　2009 年我国胶合板出口量占前十位的国家和地区

国家(地区)	数量(万 m^3)	金额(万美元)	国家(地区)	数量(万 m^3)	金额(万美元)
美国	107.79	62040	沙特阿拉伯	20.25	5955
日本	42.75	16068	以色列	20.10	7266
阿联酋	35.12	11469	中国香港	17.93	4688
英国	34.29	13749	比利时	15.92	10024
韩国	23.76	8229	新加坡	14.70	4477

1.1.3 发展趋势

林业的可持续发展，是目前世界迫切需要解决的问题，也是中国努力实现的目标。人造板工业是高效利用木材或其他植物纤维资源、缓解木材供需矛盾的重要产业，是实现林业可持续发展战略的重要手段，也是世界林产工业的支柱产业。

胶合板一直是我国人造板工业中的主导产品。进入21世纪以来，中国胶合板行业迅速发展，在基本满足国内市场需求的情况下，生产企业纷纷拓展国外市场。国产胶合板在国际市场上竞争力显著增强，市场份额逐步扩大。在国家扩大内需政策的积极推动下，随着基础设施建设规模的扩大与中西部开发力度的加强，胶合板市场将进一步发展完善，中国胶合板行业未来发展的潜力巨大。

在低碳时代的全新背景下，在国外贸易壁垒日趋频繁的挤压下，在国际先进生产力的巨大冲击下，中国胶合板行业要面对外来的挑战和自身的完善，实现可持续发展主要体现在以下三个方面：

(1) 开源节流

在当前世界可采伐森林资源日渐枯竭的情况下，充分利用速生丰产用材林等小径材资源，发展胶合板生产以代替大径级木材产品生产，对保护天然林资源、保护环境、满足经济建设和社会发展对林木产品的不同需求，有着不可代替的作用。

中国是一个少林国家，森林蓄积量仅占世界的2.9%，远不能满足占世界22%人口生产生活的需要。开源是解决原料可持续利用的首要方法。改革开放以来，中国开展了大规模的植树造林和生态工程建设，北方的杨树和南方的桉树在人工林和速丰林中的比例不断增大，平均产量也由20世纪90年代初的 $8\sim10\,m^3/hm^2$ 提高到现在的 $10\sim30\,m^3/hm^2$，成为中国最重要的工业用材林的树种，有力地保障了胶合板工业的发展。目前，我国杨木胶合板产量占总量的50%，桉木胶合板占20%左右，中国胶合板原材料结构比例如图1-4所示。

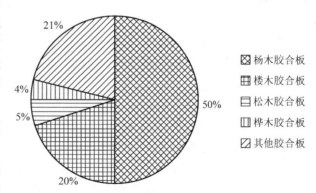

图1-4 中国胶合板原材料结构比例(%)

解决中国胶合板产业面临原材料短缺的问题，不仅要开源，而且要节流。不断提高木材资源综合利用水平，提高木材从原木到成品出材率，并将短小料、边角料通过指接等技术加工成家具、线条等用材，木屑用来加工机制炭。目前采用改进小径木旋切技术以提高木材出材率和单板整板率，减少厚度偏差和背面裂隙。另外，采用纵横拼接技术扩大单板幅面，提高小径级原材料的利用率。

(2) 节能降耗

哥本哈根气候大会开启了全球的低碳时代，我国也随即做出了减少碳排放的庄严承诺。胶合板作为我国木材加工的重要产业，与其他众多传统行业一样，也面临着一场从粗放生产经营到精细生产经营的节能减排革命。

2008年的统计数据显示，我国胶合板产品成本中能耗占25%左右，在胶合板生产企业中，能源浪费现象比较普遍，因此胶合板企业的节能问题亟待解决。节能降耗，降低成本将为胶合板生产企业带来显著的业绩改善。目前，胶合板生产企业主要通过以下措施实现节能降耗：以可燃性生产废料代替煤，废料包括树皮、旋切单板废料、锯屑和砂光粉等；供热站内热工设备（汽包、热交换器和热水箱等）与管道（蒸汽、热水管道、室外输送管道）敷设保温层后，可使散热损失减少90%；采用节能电动机等。

(3) 装备升级

中国胶合板企业属于劳动密集型企业，这也是中国胶合板在国际市场上占优势的原因之一，人力成本占有较大的比重，劳动要素成本的上升对企业的成本影响较大。随着胶合板产业的快速发展，胶合板生产的机械化、自动化是必然趋势。

目前，代表国际领先水平的胶合板设备生产企业主要有芬兰的劳特公司、意大利的克雷蒙娜公司、日本的名南制作所。国内胶合板生产线设备的设计、制造起步较晚，计划经济时期，胶合板生产线设备的设计、生产工艺适合当时的需求水平。改革开放以后，多以生产单台设备为主，且单台设备功能、质量差别较大。胶合板生产线用户在生产线设备配置选择过程中，存在主辅机连接、性能匹配等诸多难题。目前，针对胶合板产业快速发展的现状，国内大型木工机械制造企业已成功开发了胶合板单板旋切整套生产线，实现了全自动操作。

1.2 胶合板的分类

胶合板是由三层或多层旋切（或刨切）单板按相邻层单板木材纹理方向互相垂直组坯胶合而成的一种人造板材。单板层数一般为奇数。胶合板的最外层单板称为表板，其中用作胶合板正面的表板称为面板，用作胶合板背面的表板称为背板，胶合板的内层单板统称为芯板，其中，木材纹理方向和长度与表板相同的芯板称为长芯板或中板（图1-5）。

相对于锯材而言，胶合板具有以下三个方面的特点：①增大了板材的幅面。胶合板的幅面通常为1220mm×2440mm（4′×8′），而直接用原木锯解所得锯材最大宽度一般不足300mm。可见，胶合板大大增加了制品的使用面积，克服了锯材受原木直径限制的缺点。②继承了天然木材优点，弥补了天然木材缺点。胶合板表面仍然保持了天然木材的纹理和质地。相邻层单板纹理互相垂直的结构决定了胶合板的各项物理力学性能比较均匀，克服了天然木材易翘曲开裂等缺陷。③提高了木材利用率。胶合板的最大经济效益之一是可以合理利用木材。用木段旋切（或刨切）成单板生产胶合板代替原木直接锯成的板材使用，可以提高木材利用率。每2.2~2.5m³原木可以生产1m³胶合板，可代替约4.3m³原木锯成板材使用，而每生产1m³胶合板产品，还可产生剩余物1.2~1.5m³，这是生产中密度纤维板和刨花板比较好的原料。

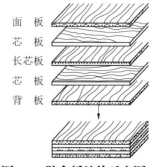

图1-5 胶合板结构示意图

胶合板产品的种类繁多，分类方法也很多。主要可按构成、耐久性和使用性能进行分类。

1.2.1 按构成分类

胶合板按构成可分为单板胶合板、木芯胶合板和复合胶合板三类。单板胶合板是以旋切（或刨切）单板为基本单元制成的。木芯胶合板包括细木工板和层积板（或集成材），是以木块为基本单元制成的。复合胶合板是以刨花板和纤维板为芯板，以单板为表板经复合粘压而制成的。

1.2.2 按耐久性分类

胶合板按耐久性可分为室外条件下使用胶合板（Ⅰ类胶合板）、潮湿条件下使用胶合板（Ⅱ类胶合板）和干燥条件下使用胶合板（Ⅲ类胶合板）三类（表1-2）。

表1-2 胶合板种类（按耐久性分类）

类别	使用胶种及产品性能	用途
Ⅰ类胶合板（耐气候胶合板）	具有耐久、耐煮沸或蒸汽处理和抗菌性能。用酚醛类树脂胶或其他性能相当的优质合成树脂胶制成	供室外条件下使用，主要用于航空、船舶、车厢、混凝土模板等要求耐水性、耐气候性好的地方
Ⅱ类胶合板（耐水胶合板）	能在冷水中浸泡，能经受短时间热水浸泡，用脲醛树脂胶或其他性能相当的胶黏剂制成	供潮湿条件下使用，主要用于车厢、船舶、家具及室内装修等场合
Ⅲ类胶合板（不耐潮胶合板）	在室内常态下使用，具有一定的胶合强度，用豆胶或其他性能相当的胶黏剂制成	供干燥条件下使用，主要用于包装，如茶叶等食品包装箱用豆胶胶合板制成

1.1.3 按使用性能分类

按使用性能可分为结构胶合板和功能胶合板两类。结构胶合板的使用性能主要是指力学性能和耐老化性能，包括集成材、单板层积材、平行单板条层积材等。功能胶合板的使用性能主要是指装饰性能、阻燃性能、防虫性能及防腐性能，包括装饰胶合板、阻燃胶合板、防虫胶合板和防腐胶合板等。

1.3 胶合板的性能

胶合板的主要物理力学性能有：含水率、胶合强度和甲醛释放量。

1.3.1 含水率

产品含水率对其使用性能影响很大，所以国家标准（GB/T 9846.3—2004）中对胶合板的含水率作了规定（表1-3）。含水率计算公式如下：

$$W = \frac{G_1 - G_2}{G_2} \times 100\% \tag{1-1}$$

式中：W——试件的绝对含水率(%)；
G_1——干燥前试件的重量(g)；
G_2——干燥到恒重(绝干)时试件的重量(g)。

表1-3 胶合板的含水率值(%)

胶合板材种	Ⅰ类、Ⅱ类	Ⅲ类
阔叶树材(含热带阔叶树材)	6~14	6~16
针叶树材		

1.3.2 胶合强度

胶合板的胶合强度是胶合板质量的重要标志，反映了胶层的抗剪切强度，其计算公式如下：

$$S = \frac{P}{A \times B} \tag{1-2}$$

式中：S——试件的胶合强度(MPa)；
P——试件的破坏载荷(N)；
A、B——试件破坏面的实际长、宽尺寸(mm)。

胶合板胶合强度测试示意图见图1-6。

国家标准(GB/T 9846.3—2004)中对胶合板的胶合强度规定见表1-4。

影响胶合板胶合强度的因素有很多，如树种、单板质量、胶黏剂种类及质量、涂胶量、组坯结构以及热压工艺参数等。

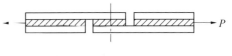
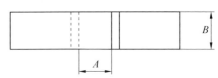

图1-6 胶合板胶合强度测试示意图

表1-4 胶合强度指标值(MPa)

树种名称或木材名称或国外商品材名称	类别	
	Ⅰ类、Ⅱ类	Ⅲ类
椴木、杨木、拟赤杨、泡桐、橡胶木、柳桉、奥克榄、白梧桐、异翅香、海棠木	≥0.70	≥0.70
水曲柳、荷木、枫香、槭木、榆木、柞木、阿必通、克隆、山樟	≥0.80	
桦木	≥1.00	
马尾松、云南松、落叶松、云杉、辐射松	≥0.80	

注：不同种类胶合板胶合强度的测试条件各不相同。
Ⅰ类胶合板：将试件放在沸水中煮4h，然后在63±3℃的空气对流干燥箱中干燥20h，再在沸水中煮4h，取出后在室温下冷却10min。煮试件时应将试件全部浸入沸水中并加盖煮。
Ⅱ类胶合板：试件放在63±3℃的热水中浸渍3h，取出后在室温下冷却10min。浸渍试件时应将试件全部浸入热水中并加盖。
Ⅲ类胶合板：将含水率符合要求的试件做干状试验。试件含水率应控制在8%~12%范围内。

1.3.3 甲醛释放量

国家标准(GB/T 9846.3—2004)中对室内用胶合板的甲醛释放量作了规定(表1-5)。

表1-5 室内用胶合板的甲醛释放限量

级别标志	限量值(mg/mL)	备注
E_0	≤0.5	可直接用于室内
E_1	≤1.5	可直接用于室内
E_2	≤5.0	必须饰面处理后可允许用于室内

注：测试方法为干燥器法。

1.4 胶合板的生产工艺流程

胶合板生产工艺流程是指从原木进厂到成品出厂所经过的一道道加工工序。由于胶合板的生产方法不同，因而经历的工序也不同，生产工艺流程就略有区别。

胶合板的制造方法可分为冷压法和热压法。冷压法是指用干燥后的单板经涂胶、组坯，用冷压的方法制造胶合板。热压法是指用干燥后的单板通过热压生产胶合板。这两种方法中热压法因生产效率高、产品质量好而得到广泛应用。两种制造方法的工艺流程如图1-7和图1-8所示。

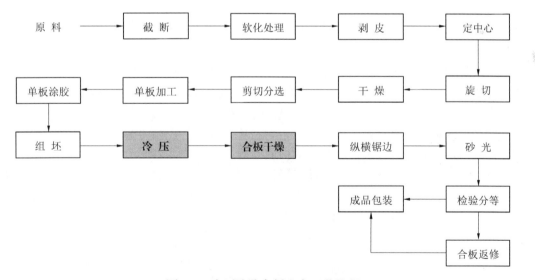

图1-7 冷压法胶合板生产工艺流程

两种工艺流程不是一成不变的。各生产单位可根据设备、原材料和地区的气候条件对工艺进行增减，有的工序也可前后调换。南方地区，如果原木是软材且是水运材或新伐材则可不必水热处理；水热处理与剥皮也可前后调换；还可根据所用单板干燥设备的不同来决定工艺流程是先干后剪还是先剪后干。

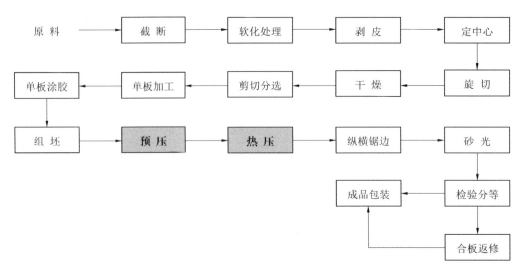

图 1-8　热压法胶合板生产工艺流程

胶合板生产过程的自动化与连续化是提高产品质量、提高生产效益的重要措施之一。

1.5　胶合板的构成原则

从复合材料力学角度来说，胶合板可以被看做是层合板。通常，层合板是指由两层或两层以上的单层板合成的整体结构单元。它可以由不同材质的单层板构成，也可由相同材质不同铺设方向的各向异性的单层板构成。人造板产品中，胶合板、实木复合地板等都可以看做是层合板。在层合板的厚度方向上都具有宏观非均质性，这使层合板的力学分析变得复杂。譬如，在一般情形下，面内内力可以引起弯曲变形(弯曲和扭曲)，而弯曲内力(弯矩和扭矩)可以引起面内变形，发生所谓的耦合效应。对于某些特殊的铺层形式，这种耦合效应可以减弱甚至消除，从而减小层合板的变形。以下通过对一般层合板弹性特性的分析，阐述胶合板的构成原则。

图 1-9 所示为层合板，由 N 层任意铺设的单层板构成。取层合板的中面作为 XY 平面，取 Z 轴垂直于板面。令第 k 层单层板的厚度为 t_k，其底的坐标为 z_k，顶的坐标为 z_{k-1}，显然，$z_0 = -h/2$，$z_N = h/2$（h 为层合板的厚度）。一般层合板的弹性特性可用以下

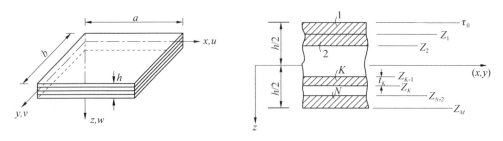

图 1-9　层合板结构示意图

物理方程表示：

$$\begin{Bmatrix} N_x \\ N_y \\ N_{xy} \\ \cdots \\ M_x \\ M_y \\ M_{xy} \end{Bmatrix} = \begin{bmatrix} A_{11} & A_{12} & A_{16} & B_{11} & B_{12} & B_{16} \\ A_{12} & A_{22} & A_{26} & B_{12} & B_{22} & B_{26} \\ A_{16} & A_{26} & A_{66} & B_{16} & B_{26} & B_{66} \\ \cdots & \cdots & \cdots & \cdots & \cdots & \cdots \\ B_{11} & B_{12} & B_{16} & D_{11} & D_{12} & D_{16} \\ B_{12} & B_{22} & B_{26} & D_{12} & D_{22} & D_{26} \\ B_{16} & B_{26} & B_{66} & D_{16} & D_{26} & D_{66} \end{bmatrix} \begin{Bmatrix} \varepsilon_x^0 \\ \varepsilon_y^0 \\ \varepsilon_{xy}^0 \\ \cdots \\ \chi_x \\ \chi_y \\ \chi_{xy} \end{Bmatrix}$$

可简写成

$$\begin{Bmatrix} N \\ \cdots \\ M \end{Bmatrix} = \begin{Bmatrix} A & B \\ \cdots & \cdots \\ B & D \end{Bmatrix} \begin{Bmatrix} \varepsilon^0 \\ \cdots \\ \chi \end{Bmatrix} \tag{1-3}$$

式中：$[A]$——面内刚度矩阵，$A_{ij} = \sum_{k=1}^{N} \overline{Q}_{ij}^{(k)} (z_k - z_{k-1})$，与铺层次序无关；

$[B]$——耦合刚度矩阵，$B_{ij} = \frac{1}{2} \sum_{k=1}^{N} \overline{Q}_{ij}^{(k)} (z_k^2 - z_{k-1}^2)$，与铺层次序有关；

$[D]$——弯曲刚度矩阵，$D_{ij} = \frac{1}{3} \sum_{k=1}^{N} \overline{Q}_{ij}^{(k)} (z_k^3 - z_{k-1}^3)$，与铺层次序有关。

N_x 和 M_x 为在 $x =$ 常数面上的轴力和弯矩；

N_{xy} 和 M_{xy} 为在 $x =$ 常数面上切力和扭矩；

N_y 和 M_y 为在 $y =$ 常数面的轴力和弯矩。

$\overline{Q}_{ij}^{(k)}](i, j = 1, 2, 6)$ 为刚度矩阵元，由给定的第 k 层单层板材料主方向的弹性系数 $E_L^{(k)}$，$E_T^{(k)}$，$v_{LT}^{(k)}(v_{TL}^{(k)})$，$G_{LT}^{(k)}$ 及铺设角 α_k 决定。

关于一般层合板弹性特性方程的讨论：

(1) 耦合效应

面内内力可引起平面变形，内力矩可引起面内变形。通过子矩阵$[B]$表现出来，只要$[B]$中有不为零的元素，就存在面内要素和弯曲要素的耦合。这种耦合效应是由于层合板厚度方向上的非均质性引起的。

(2) 交叉效应

轴力 N_x、N_y 可引起剪应变 γ_{xy}^0，切力 N_{xy} 可引起线应变 ε_x^0、ε_y^0（称为面内交叉效应）；弯矩 M_x、M_y 可引起扭率 χ_{xy}，扭矩 M_{xy} 可引起曲率 χ_x、χ_y（称为弯曲交叉效应。分别由$[A]$矩阵的元素 A_{16}、A_{26} 和$[D]$矩阵的元素 D_{16}、D_{26} 表现出来。这种交叉效应是由层合板的各向异性引起的。但交叉效应并非层合板特有，在均质各向异性材料中也存在。

(3) 泊松效应

轴力 N_x 可引起线应变 ε_y^0，轴力 N_y 可引起线应变 ε_x^0（称为面内泊松效应）；弯矩 M_x 可引起曲率 χ_y，弯矩 M_y 可引起曲率 χ_x（称为弯曲泊松效应）。这种效应在均质各向同性材料中也存在。

以上所讨论的三类效应，虽然都反映了材料的弹性特性，但是在层次上却有所不同。[B]耦合刚度矩阵所表现出来耦合效应对结构性质和结构分析的影响都是最重要的。层合板的翘曲和扭曲变形正是由这种耦合效应引起的。若能将[B]矩阵中的元素减小或降为零，则层合板的翘曲和扭曲变形可以减小甚至消除。

以下讨论两种特殊结构层合板的弹性特性：

(1) 对称结构层合板

所谓对称结构层合板是指无论在几何上还是在材料性能上都对称于中心面的层合板（图1-10）。

若 k 层与 m 层对称于中心面，由几何对称得：

$$z_k = -z_{m-1} \qquad z_{k-1} = -z_m \qquad (a)$$

由材料性能对称得：

$$\overline{Q}_{ij}^{(k)} = \overline{Q}_{ij}^{(m)} \ (i, j = 1, 2, 6) \qquad (b)$$

考察 k 层与 m 层对耦合刚度系 B_{ij} 的影响：

$$\frac{1}{2}\overline{Q}_{ij}^{(k)}(z_k^2 - z_{k-1}^2) + \frac{1}{2}\overline{Q}_{ij}^{(m)}(z_m^2 - z_{m-1}^2) \qquad (c)$$

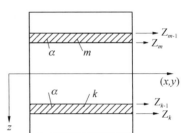

图1-10　对称结构层合板示意图

将(a)和(b)代入(c)，可知两层的影响刚好抵消，因此对称层合板必有[B]=0，即不发生耦合效应。

(2) 正交对称结构层合板

图1-11表示五层正交对称结构层合板。除了在几何和材料性能方面都对称于中心面外，各单层板的材料铺设方向互相垂直。根据一般层合板的弹性特性可以推算出[B]=0 以及 $A_{16} = A_{26} = 0$ 和 $D_{16} = D_{28} = 0$，即不发生耦合效应和交叉效应。

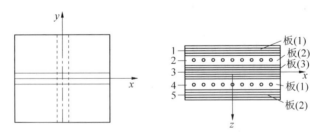

图1-11　五层正交对称结构层合板示意图

木(竹)材顺纹与横纹方向上的力学性能和物理性能差异极大，为了改善这种性能差异，发挥它的优势，保持成品形状、尺寸的稳定，根据上述理论，可以得出胶合板在组坯时应遵循以下三个原则。

1.5.1　对称原则

在胶合板的对称中心平面两侧的相应层内的单板，其树种、厚度、制造方法、纹理方向、含水率等均应相同。

例如，当胶合板含水率发生均匀变化时，各层单板将会发生变形(吸湿膨胀、解吸干缩)，因变形而产生的应力可用下式计算：

$$\sigma = E \cdot \varepsilon \tag{1-4}$$

式中：σ——应力(MPa)；

E——木(竹)材的弹性模量(与材种、纤维方向、含水率等有关)(MPa)；

ε——应变[其值与木材(竹材)材种、纤维方向、含水率变化值等有关]；

$$\varepsilon = \Delta L / L \tag{1-5}$$

式中：L——材料原长或宽或厚(m)；

ΔL——材料由于含水率的变化而引起的伸长量或收缩量(m)。

例如，胶合板中相对应单板层仅厚度不同 $S_1 > S_2$，当胶合板吸湿时将产生变形力 $P_1 = \sigma \cdot S_1 \cdot l \cdot w$ 和 $P_2 = \sigma \cdot S_2 \cdot l \cdot w$，所以 $P_1 > P_2$ (图 1-12)。在这种情况下，胶合板内产生了内应力，三层板将会发生向上弯曲变形、开裂和开胶等缺陷。

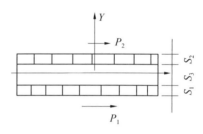

图 1-12　胶合板的变形力

1.5.2　层间纹理排列原则

由于木(竹)材 纹理方向(即纤维方向)上物理力学性能的差异极大，为了改善其各向异性缺点，可使相邻层单板按纹理方向互相垂直排列，使成品的各向异性降至最小，例如普通胶合板、细木工板等。为了发挥木材顺纹方向的强度优势，也可使相邻层单板按纹理方向互相平行排列，成为定向产品，例如单板层积材(LVL)、胶合层积材(或集成材，Glulam)、平行单板条层积材(PSL)等。

1.5.3　奇数层原则

组坯时，为了遵守对称原则、层间纹理排列原则，一般需遵守奇数层原则。奇数层胶合板其对称中心平面与中间层芯板对称平面相重合，胶合板承受弯曲载荷时，剪应力最大值分布在中心层平面上。有时为了满足用户要求，降低生产成本，也可生产偶数层人造板。例如用户要求板增厚，但力学性能要求不高，为了降低生产成本，可生产四层胶合板，因为少一层可减少一层胶黏剂用量，同时把中间两层单板纹理方向相同方向排列，实际上成为厚芯的三层胶合板(厚芯板的厚度等于两张芯板厚度之和)。但是，这种结构的胶合板在承受弯曲载荷时，其最大剪应力分布在胶层上，因此在弯曲变形较大的场合，最好不使用符合对称原则的偶数层结构。

尽管根据复合材料力学理论要求胶合板组坯时遵循对称原则，但在实际生产过程中，由于胶合板的各层单板的树种、厚度、含水率等都存在差异，而且考虑到产品生产成本、表观质量等，实际生产中胶合板的结构都不是绝对对称的，但可以通过不同的组坯方式，设计[B]为最小的板坯结构，从而使得胶合板的变形控制在最小范围内。因而，胶合板组坯可以根据复合材料力学理论，人为设计实现结构上的动态平衡对称。

本章小结

　　胶合板是由三层或多层旋切(或刨切)单板按相邻层单板木材纹理方向互相垂直组坯胶合而成的一种历史最悠久、用途最广泛的人造板材。胶合板的制造方法可分为冷压法和热压法。胶合板的制造通常需遵循对称原则、层间纹理排列原则和奇数层原则。

思考题

1. 什么是胶合板？胶合板有哪些种类？
2. 胶合板有何特点？其基本性能包括哪些指标？
3. 胶合板的构成原则是什么？
4. (a)(b)(c)为胶合板的结构示意图，当单板吸湿或解湿时，将会发生什么情况？试用图表示。

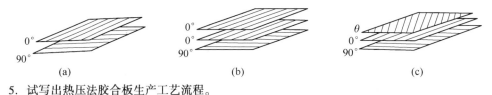

5. 试写出热压法胶合板生产工艺流程。

第 2 章 备　料

备料是胶合板生产的第一个工艺环节，主要对原木进行预处理，是制备单板的基础，原木预处理直接影响单板出材率以及单板质量。胶合板所用原料为原木，其性质对生产设备选型、制定流程与加工工艺以及最终胶合板质量都有重要影响。本章介绍了胶合板生产所用原木的种类、原木检验和贮存、原木截断及剥皮等工序要求、相关设备与方法，并详细介绍了胶合板用材的要求、木段预处理的方法与工艺过程。

备料是胶合板生产的第一个工艺环节。备料主要对原木进行处理，是制备单板的基础，原木预处理直接影响单板出材率以及单板质量。胶合板所用原料为原木，其性质对加工工艺、制定流程、设备选型以及最终胶合板质量都有重要影响，生产中应合理选择和正确使用原材料。

2.1　原料选择

胶合板用材的要求与胶合板用途有着密切关系，如用于建筑、车船、航空、水泥模板及一些其他要求强度较大的胶合板，常将木材强度作为选择因素；而家具、室内装饰等胶合板则将单板装饰价值作为选择因素。

胶合板用材的要求除了和胶合板用途有关外，还应考虑到该树种木材的物理、力学性质，资源情况及制成胶合板的经济价值。

2.1.1　胶合板原料选择的要求

根据我国胶合板生产的实际情况，对胶合板用材的一般要求如下：

2.1.1.1　原木的尺寸要求

(1) 原木的长度要求

胶合板材长最好是木段长度的整数倍，这样能最大限度地提高原木出段率，提高木材利用率和经济效益。按照国家标准，胶合板用原木检尺长为 2m、4m、5m、6m，长度公差为 $^{-6}_{+2}$cm，长度检尺按 0.2m 进位。根据胶合板的生产规格要求，选择原木的合理长度。

在采购原木确定原木长度时应注意以下两个问题：

一是按产品规格要求合理选择原木长度，以获得最大的木材利用率和最大的经济效益。在按产品规格选择原木长度时主要考虑表板长度，芯板在截断和旋切中附带出来就足够了。对材质很好基本不用截头的胶合板材，生产 1220mm×2440mm、915mm×1830mm、1220mm×1830mm 时尽量采购 4m 原木，这样可不产生过多截头和减少截断工作量，对好原木(截断中基本无损失的)能选短的尽量不用长的。

二是对产品规格(主要指长度)不固定、多变，材质不很好，原木进厂后又需贮存时间较长的，应尽可能选择长一些的原木，这样生产比较灵活，截断损失也相对较小。

(2) 原木的径级要求

原木的直径直接影响到胶合板的出材率和劳动生产率。木段越长，旋切时由旋刀、压尺与卡轴施加的总压力越大，则卡头的直径也越大，留下木芯的直径也就越大。若采用带双卡头和压辊的旋切机或无卡轴旋切机，不但克服了旋切木段产生的挠度，而且可减小木芯直径，提高单板质量和出材率。

胶合板用材的径级越大越好。原木径级和胶合板出板率有密切关系，一般情况下，径级越大，其胶合板出板率就越高。我国规定胶合板生产用的原木最小直径为 26cm，检尺直径按 2cm 进级。航空胶合板用原木为桦木一等材，但小头直径自 22cm 起。随着我国木材资源的减少，越来越多地开发利用速生人工林资源，单板用材的径级变小(18cm 左右)是一个趋势。

2.1.1.2 原木的质量要求

(1) 外观质量要求(包括色泽、纹理、缺陷等)

原木弯曲度、较大的尖削度、机械损伤、环裂、端裂、节子、腐朽等缺陷允许在一定范围内存在。

旋切单板标准 LY/T 1599—2002 中，单板的表板按外观质量将阔叶材分为五个等级，针叶材分为四个等级，芯板分为两个等级。对不同等级的针、阔叶材表板及芯板的活节、死节的直径与数量提出相应的限定。在各类节子中，活节不影响旋切，死节会影响单板等级率，因此过大的节子必须从单板中裁去，这会增加单板加工的工作量。

单板变色有不同的限定，但规定不允许有腐朽。因为有变色的原木影响单板的外观质量，即影响单板等级率，变色范围大的只能作背板和中板。边材腐朽的原木，旋切时单板破碎，木屑易堵塞刀门，妨碍旋切，单板出材率低；原木有心腐，卡头容易陷入木段，必须用大卡头，从而增大木芯直径，降低了单板出板率；夹皮会影响单板出板率和等级率，增加单板修补工作量。因此按单板等级有相应限定，如针叶材 I 等表板规定夹皮单个长度不大于 30mm，每平方米板面最多允许 2 处，而阔叶材 I、II 等表板均不允许有夹皮。

胶合板材的材色、花纹要求和胶合板的用途有密切关系。如果胶合板用于家具、室内装饰等要求装饰价值较高的产品，则要求木材的花纹美丽、材色均匀、具有光泽。而用于建筑、结构、水泥模板用的胶合板，对木材的花纹、材色无过高要求。

(2) 物理、力学性质的要求

木材的物理、力学性质直接关系到该材种是否可以制作胶合板，而在物理、力学性质中，木材 pH 值和木材密度直接影响木材的胶合、旋切、着色、涂饰等工艺性能。

① 木材 pH 值

木材 pH 值大小和边、心材差异直接影响脲醛树脂胶合板的胶合质量。一般情况下，脲醛树脂胶合板的生产，对木材 pH 值的要求为中性或略显酸性，并且边、心材 pH 值相差较小为好。有些树种，其边、心材 pH 值相差较大，但经过处理，其胶合质量仍可达到满意的结果。例如大青杨，其边材 pH 值平均为 6.71、心材 pH 值平均为 9.42，但通过调整调胶工艺，用该树种制作的胶合板，其胶合质量仍能达到国家标准要求。

② 木材密度

木材密度不仅代表其本身的质量，而且与其工艺性质和强度性能都有密切关系。密度过大和过小的木材都不适合做胶合板用材。密度过大的木材，硬度较大，对旋刀损伤大，加工过程中容易开裂；密度过小、太软的木材，其旋切单板表面易起毛，毛刺沟痕大，板面不平滑。一般情况下，密度在 0.4~0.7g/cm³ 范围内较为适宜做胶合板材。例如我国常规胶合板材椴木的密度约为 0.47g/cm³，水曲柳约为 0.69g/cm³，马尾松约为 0.69g/cm³。

③ 力学性质要求

木材的力学性质表示木材抵抗外部机械力作用的能力，包括外部施加的拉伸、压缩、剪切、弯曲等。由于木材是各向异性结构，组成木材的细胞呈定向排列，各项力学强度有平行纤维方向和垂直纤维方向之分，垂直于纤维方向的力学作用又分为弦向和径向；同样的力学强度因木材的各向异性结构在木材的三个方向各不相同。

影响木材强度的因素主要是木材缺陷，其次是木材密度、含水率、生长条件等。密度大，强度也大，密度通常是判断木材强度的标志。因此，主要通过对木材密度的要求及对木材各类缺陷的限定达到对木材力学性质的要求。

(3) 加工性能的要求

木材的加工性能是指木材的旋切、刨切性能，干燥、胶合性能及砂光、涂饰、着色性能等。胶合板材要求有良好的工艺性能。

① 旋切、刨切性能

胶合板材应易于旋切或刨切。表现为旋切或刨切出的单板表面光洁，毛刺沟痕少或没有，单板厚度基本一致，能满足生产工艺要求。

② 干燥性能

胶合板材的干燥性能应良好，即易于干燥，干燥时翘曲小、开裂少。

③ 胶合、着色、涂饰性能

胶合板材应具有良好的胶合性能，易于着色和涂饰。木材的物理、力学性质及木材的内含物都会影响其胶合、着色及涂饰性能。一般情况下，木材 pH 值较高，胶合性能会受到不良影响；而含树脂、蜡的木材，会影响胶合板着色、涂饰。

2.1.1.3 资源与经济效益要求

胶合板材应是资源丰富，能够形成一定生产批量，这样有利于组织生产，提高木材利用率。一种木材是否是理想的胶合板材，也应考虑到其生产胶合板的经济效益。木材的出材率和木材价格直接影响胶合板的经济效益。

(1) 木材出材率

木材出材率是指连续单板带的体积占原木体积的百分率。胶合板材要求其出材率要高。出材率低的木材，经济效益较差，不适宜作为胶合板用材。例如沙榆，其各方面比较适合制造胶合板，但环裂严重，经测算，榆木生产胶合板的出材率只有20%～30%，因此沙榆不是理想的胶合板材。

(2) 木材价格

胶合板材的价格应当尽量低。有些珍贵树种如楸木、黄波罗，从工艺性质上看虽然是理想的胶合板，但原木价格过高，经济效益较差，不适宜作为常规胶合板材。为了利用珍贵树种，提高胶合板的装饰价值，有时可以利用珍贵树种旋制的单板作为面板，用其他树种的单板作为芯板、中板进行生产。

除上述几方面的要求外，在原木性能方面也应特别注意：密度特大、硬度特高或干燥后翘曲变形严重的树种，应避免使用；不同树种性能不一样，在加工过程中原料不可随意混用。

2.1.2 木材结构对胶合板生产的影响

木材结构决定木材性质，木材性质在很大程度上决定木材的适用条件。原木材质结构直接关系到胶合板质量。所以，了解和掌握木材结构及其缺陷，对合理利用木材及提高木材利用率，具有重要意义。

在肉眼或10倍放大镜下观察到的木材结构称宏观结构。通常在木材的三个切面上观察其宏观构造，如图2-1所示。对胶合板生产有影响的主要因素有年轮(生长轮)、心材和边材、木射线和树脂道等。

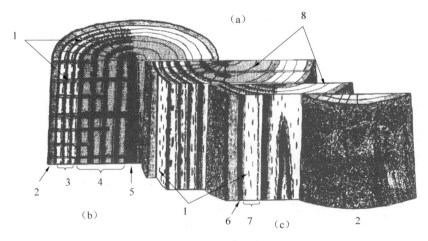

图2-1 木材的宏观构造

(a)横切面 (b)径切面 (c)弦切面

1. 木射线 2. 树皮 3. 边材 4. 心材 5. 髓 6. 晚材 7. 早材 8. 年轮

(1) 年轮

晚材占生长轮的比例（晚材率），以及在同一生长轮内早材至晚材的变化缓急，不同树种是有差别的，这与木材材性密切相关。晚材率的大小可以作为衡量针叶树材和阔叶树环孔材强度大小的标志。

散孔材的材质均匀密实，旋出的单板均质光滑；环孔材在单板上可形成美丽的大花纹，但热压时易透胶。

(2) 心材和边材

边材的薄壁细胞在枯死之前有一个非常旺盛的活动期，淀粉被消耗，在管孔内生成侵填体，单宁增加，木材着色变为心材（图2-2）。在这个过程中，生活细胞死亡，细胞腔出现单宁、色素、树胶、树脂以及碳酸钙等沉积物，水分输导系统阻塞，材质变硬，密度增大，渗透性降低，耐久性提高。因此心、边材的含水率、硬度、干缩湿胀都有差异，会影响旋切、干燥和热压等工艺。

图2-2　木材横切面
1. 边材　2. 心材

(3) 木射线

木射线由薄壁细胞组成，是木材中唯一呈辐射线状横向排列的组织。木射线增加单板（或薄木）表面美观程度，但影响其强度，会降低木材的物理力学性质，减小顺纹抗劈力、横纹抗拉力。

(4) 树脂道

由于木材树脂的存在，旋切和干燥时树脂会沾污旋刀和干燥机，影响旋切加工和污损单板表面，热压时影响胶合质量，容易产生胶合板脱胶和鼓泡等缺陷，并对胶合板表面的涂饰产生不利影响。

此外，原木的材质缺陷对胶合板生产有两方面的影响：一是影响胶合板出材率；二是影响胶合板的质量。因此要求原木干形直，横断面呈圆形或接近圆形，尖削度小，弯曲小，节子少而集中，没有腐朽和变色或只有轻度腐朽和变色等。

如有尖削度的原木旋出的单板纹理美观，但由于割断纤维过多而影响单板强度和出板率；弯曲、伤疤和机械损伤增加木段旋圆产生的废单板；有端裂的原木、木段易劈裂，旋切时无法形成连续单板带，妨碍旋切并且降低单板出板率；环裂常形成木材整块剥落，无法正常进行旋切。因此，对环裂和端裂大的部位，必须截掉。

2.1.3　胶合板生产适宜树种及其特性

我国常用的胶合板的树种有：樟子松、落叶松、马尾松、云南松、杨木、桦木（枫桦、白桦）水曲柳、椴木（糠椴、紫椴）、核桃楸、荷木、枫香、拟赤杨、泡桐，等等。这些树种中有的储量已很少，如水曲柳、椴木等已不成为主要用材树种；杨木、泡桐等速生树种的用量逐渐增多而成为主要用材树种。荷木、枫香等木材有扭转纹及涡纹，易造成单板干燥后有严重的翘曲变形，影响涂胶质量和产品质量，生产时应注意。

进口材主要有：柳桉、桃花心木、阿必通、克隆、山樟、门格力斯、奥克曼等。此外，还有一些国内材和进口材，因树种珍贵仅用于刨切薄木的生产，如水曲柳、核桃楸、香樟、柚木、桃花心木、黄波罗、柞栎等。

目前我国的胶合板生产普遍采用芯板单板用国产树种、表层单板用进口材(柳桉等)的方法,为了节省表板,胶合板结构普遍采用厚芯板和薄表板,表板厚度仅为0.5mm左右。

我国常用胶合板材的工艺性质见表2-1,其物理、力学性质见表2-2。

表2-1 我国常用胶合板材的工艺性质

树种	分布	材色	纹理	结构	花纹	有关工艺性质	切制方式
椴木	东北地区	散孔材。材色淡而均匀,木材黄白至浅黄褐色;有时心材色略深,或具有深色杂斑。木材具有光泽	多数直	细致均匀	弦面具有年轮引起的倒"V"形或山水状花纹,装饰价值较高	强度小、轻、质软;旋或刨出的单板表面光洁、毛刺沟痕少;易于干燥、翘曲小、开裂少;胶合、涂饰、着色性能良好	宜旋切。其胶合板有象牙板之称,可作为家具、缝纫机台板、乒乓球拍、球台、建筑内部装饰等
桦木	东北、大小兴安岭、长白山及西南地区	散孔材。材色较均匀。材色浅,黄白至浅黄褐,带夹有红褐色斑纹;有些桦木具有伪心材,材色不一	多数直	细致均匀	弦面具有年轮引起的倒"V"形花纹;有时有皱状纹理和波状纹理及"鸟眼"花纹	强度中等;密度中等;白桦较软,枫桦硬度中等;加工性能良好,单板表面光洁,毛刺沟痕少,干燥较慢;翘曲小、易干裂;涂饰、着色性能良好,易于胶合	宜旋切。广泛用于船室胶合板、船艇板及一些高强度胶合板;普通胶合板可作为家具,室内装饰及水泥模板等
水曲柳	东北、华北地区	环孔材。材色花纹美观,心材黄褐色至灰黄褐色,边材较窄,黄白至浅黄褐色,具有光泽	直,有时略斜	略粗不均匀	弦面具有年轮引起的倒"V"形或山水状花纹,径切面呈平行花纹,树瘤木常常具有美丽花纹	强度接近中等,富韧性,密度、硬度中等;易于旋切,单板表面光滑,干燥较快;易翘曲、干缩性大;胶合性能良好,易于着色、涂饰	宜旋切。常作为家具、车厢、船舶、房屋建筑内部及要求装饰的部分,也可作为地板、水泥模板
杨木	东北、华北、西北、西南、华中、华东等地区	散孔至半散孔材。山杨材色浅而均匀,木材乳白色至浅黄褐。大青杨呈灰褐色或紫褐色斑纹及伪心材。木材具有光泽	多数直	细且均匀	弦面有年轮引起的倒"V"形或山水状花纹,装饰价值不高	强度小、轻、质软,易于旋切,但单板表面易起毛,干燥较难,特别是大青杨更难干燥,干燥时干缩小、少裂,但易于翘曲;山杨的胶合性能较好,而大青杨胶合性能较差,必须通过调整胶合工艺,方能达到满意结果;着色、涂饰性能良好	宜旋切。可用于制作包装箱、一般家具及内部结构板等,一般建筑物内部装修等
柳桉	马来西亚、菲律宾等地	红柳桉:木材红至暗红褐色。白柳桉:木材浅白、浅草黄至粉色	交错	略粗	常具有交错纹理产生的带状花纹	密度中等,易于旋切。干燥较宜。单板干燥后轻度翘曲和开裂。易于胶合、着色、涂饰	宜旋切。可作为胶合板各种包装用材结构及内层板
落叶松	吉林、黑龙江、内蒙古及新疆等地	心材黄褐或暗红褐色。边材狭窄,黄白至浅黄褐色,木材有光泽	多数直	中至粗不均匀	弦面具有年轮引起的倒"V"形花纹,绕面侧呈平等条纹	强度、密度中等,质软至略软。旋切较难,单板表面光洁、节子较多。干燥较慢、干缩较大,易翘曲和开裂。胶合、涂饰、着色性能尚可,但经适合的水热处理,胶合强度有很大改善	宜旋切。可作为结构板、水泥模板、地板及家具的内部结构板

（续）

树种	分布	材色	纹理	结构	花纹	有关工艺性质	切制方式
马尾松	长江流域以南，西藏东部	心材红褐色至略紫。边材浅黄褐或带微红	直或略斜	中至粗较不均匀	弦切面具有年轮引起的倒"V"形花纹，装饰价值不高	强度中等，质软，易于旋切，单板表面光洁。易干燥、干缩性小。胶合、着色、涂饰性能不太好	宜旋切，其胶合板主要用于包装、建筑内部装修及家具的内部结构板，也可作为水泥模板
樟子松	黑龙江、内蒙古东部、大兴安岭及海拉尔一带	心材浅红褐色至黄褐色，略红。边材浅黄色或略白，木材具有光泽	直	中而略均匀	弦面有年轮引起的倒"V"形或山水状花纹	强度小至中等，是硬木松类中强度较小的木材，轻、质软接近软软。加工性能良好，且切面光滑、不起毛。干燥较快、易翘曲开裂，干缩性小、耐久，仅次于落叶松。胶合、涂饰、着色性能良好	宜旋切，可作为各种结构板材，车辆、船舶及建筑内部装修、家具等
阿必通	马来西亚、印度、菲律宾等	材色变化较大，心材自浅红至粉红褐至深红褐色。边材色浅，灰褐至黄褐色	多数直、有的带斜	略粗均匀		密度较大，较硬。较易旋切，单板表板易起毛。干燥略慢，有轻度翘曲和开裂。胶合性能变化大、较难胶合。着色、涂饰性能一般	宜旋切，可用于对强度要求较高的制品。如水泥模板、建筑用材，也可用于家具、室内装饰

表2-2 我国常用胶合板材物理、力学性质

树种	气干密度(g/cm^3)	pH 值		干缩系数(%)			硬度(MPa)			顺纹抗拉强度(MPa)	抗弯(MPa)		备注
		边材	心材	径向	弦向	体积	径面	弦面	端面		强度	弹性模量	
椴木	0.49	6.42	6.87	0.19	0.26	0.47	—	—	23.2	31.6	60.4	1.10	东北紫椴
桦木	0.72	6.21	6.81	0.27	0.33	0.41	51.3	50.3	59.0	54.1	122.9	1.34	东北枫桦
水曲柳	0.69	6.32	7.21	0.20	0.35	0.58			64.5	52.5	118.6	1.45	东北
杨木	0.69	6.81	9.01	0.16	0.30	0.51	18.1	20.0	25.7	33.1	63.5	0.71	东北山杨
樟子松	0.47	—	—	0.15	0.32	0.49	21.4	22.2	26.1	34.4	72.8	0.96	内蒙古大兴安岭
马尾松	0.53			0.15	0.29	0.47	25.8	26.8	30.3	41.8	84.0	1.20	湖南
落叶松	0.65			0.17	0.41	0.55	32.7	31.3	41.2	54.3	109.4	1.29	东北、内蒙古
柳桉	0.61~0.80		—	0.21	0.30	0.54	—	—	55.5	50.3	84.5	—	进口
阿必通	0.72~0.80			0.17	0.36	0.53	58.7	46.7	48.7	53.6	98.1	1.18	进口

从胶合板原料看，昔日利用国产椴木、桦木、水曲柳生产胶合板的时代随着计划经济的转型已经终结多年；利用进口材生产胶合板曾一度成为淘金行业，从20世纪80年代到90年代初，吸引了一批投资者拥入并快速致富。但只有人工林杨树、桉木在胶合

板行业的利用，带动了中国千家万户农民致富，民营胶合板企业如雨后春笋，星罗棋布。

以 2009 年胶合板产量计算，杨木胶合板产量约为 2000 万 m³，而桉木胶合板产量有所上升，产量约 800 万 m³。从杨木人工林资源总量来看，中国杨木资源能够满足中国胶合板可持续发展的需要。由于华南地区大力发展桉树人工林，桉树已经成为该地区胶合板的主要原材料。

2.2 原木检验和贮存

原木是胶合板生产的主要原料，按照国家标准规定的技术条件要求，保证生产胶合板用原木的树种、材质和规格，可以提高胶合板的产品质量和合理使用木材，使生产正常进行，并使企业经济效益有所保证。因此对原木进行正确检验和检尺以及对原木的科学贮存和保管是胶合板生产中提高产品质量、合理使用木材和保证正常生产的主要措施。

2.2.1 原木检验

原木检验是指按原木的材质缺陷和原木材长、径级大小进行的质量评定和尺寸检量。

胶合板生产用原木的规格质量要求按国家标准 GB/T 143—2006《锯切用原木》中规定的检尺长度为：针叶材 2~8m，阔叶材 2~6m，按 0.2m 进级，长级公差允许 $^{-6}_{-2}$cm；检尺径东北、内蒙古、新疆产区自 18cm 以上，其他产区自 14cm 以上，按 2cm 进级；质量为一等材、二等材、三等材。

原木规格、质量检验方法分别按 GB/T 144—2003《原木检验》中的规定执行。对进厂原木的材长、径级和材质应逐根进行检验，并将检验的原始数据记入原木的验收台账，按月、季、年积累的统计数据，分析材种比例和规格质量变化，为合理组织配套生产，原木价格核算和科学改进工艺与设备选型等提供依据和为工厂原木验收提供基础资料。

近年来，由于林木资源减少，生产中使用原木的树种不断增加，径级逐年减小，材质下降，原木的利用率也逐年减低，在这种情况下，企业只有不断增加拼板机的数量和提高拼板机的效率。由于树种变化，椴木和水曲柳等珍贵树种逐年减少，而人工速生杨木等低质树种比例增加，采用厚芯结构的工艺，用珍贵树种作面板使用，提高胶合板的等级率等。还有不少工艺和设备上的改进也都是从原木的基础状况考虑的，因此，原木的正确检验和检验结果的分析整理，对企业的现实生产和今后的改造均有很重要的现实意义。

2.2.2 原木贮存

企业贮存一定数量的原木，一是为了缓解原木运输的周期性到材，保证有足够的原料，使生产能正常进行；二是可以合理使用原木，做到好次材搭配使用，提高产品质量和企业经济效益。

原木的贮存数量要合理。贮存不足会影响企业生产，过量贮存又会给原木保管带来困难，占用流动资金过多，同时也会影响原木质量。因此，原木的贮存数量要根据企业的生产能力，原木的运输到材周期和运输条件等因素来决定。

由于天然条件所决定，原木的贮存方法有水中贮存和陆地贮存两种。不论是水运材还是陆运材，原木到工厂之后必须进行贮存。为了存放原木，这两种方法均需建立贮木场。贮木场的选择主要根据企业所处的地理位置和气候条件，也可以采用两种方式配合使用。我国南方及沿海地区，气温适宜，港湾、河川较多，一般采取水中贮存原木为宜；北方冬季气候寒冷，冰冻期长，水源条件较差，大多数采用陆地贮存原木。

贮木场存放的原木，特别是陆贮原木，受气温和气候等自然条件变化的影响，容易产生开裂、变色、腐朽和虫蚀等变质现象，使原木变质降等，从而降低其使用价值，影响胶合板的产品质量和木材利用。例如柳桉、枫香、水曲柳等易端裂，桦木、拟赤杨、泡桐等夏季因细菌繁殖而容易腐朽，不剥皮的马尾松、红松等针叶材在夏季容易受天牛、松象鼻虫和蠹虫的侵害。这些都会使原木降等、变质，影响胶合板的质量和出材率。因此，对到材原木在贮存过程中，必须采取有效的管理办法和必要的保护措施。

2.3 原木截断

原木截断是将原木按产品要求的尺寸截成一定长度的木段。例如幅面 1220mm × 2440mm 的胶合板，木段长度通常为 2600mm 或 1300mm。原木长度和原木弯曲度、缺陷等直接影响胶合板的出材率，产生的废料有小木段、截头和锯屑等，原木截断损耗率一般在 3%~10%。掌握截断的原则和方法，适应多树种生产，组织木段合理配套，最大限度地提高原木的出段率，是合理使用木材，提高木材利用率和产品质量的关键。

原木截断应按照胶合板生产所需要的木段长度尺寸，结合原木的外部特征和各种缺陷，将原木截成需要的规格和质量。截断时既要保证单板质量，又要尽量提高木材利用率。

截断时，锯口应垂直于原木的轴线方向，防止木段端面偏斜，产生"马蹄袖"现象，影响木段长度。弯曲原木进锯时，应避免凹面向下，防止产生夹锯现象。弯曲原木截断时，应合理选择锯口位置，尽量获得通直或符合要求的小弧度木段，提高原木利用率。尽量将缺点集中在一根木段上。若原木的长度不等于所需木段长的倍数时，应尽可能将缺点集中在短木段上，保证长木段的质量。对端面偏斜，有大劈裂、水渍变色等缺陷的原木，截断时应先截去端头，使旋切时的木段容易卡住，又能保证单板质量。通常，越靠近根部，木材中节子等缺陷越少，因此，当原木两端材质相近时，应先从大头开始下锯，然后依次往小头方向运行，这样可以充分利用大径级木段，以获得最大的出材率，同时保证单板材质比较好。

2.3.1 原木截断的方法

(1) 各种不同缺陷原木的下锯法

如图 2-3 所示的四种情况：原木弯曲(图 2-3a)应在原木弯曲的转折处下锯，尽量获得通直或小弧度的木段。两端有节子、开裂和腐朽的原木(图 2-3b)，先按木段规格套裁下料，确定下锯位置。然后，再将原木两端影响使用的节子、开裂和腐朽部分截掉。节子和其他缺陷分布均匀的原木(图 2-3c)，下锯时应截取有用的木段，截掉有缺陷的部分。各种缺陷分布集中的原木(图 2-3d)，下锯时，应将缺陷集中在一根木段上，通常是集中在短木段上做芯板用。

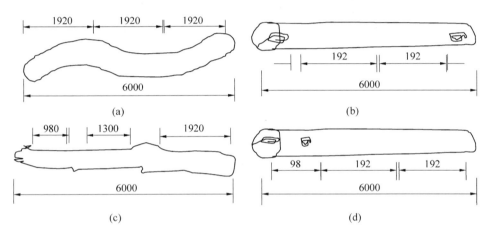

图 2-3 不同缺陷原木的下锯法
(a)弯曲原木 (b)两端有缺陷 (c)缺陷均匀分布 (d)缺陷分布集中

(2) 木段长度和加工余量的确定

为提高木材利用率，木段长度应根据胶合板的尺寸和必要的加工余量来确定。一般木段长度 L 按下式计算：

$$L = l + l_1 + l_2 \tag{2-1}$$

式中：l——胶合板长度(mm)；

l_1——胶合板裁边余量(mm)，一般取 60~70mm；

l_2——旋切机两边勒刀余量(mm)，一般取 30~40mm。

偏斜度是木段端头断面偏外方向的直径两端在木段轴线方向的距离，测量方法见图 2-4。测量偏斜度时，可用钢卷尺或细线绳，由直径近木段内的一端(A)起，与木段轴线方向垂直，紧贴在木段的表面上，测定直径

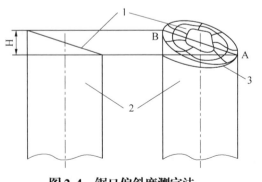

图 2-4 锯口偏斜度测定法
1. 端面 2. 木段 3. 钢卷尺

远离木段的另一端(B)与钢卷尺或细线绳之间的轴向距离(H)，即为木段端面(或锯口)偏斜度。

胶合板尺寸根据国家标准和用户需要确定，而加工余量则与截断时锯口宽度、锯口偏斜程度、胶合板锯边时的余量以及长木段旋切时表板和芯板是否分旋等因素有关。一般锯口宽为10mm，木段的加工余量为70~100mm，即式(2-1)中两个余量 l_1、l_2 之和约为100mm。具体长度见表2-3和表2-4。

表 2-3　旋切木段的长度（mm）

胶合板规格尺寸	表板木段	芯板木段	表、芯板同旋切时木段长	备注
915×915(3′×3′)	1000	980	1990	中间下割刀可出两张980mm芯板
915×1830(3′×6′)	1930	980		
915×2135(3′×7′)	2230	980	2290	中间下割刀可出一张970mm和一张1270mm芯板
1220×1220(4′×4′)	1320	1320	1990	中间下割刀可出两张980mm芯板
1220×1830(4′×6′)	1930	1320		
1220×2135(4′×7′)	2230	1320	2290	中间下割刀可出一张970mm和一张1270mm芯板
1220×2440(4′×7′)	2540	1320	2590	中间下割刀可出两张1270mm芯板

注：①表板和芯板木段不分开旋切时，表板木段的长度应适当增加20~40mm，以便能保证切出两张芯板的足够长度；
②木段的长度允许公差为 $^{+20}_{-10}$ mm；
③锯口偏斜度应不超过规定，见表2-4。

表 2-4　旋切木段长度允许偏差及锯口允许偏斜度（mm）

木段小头直径	长度允许偏差	偏斜度
30 以下	$^{+15}_{-10}$	≤15
30~50	$^{+25}_{-10}$	≤20
50~80	$^{+30}_{-10}$	≤30
80 以上	$^{+40}_{-10}$	≤40

注：弯曲木材的木段锯口允许偏斜度不在此限度内。

(3) 原木长度利用率

原木截断时，应在保证木段质量的前提下，充分利用原木的长度。如果原木的材质均匀，缺陷不影响使用，其长度利用率与原木的材长、木段的规格有关。当材长是木段长度的倍数时，原木的长度利用率最高。另外，使用长原木和生产多规格木段时，也可以提高原木的长度利用率。因此，在生产中使用长原木和生产配套规格木段，对提高原木出段率是有好处的，见表2-5。

表 2-5　原木长度利用率

原木长度 (m)	木段长度(mm)					利用长度 (m)	长度利用率 (%)
	2540	2220	1920	1290	980		
4			1		2	3.88	97.0
				2		3.84	96.0
		1		1		3.51	87.8
	1			1		3.83	95.8
		2				4.44	88.8
			2		1	4.82	96.4
5	1	1				4.76	95.2
			1	1	1	4.19	83.8
	1			1	1	4.81	96.2
		1			2	4.80	96.0
6	1	1			1	5.74	95.7
			3			5.76	96.0
			2		2	5.80	96.7
		2		1		5.73	95.5

2.3.2　原木截断的设备

原木截断使用的设备主要有链锯机、往复式截锯机和平衡式圆锯机三种。

链锯机(图 2-5)由电动机带动,也可由汽油发动机带动。链锯机可为移动式或固定式。它主要由传动机构、下降调节机构、导板、锯链、张紧机构和机架等部分组成。在调节机构部分,装有可调式或超负荷离合器,移动式链锯,机架安装在移动的小车上,可自动移动。链锯机结构简单,使用安全、方便,断料速度快,生产效率高,操作方便,可截断大径级原木,劳动强度较低,是国内胶合板厂普遍使用的截断设备。

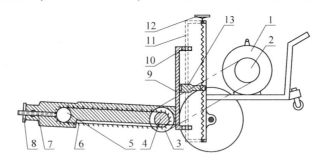

图 2-5　链锯机示意图

1. 电动机　2. 主动带轮　3. 从动带轮　4. 主动链轮　5. 从动链轮　6. 链锯条　7. 张紧丝杆
8. 螺母　9. 移动框架　10. 滚动轴承　11. 导轨　12. 丝杆手轮　13. 螺母

往复式截锯机(狐尾锯)由电动机带动曲柄连杆机构,使锯往复运动,截断原木。因生产效率低,目前很少使用。

平衡式圆锯机由电动机带动大直径的圆锯片转动。结构简单,但生产效率较低,工作时的噪声和危险性大,圆锯片的刃磨修整困难,截断原木的直径受到锯片的限制,主要适用于小径材。

2.3.3 木段的储备

为了均衡生产，原木锯成木段之后，应按树种、材长和径级分档次，分别进行归楞，并应有一定的储备。其储备量可根据生产任务、木段材种、作业场地、保管设施和季节等因素决定，一般应不少于一个班次的生产量。

根据单板仓库的"三板"平衡情况，即在胶合板生产中，保持面板、背板和芯板数量之间的一定比例关系，避免失调，保证供给蒸煮和旋切工序相应规格、质量和数量的木段。在蒸煮时，根据木段径级的大小分别投池，有利于节约能源，提高蒸煮质量，保证生产需要。同时按需要均衡地组织木段投池，有利于生产环节的衔接和平衡，确保生产正常进行。例如因原木供应不及时和截断设备检修或临时停电等造成截断停产的情况下，仍可保证木段正常供应，使生产不受影响。

木段贮存时，根据树种和季节不同，采取有效措施，防止木段开裂。木段贮存应满足以下要求：木段按树种、材长、径级进行归楞，存放时间根据贮存条件确定，露天存放的木段存放时间一般不应超过一天，否则木段端头容易开裂；对归楞存放的木段，应考虑蒸煮池投池情况，存放的木段原则上应在一天之内投入煮木池，使其存放量与投池量相一致，防止投池剩余的木段存放时间过长，一般应做到清楞投池；在春季，水曲柳等硬质材木段，应在截断后及时投池，否则会造成严重端裂；木段存放时，应设置楞台(用木板或木楞搭成)防止木段落地粘上泥沙等。

2.4 木段预处理

木段预处理，即木段的水热处理，就是把原木段浸泡在常温或带有一定温度的热水中，使木段增加其含水率。这种方法可以改善木材性能，满足旋切要求。正确地运用这种方法，可以软化木材，增加其塑性，对提高旋切单板的质量和木材利用率，有显著的效果。

2.4.1 木段预处理的目的

将木段进行水热处理，可达到如下几个目的：

(1) 将木段进行软化，增加可塑性，以提高旋切质量

如有些硬质树种(落叶松、水曲柳及部分南洋材等)不经水热处理，难以旋出连续单板。

单板在木段上原为圆弧形，旋切时，单板在离开切削刃瞬间，发生反方向弯曲，结果其表面产生压应力，背面产生拉应力($\sigma_1 + \sigma_2$)。

$$\sigma_1 = \frac{E \cdot S}{2\rho_1} \text{（MPa）} \qquad \sigma_2 = \frac{E \cdot S}{2\rho_2} \text{（MPa）} \tag{2-2}$$

式中：ρ_1——单板原始状态的曲率半径(mm)；

ρ_2——单板反向弯曲的曲率半径(mm);
S——单板厚度(mm);
E——木材横纹方向的弹性模量(MPa)。

单板厚度(S)越厚,木材直径越小,产生的应力越大。当拉应力大于木段横纹抗拉强度时,单板背面产生裂隙,应力大小决定背面裂隙的深浅。单板背面裂隙会降低单板的强度,增加单板表面的粗糙度,增加耗胶量。因此应尽量减少单板背面裂隙的深度,在同样的条件下,木段的塑性越大,单板表面的压应力和背面的拉应力越小,裂隙深度越浅。提高木材含水率和温度有助于提高木材的塑性,其中提高木材温度即热处理的效果更为显著。

在实际生产条件下,只能用控制 E 值来减少裂缝和裂隙度。E 值主要随木材本身温度和含水率增大而降低,即弹性变形减小,增加了塑性变形。因此,木段预处理是提高旋切单板质量的有效方法。

(2)减少动力消耗

木材经水热处理软化,在旋切过程中,只要一个很小的力就可以使单板由卷曲被拉成平直并进而产生反向弯曲。木材经水热处理后,节子的硬度显著下降,旋切时不易崩刀,保护了旋刀,减少了机床振动和动力消耗。

(3)有利于后期加工

木材水热处理后容易剥皮,有些木材边材部分的树脂和细胞液经过水热交换后渗透出来,有利于单板干燥、胶合、砂(刨)光、表面涂饰和其他形式的饰面加工。水热处理还可杀死部分虫、菌,有利于单板贮存。

此外,一般木段端部(尤其是靠近原木两端处)含水率较木段中心小,旋出单板并干燥后,因单板含水率不均,产生不规则变形甚至开裂。通过蒸煮有利于其含水率的平衡,保证单板质量。

2.4.2 木段预处理的方法

木段预处理的主要方法有三种(图2-6):水煮法、水与空气热处理法和蒸汽处理法。

水煮法就是将木段置于煮木池中,放进水后用蒸汽加热,使其煮到要求的时间和温度。木段水煮应按树种、材长、径级等因素采用不同的温度及保温时间。此法所用设备简单,操作方便,既提高温度又增加含水率,处理后的木段含水率均匀程度大为改善,旋出单板质量好,能耗也较小,是当前国内外胶合板厂普遍使用的一种经济而有效的处理方法。

水与空气热处理法适用于木段温度要求较低、生产要求连续性较强的车间,在小径木生产胶合板时可考虑采用此法。

蒸汽处理法是将木段填积在密闭的蒸煮池中,喷入饱和蒸汽(蒸汽压力0.147~0.196MPa)将木段温度提高,喷气时间40~60min,间隔3~4h为一个处理周期,然后再进行第二个周期,直到木段内部温度达到旋切要求的温度(如椴木20~30℃,荷木、松木30~40℃,硬质木40~50℃)。

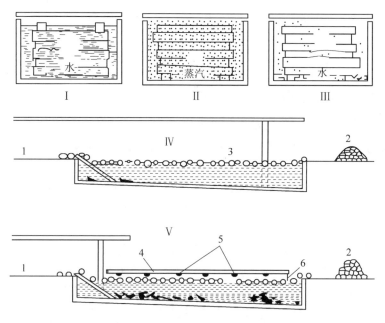

图 2-6 木段预处理的主要方法

Ⅰ. 水煮 Ⅱ. 蒸汽处理(低压蒸汽喷射) Ⅲ. 蒸汽热处理(热水蒸汽池)
Ⅳ. 水与空气热处理(木段漂浮,空气处于室温) Ⅴ. 水与空气热处理(木段漂浮,空气温度接近水温)
1. 车间 2. 木段 3. 空气 4. 隔离盖板 5. 热水喷嘴 6. 帘

蒸汽处理法由于喷出的蒸汽温度较高,易使木段开裂,且消耗蒸汽量大,因木段处理后外部温度过高,需放置一段时间冷却后才能旋切,蒸汽处理法一般比水煮法热处理时间可缩短5%~10%。对于水煮易发生变色的木材,需要采用此法。为了缓和热处理过程,一般采用热水池法。当水煮法中热水流动时,其效率基本上接近于蒸汽法。

除上述传统处理方法外,还有高压电阻加热法和高压(约0.7MPa)热水加热法,这两种方法都能在1h内达到要求。此外,对于杨木、椴木或红柳桉等软质材料可用水泡法处理,或于水中贮存,亦可起到相同作用。

水热处理时,木段应按树种、材长、径级不同分别投池,煮木池的水位一般应保证使木段露出水面部分小于木段直径的三分之一,这样可以得到比较理想的水热处理效果和节约能耗。

木段水热处理过程中应注意:如果处理温度过高,时间过长,则木段旋切温度过高,会使单板起毛,表面粗糙;处理温度低或蒸煮的时间不足,则木段不易旋切,单板发脆,容易断裂;木段投池温度过高或升温过快,木段容易开裂,导致不宜旋切或影响出材率和单板质量;木段在池中浸泡时间过长或池水长期不更换,容易使木段污染变色。

2.4.3 木段预处理的工艺

木材在热处理时,首先通过加热介质把热量传导给木材,然后木材表面处所得的热量再向内部传导,使内部达到所要求的温度。在这个过程中,木材内部各点的温度随时间而变化，是一种"不稳定导热"过程。因此，木材热处理是一个较为复杂的问题。本书只讨论涉及制定热处理工艺的一些基本原理。

因为我国工厂采用的多是水煮法，所以这里仅介绍水煮法的热处理工艺。

2.4.3.1 木材加热前后温度和介质温度的确定

由于树种、单板厚度、制造方法和木材含水率不同，对木材的加热温度要求不同：硬阔叶材比软阔叶材要求的温度高；贮存过久的陈材比新伐材要求的温度高；陆贮材比水贮材要求的温度高，旋切的木段温度要高；厚单板温度要高。

木段的加热温度，根据树种、材长、径级等不同情况有一定要求。温度过高或过低都会影响产品质量。温度过高，木材塑性太大，使木材纤维过于柔软不易切断。因此，旋切时木段的部分纤维不是被切断而是被拉（撕）断，结果在单板表面上出现起毛，影响单板粗糙度。温度过低，塑性不好，旋切时单板表面裂隙较深。降低单板温度，有时甚至不能旋出连续单板，单板破碎打卷，无法进一步加工，也影响木材利用率。旋切时，单板只旋到木芯表面，因此，木段在热处理时，以木芯表面温度达到要求为准。

根据生产实践经验，胶合板生产常用树种木芯要求的加热温度，在下列范围内较为适宜：

椴 木，15～25℃　　　　红 松，42～50℃
水曲柳，44～50℃　　　　荷木、松木，30～40℃
桦 木，30～40℃　　　　马尾松，55～60℃
杨 木，5～20℃　　　　落叶松，45～50℃
红阿必通，55～60℃

水煮法热处理时，介质（水和空气）的加热温度与木芯所需要的加热温度有关。一般介质的温度要比要求木芯的温度高 10～20℃。常用树种热处理时规定的介质加热温度范围如下：

水曲柳，60～80℃　　　　鸡毛松、陆均松、马尾松等，65～75℃
椴 木，40～75℃　　　　广东松、荷木，55～65℃
杨 木，20～30℃　　　　红 松，80℃
桦 木，50～75℃　　　　落叶松，65～85℃
红阿必通，80～85℃　　　马尾松，75～85℃

软阔叶材要求的热处理温度较低，如新采伐的杨木、椴木等，因材质软含水率高，木材内部温度在5～15℃（也有资料介绍最佳温度为0～10℃）就可以旋切，杨木要求的旋切温度更低，只要木段无冰即可。所以，这些软阔叶材夏天可以不经蒸煮，直接进行旋切。

2.4.3.2 水煮法热处理工艺过程

由于我国幅员辽阔，南北各地气温差别很大，因此，木段水煮法热处理过程分为冰冻材和非冰冻材两种。

北方冰冻材的水煮法热处理过程，包括冰冻材的融冰阶段，而非冰冻材则没有融冰阶段。

木段的水煮法热处理过程，可用水煮法热处理工艺曲线表示，如图2-7所示。

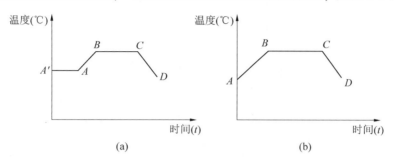

图 2-7　木段水煮法热处理工艺曲线
A'—A. 融冰阶段　A—B. 介质升温阶段　B—C. 保温阶段　C—D. 冷却均温阶段

我国的木材水热处理工艺，一般分为介质升温、保温、自然冷却均温三个阶段。基本上以南方地区非冰冻材冬季的热处理条件为基准，夏季保温时间缩短；而冰冻材经融冰处理之后，其他各阶段基本上与南方地区非冰冻材冬季的水煮法热处理过程相同。

(1) 木段融冰阶段(A'—A)

木材受热膨胀，遇冷收缩。木材的胀缩性在顺纹方向小，横纹方向大，其中弦向为最大。木材热处理时，木材内部存在着温度梯度，因此内部存在膨胀梯度。当膨胀产生的内应力大于木材横纹抗拉强度时，木段端头会产生环裂和纵裂。同样，木材在冷却时，也会产生类似情况。这些对于确定融冰、介质升温以及热处理后木段的存放，都是应该考虑的问题。

融冰阶段介质温度一般为 30～40℃，保温 8h 以上，根据介质温度和木段初温度而定。

(2) 介质升温阶段(A—B)

水温从室温升到40℃，可以快速升温，升温速度可为5℃/h，因为此时木段内外温差小，不易产生端裂。水温从40℃升到规定的加热温度时，一般阔叶材树种（陆贮材）6～10h（升温速度为2～3℃/h）；水贮材约5h，升温速度可稍快一些；处理密度大及较易开裂的树种时，升温时间要长些。总之，应使介质逐步升温，以缩小木段内外温差，减少木材的内应力。

针叶材由于没有横卧的木射线细胞，所以径向强度较大，不易产生端裂。因此，热处理时升温速度可比阔叶材快些，为 5～6℃/h，升温时间为 7～8h。

(3) 保温阶段(B—C)

在此阶段内，热处理木段的内部温度逐渐上升。所需加热时间与木段的直径、密度、含水率、介质温度和木芯表面要求达到的温度等各种因素有关。一般用实验方法确定。

表2-6列出了我国胶合板生产所用的部分树种木材的水热处理工艺。其中所列蒸煮时间是指木芯表面达到规定温度所需的时间，对于同一树种而直径不同的木材，其保温时间可用下式近似求得。再通过实践进行修正：

表 2-6　我国胶合板生产所用的部分树种木材的水煮法热处理工艺

类别	树种	木段直径(cm)	热处理工艺 夏季	热处理工艺 冬季	木芯温度(℃)	备注
软阔叶材	杨木、椴木	40	陆贮材以 20~35℃水浸泡 24h，新鲜材、水运材不需处理	最高水温60℃，升温速度3℃/h，保温10h；冰冻材以 30~40℃水化冻，不少于8h	25~35	椴木陆贮材，水温超过60℃端裂扩展
中硬阔叶材	桤木、红桦、荷木	36	最高水温60℃，升温速度3℃/h，保温14h	最高水温60℃，升温速度3℃/h，保温20h；冰冻材以 30~40℃水化冻，不少于8h	36	陆贮材、枫桦的陆贮材，水温超过65℃端裂有扩展
硬阔叶材	水曲柳、枫香、色木	40	最高水温65℃，升温速度2~3℃/h，水贮材 6~8℃/h，保温16h	最高水温65℃，升温速度陆贮材 2~3℃/h，保温40h；水贮材 6~8℃/h，保温24h；冰冻材以30~40℃水化冻	44	水曲柳陆贮材，水温超过65℃端裂有扩展
硬阔叶材	栎木	40	最高水温80℃，升温速度6~8℃/h，保温24h	最高水温80℃，升温6~8℃/h，保温30h	45	陆贮材
针叶材	马尾松、云南松、陆均松、红松	40	最高水温80℃，升温速度5~6℃/h，保温24h	最高水温80℃，升温速度5~6℃/h，保温30h；冰冻材以 40~50℃水化冻，不少于8h	45	陆贮材红松不易端裂，未剥皮时易遭天牛等虫害剥皮后陆贮材，边材纵裂。树种多，差异大，宜根据具体材质来确定蒸煮工艺
针叶材	落叶松	36	最高水温70℃，升温速度5~6℃/h，保温24h	最高水温70℃，升温速度5~6℃/h，保温24h；冰冻材以 30~40℃水化冻，不少于8h	45	
进口材	柳桉	60	水贮材不蒸煮，陆贮材以40℃水浸泡24h	最高水温60℃，升温速度6~8℃/h，保温20h	36	
进口材	白阿必通、桃花心木	60	最高水温65℃，升温速度6~8℃/h，保温24h	保温36h，其他如夏季工艺	44	
进口材	柚木、伊迪南	60	最高水温75~80℃，升温速度6~8℃/h，保温54h	保温60h，其他如夏季工艺	45	陆贮材
进口材	红阿必通、克伦、山樟	80	最高水温80~90℃，升温速度6~8℃/h，保温54h	保温60h，其他如夏季工艺	55	陆贮材

注：表中未包括的树种，可根据其材质软硬参照表中的分类进行。

$$Z_2 = Z_1 \left(\frac{D_2}{D_1}\right)^2 \tag{2-3}$$

式中：D_1——已知热处理时间的木段直径(cm)；

D_2——要求热处理时间的木段直径(cm);

Z_1——在直径为 D_1 时的保温时间(h);

Z_2——在直径为 D_2 时的保温时间(h)。

(4) 自然冷却均温阶段(C—D)

木段加热以后,当木芯表面达到要求的加热温度时,则木芯以外部分已超过合适的旋切温度(木段表面温度与加热水温度相同)。这时,如果立即把木段从水温很高的煮木池中取出,放在常温室内,由于木段内外温差太大,容易产生内应力,而导致开裂。因此,保温处理之后,煮木池应停止加热,降低水温,使木段在煮木池中继续存放一段时间冷却均温,当木段内外温差趋于平衡之后再出池。

在实际生产中,胶合板多按树种、材长、径级等将水段分别进行热处理,并根据树种、径级、季节的不同,分别规定出热处理工艺条件。

2.4.3.3 预处理木段温度的测定方法

木段表面温度与水温相同。因此,在水热处理时,只要按照工艺规定,定时用长尾温度计或玻璃温度计测试水温即可。

木芯表面温度的测定,可在木段表面径向钻孔,孔深至木芯表面,孔径大于测试用的温度计直径。煮木前将温度计插入木段上的圆孔内,并在木段表面处用橡皮塞封闭,防止池水由圆孔处渗入。

蒸煮时,观察温度计的读数即可反映出木芯表面温度,如图 2-8 所示。这种方法主要用于制定新的蒸煮工艺时考察预处理工艺的准确程度(根据木芯要求温度,确定水温和加热时间)。一般检查木芯表面温度,当木段旋切到木芯时,马上测定木芯表面温度是否符合工艺规定即可。

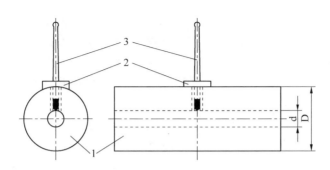

图 2-8　木芯温度测试示意图

1. 木段　2. 橡皮塞　3. 温度计

2.5 木段剥皮

木段剥皮的目的主要是为了方便旋切和提高单板质量。树皮一般由外皮、韧皮部和形成层等组成。因为树皮的结构与木材(木质部)完全不同，在胶合板生产中树皮不但没有使用价值，而且由于它的韧皮部多为细长纤维构成，如果木段不经过剥皮而直接进行旋切，容易堵塞刀门。

另外，由于木材在生长、运输和保管过程中，树皮内容易有金属和泥沙等杂物，如果木段不剥皮很难发现和清除，在旋切时会造成崩刀，影响正常旋切和单板的质量。因此，木段在旋切之前，必须预先把树皮剥净。

木段出池后要立即剥皮，应剥净外皮与韧皮部，但不能损伤或少损伤木质部。要全部清除木段上的钉子、泥沙等杂物。剥皮设备应该效率高、结构简单，不受木段直径、长度、树种、外形等影响，动力消耗小，劳动强度低。

树皮的结构多种多样，有平滑状、沟状、鳞片状和絮状等，树皮厚度又依据树种、树龄等变化，树皮含水率的大小影响到它同木质部接合力的大小，加之原木的尺寸、形状也是不规则的，因此应根据不同的剥皮条件，合理地选择不同类型的剥皮机。

此外，木段剥皮的滚台与剥皮原木的存放地点应经常用水冲洗，保持剥过皮的木段表面干净。木段剥皮后，应根据木段径级的大小与水热处理程度，旋切前放置 1~3h，使木段内部温度均匀，有利于旋切。

目前，木段剥皮主要有人工剥皮和机械剥皮两种。人工剥皮主要用搂刀、扁铲等工具将树皮剥掉，这种方法树皮剥得比较干净，对木材(木质部)损伤比较小，但劳动强度大，剥皮效率低，是一项繁重的体力劳动。

机械剥皮主要是利用各种形式的剥皮机来剥皮。机械剥皮的基本要求是：剥皮要干净、木质部损伤越小越好，设备结构简单、效率高，受树种、径级、长度、外形等因素的影响要小。

机械剥皮可分为摩擦型、冲击型和切削型三种。摩擦型剥皮机是利用木材与木材相互运动摩擦产生的力，或者木材与机械之间相对运动的摩擦力，或者两者相结合剥去树皮的一类机器。该法适用于小径木和弯曲度较大的木材。冲击型剥皮机是利用高压水流或其他物质来冲击木段表面而进行的剥皮。冲击型剥皮装置动力消耗大、耗水量大，很少采用。

切削型剥皮机是利用切削刀具(单切削刃或多切削刃)的旋转运动(或相对固定)和木段定轴转动或直线前进运动，切刀同木段之间产生相对运动，从木段表面切下(扒下)树皮。切削型剥皮机基本上不受树皮结构、厚薄、木段状态等限制，生产率较高，但如果操作不当，木质部损失率较高。

按切下树皮的基本方向可分为：纵向切削、横向切削和螺旋切削，如图2-9所示。

木段机械剥皮主要使用纵向、横向切削式剥皮机。它是利用切削刀的旋转运动，木段的定轴旋转或直线前进运动(或同时存在定轴旋转和直线前进两种运动)相配合，从木段上切下或刮下树皮。

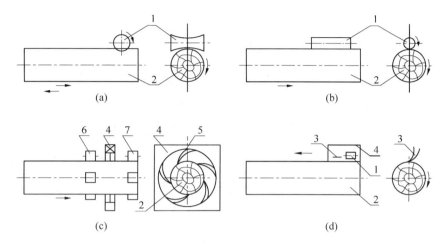

图 2-9　切削式剥皮机工作原理示意图
(a) 刀辊纵向切削式　(b) 刀辊横向切削式　(c) 撕裂-刀辊切削式　(d) 多刀螺旋切削式
1. 刀辊　2. 需剥皮木段　3. 撕裂刀　4. 刀架　5. 切刀　6. 进料机构　7. 出料机构

纵向、横向切削式剥皮机又称铣刀式剥皮机。铣刀头一般为圆辊形，安装在可以根据木段径级大小升降的臂杆上，木段在传动滚轮上翻转式前进。这种剥皮机不受木段状态限制，它既可以剥圆直木段，也可以剥椭圆木段，尤其适合剥树皮坚硬、紧固的阔叶材，还能够削平树瘤、枝丫、根端肥大和其他畸形缺陷，而且它的结构简单，容易制造。国内各胶合板厂使用较为普遍。此外，还有多刀螺旋式（圆环式）剥皮机等，由于结构较复杂，维修困难，国内很少使用。

机械剥皮效率较高，但由于树皮结构不同，原木的直径和形状不一，剥皮的质量往往不如手工剥皮，并且对木质部损伤较大。

本章小结

备料是胶合板生产的第一个工艺环节。备料主要对原木进行处理，是制备单板的基础，原木预处理直接影响单板出材率以及单板质量。胶合板的原料主要针对原木，不同种类原木的木材性质有所差异，因此直接影响备料各工序所需设备及工艺处理方法。

思考题

1. 胶合板用材有哪些要求？
2. 原木截断的原则是什么？
3. 什么是木段预处理？
4. 简述木段预处理的方法与处理工艺。

补充阅读资料

常用的涂料配比与使用

保护原木端头较为常用的涂料可为沥青或焦油与黏土的混合物，或为石灰与桐油的混合物。其配比为：

沥青或焦油(约50%) + 黏土(细筛)(15% ~20%) + 水(30% ~35%)

将上述混合物搅拌均匀后，用刷子或喷雾器，在原木的端面上进行涂刷或喷涂，根据涂料黏稠状况决定涂一次或两次，使涂料形成完整的薄膜。要求涂料最好不要吸收到木材里去，但也不要流失，免得造成浪费，或影响木材使用时的胶合性能。为防止涂料日晒流淌，待涂过涂料的端面晾干以后，可以再刷一层石灰液。据有关材料介绍，在原木的端面涂刷以聚乙烯基乙酸酯为基础的各种涂料，使其形成一层不老化膜，将木材与空气隔绝，对防止木材腐朽和端裂具有良好的效果。

第 3 章

单板制造

本章介绍了胶合板生产基本单元单板的制造方法,阐述了单板制造的运动学和力学原理,详细介绍了单板加工工艺、质量评定与控制以及加工设备等。同时,还介绍了天然薄木的制造方法。

胶合板的质量在很大程度上取决于单板的质量,因此单板制造是胶合板生产的核心工段之一。单板的制造方法包括以下三种(图3-1):

(1)刨切

采用刨切机刨削获得具有美观径向纹理或特殊纹理的单板,此类单板多用于人造板的装饰贴面。

(2)旋切

采用旋切机连续切削获得具有弦向纹理的单板。旋切法制造单板是现代胶合板生产中应用最广泛的一种方法。此法生产效率高,木材利用率也高。如果采用具有特殊卡盘装置的旋切机,还可获得介于旋切和刨切单板之间的单板,称为半圆旋切单板。

(3)锯切

采用单板锯机锯切获得与刨切单板有同样纹理的单板,由于此法锯屑损耗多,原料浪费较大,生产效率低,目前生产中已很少采用。本章主要介绍单板的旋切工艺。

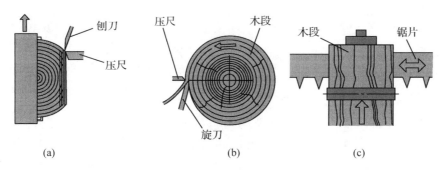

图 3-1 单板制造方法示意

(a)刨切 (b)旋切 (c)锯切

3.1 木段定中心

3.1.1 木段定中心的目的

一般木段带有尖削度和弯曲度。因此，在旋切成圆柱体以前(图3-2)，得到的都是碎单板(单板长度小于木段长度)和窄长单板(长度等于木段长度的不连续单板)，木段旋成圆柱体以后，再继续旋切，才能获得连续的带状单板，最后剩下的为木芯。带状单板的数量与圆柱体的直径有关。每一根木段，按照它的大小头直径及弯曲度，可以计算出理论上最大的内接圆柱体直径。实际生产中旋切所得圆柱体的直径总是小于木段理论最大内接圆柱体的直径。产生碎单板和窄长单板多少的原因，一方面是由于木段形状不规则，另一方面是由于定中心和上木不正确产生偏差(图3-3)，本来应该得到连续的带状单板，而变成碎单板和窄长单板。如果定中心偏差相同，木段直径越小，木材损失率就越多，所得的碎单板和窄长单板数量也越多。由于定中心和上木不正确，不但损失了较好的边材单板，而且加大了单板干燥、干单板修理和胶拼的工作量，并且浪费了木材，增加了工时消耗，给生产工序的连续化增加了困难。因此，正确确定中心对节约木材、提高单板质量和降低生产成本都具有重要意义。

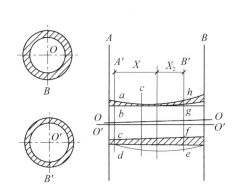

图3-2 定心偏差引起的单板材积损失

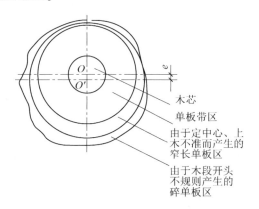

图3-3 旋切时木段内分区示意

O为选切时木段回转轴线；O'为木段最大内接圆柱体轴线；e为偏心距

木段定中心的目的就是准确定出木段在旋切机上回转中心的位置，使木段回转中心线与最大内接圆柱体中心线相重合。该位置定得越正确，旋切单板的整幅出材率越高，对木材的边材利用越充分，旋出的碎单板和窄长单板越少，单板的加工量也随之减少。人工定中心误差较大；机械定中心比人工定中心可提高出材率2%～4%；计算机扫描定中心可提高出材率5%～10%，整幅单板比例可增加7%～15%，但投资较大。

3.1.2 木材定中心的方法

定中心的方法一般为三种：一是直接在木段两端面上定中心；二是在木段中央两断

面上定中心；三是基于木段整体轮廓定中心。

（1）直接在木段两端面上定中心

这种方法比较简单，它是直接在木段的端面定出木段的几何中心。主要用于直径大、弯曲度和尖削度较小、形状比较规则的木段，如人工定中心和光环投影定中心。人工定中心时可用目测法，通过观察来确定中心；也可借助于直尺或圆样板等简单工具来帮助定中心。人工定中心随意性较大，不精确，操作工劳动强度大。光环投影定中心是将光环发生器形成的同心多圈光环投射到木段两端面上，目前仍用

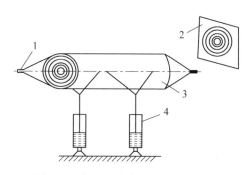

图3-4　光环投影定中心示意图
1. 光环发生点　2. 反光镜　3. 木段　4. 升降架

人的视觉来调整木段的上下位置，使光环的中心与木段端面最大内接圆中心相重合，则光环的中心即为木段在旋切机上回转中心的位置(图3-4)。

（2）在木段中央两断面上定中心

① 三点定中心法

利用三个相互交叉成120°并且与回转中心始终保持等距离的点，来确定某个断面的中心。但在绝大多数情况下，木段横断面不是圆形，因此这种方法尚不能得到满意的结果。图3-5是三点定心机的一种。其工作原理如下：剥皮后木段经传送设备输送到提升装置，再经由提升装置提升至抛料贮料臂。抛料贮料臂回转下倾时，木段被放入口朝上的三点定心机中。定心机每边一个，分别位于木段1/4和3/4部位处，以避免木段弯曲和端部不规则形状的影响。两个定心机之间以中轴连接。每个定心机的G形口内装有三个楔型卡木段的卡杆，按正方形的三边安装，一端固定于G形口内壁，它是气动控制的机械连杆装置，可以同时向内转动，转角相同，所以能立即卡紧木段定好中心。

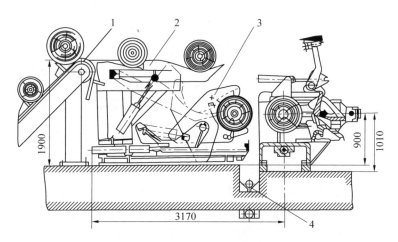

图3-5　三点定中心上木机结构示意图
1. 横向提升装置　2. 抛料贮料臂　3. 三点定心机　4. 木芯输送链

② 成对直角钢叉定中心法

上钢叉可以左右转动，使直角的交点与回转中心始终保持等距离。用这种方法设计的定中心机操作方便，而且可直接装在旋切机上。虽然定中心误差比三点定中心法大些，但仍在生产中被采用。如图3-6所示，需定中心的木段经横向运输链送入定心机卡爪内，压缩空气进入定心机左右各一气缸内，活塞推动齿轮使扇形齿轮转动，从而使下卡爪做上下挪动，与此同时上卡爪也做下上挪动，这样形成上下卡爪同时闭合或同时张开。上下卡爪的对称中心线恰为旋切机卡轴的中心线。

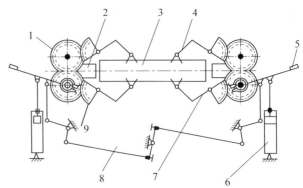

图3-6 直角钢叉(卡爪)定中心上木机结构示意图
1. 齿轮　2. 卡头中心　3. 木段
4. 卡爪　5. 对重　6. 气缸
7. 定心臂　8. 协调连杆　9. 扇形齿轮

(3) 基于木段整体轮廓定中心

上述两种方法均是根据木段某两个平面确定圆心的连线作为木段旋切中心线，这对于外形呈规则圆柱体的木段效果较好，而对于断面形状不规则、弯曲的木段效果则较差。定中心误差较大时，直接导致零碎单板的增加，从而使木段的单板出材率降低。随着世界范围内对原始森林的保护，大径级原木日益减少，导致胶合板生产用的原材料发生了很大变化，取而代之的是速生小径木材(指平均直径为200~300mm)。定中心误差对小径木的单板出材率影响尤为明显。因此，选择高效准确的定中心方法对有效提高小径木的利用率具有重要意义。

计算机X-Y定中心系统(X-Y Charger)是一种基于木段整体轮廓的定中心装置，由木段的进给装置、几何预定心装置、扫描定心装置、摆动上木装置和计算机控制系统组成，见图3-7。其工作原理如下：首先采用三点接触式的几何定心法初步确定木段中心，如图3-7(a)所示。木段由单根进料器运送至两只V形架上。两只V形架的对称中心线处于定心系统的垂直平面内，并分别与各自的伺服液压缸相连，可由伺服液压缸带动升降。在两只V形架的垂直上方各有一只接触式的传感器，也可分别由各自的伺服液压缸带动升降。V形架上移，传感器下降直至接触木段，这样就可确定两个断面的中心位置。根据传感器测得的中心位置，由计算机控制V形架以及传感器的伺服液压缸升降，将两个断面的中心位置分别调至预定的中心位置，从而补偿了木段的锥度。初步确定木段中心后，由夹紧卡盘从两端将木段夹住并驱动木段旋转，同时扫描系统对木段的外形进行扫描，并将数据输入计算机，获得木段的扫描重现外形，并计算出木段最大内接圆柱体的轴线位置，如图3-7(b)所示。根据木段的长度，沿木段的长度方向在同一平面内固定3~7个扫描装置，从而可获得3~7个木段横断面的形状。在木段旋转过程中，所有扫描装置对木段同时进行表面轮廓的扫描测量。计算机X-Y定中心系统的精度可达到0.05mm，相对机械定中心而言，经计算机X-Y定中心系统定心，旋切所得单板出板率可增加2%~15%，连续单板带的出板率可增加5%~15%，零碎单板量可减少

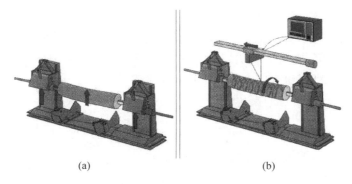

图 3-7 计算机 X-Y 定中心系统
(a) 几何预定中心　(b) 扫描中心

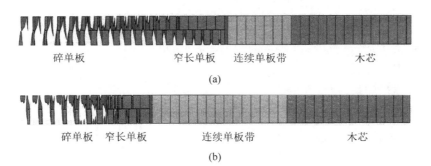

图 3-8 计算机 X-Y 定中心与机械定中心单板出材率比较
(a) 三点定中心　(b) 计算机 X-Y 定中心

20%~50%，见图 3-8。对于一些边材质量较好的木材，可以从外围区域获得更多质量较好的单板。同时随着木材浪费的减小，胶合板的制造成本、人工和能耗相应降低。

3.2 单板旋切

3.2.1 旋切基本原理

木段做定轴回转运动，旋刀做直线进给运动时，旋刀切削刃基本平行于木材纤维，而又垂直于木材纤维长度方向向上的切削，称为旋切。在木段的回转运动和旋刀的进给运动之间，有着严格的运动学关系，因而旋刀从木段上旋切下连续的带状单板，其厚度等于木段回转一圈时刀架的进刀量。

3.2.1.1 旋切运动学

在旋切过程中，旋刀的刃口在木段横断面上所走过的轨迹，称为旋切曲线（图 3-9）。这里将对下列两个问题进行讨论：设计旋切机运动学的依据和实际旋切时的运动轨迹。

(1) 木段做等角速度回转时的旋切曲线

旋切运动是由木段等角速度回转和旋刀匀速进给运动合成的，如图3-9所示。旋切切削刃由 C 点走到 C' 点，同时木段做顺时针回转运动。由于木段是等角速度回转，所以木段所转过的极角为：

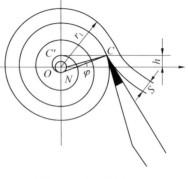

$$\varphi = \omega \cdot t \tag{3-1}$$

式中：φ——木段转过的极角（rad）；
　　　ω——木段回转角速度（rad/s）；
　　　t——木段回转时间（s）。

图3-9　旋切曲线

由于旋刀做等速直线运动，所以旋刀运行的水平距离为：

$$x = V \cdot t \tag{3-2}$$

式中：x——旋刀运行的水平距离（mm），$x = \sqrt{r^2 - h^2}$；
　　　V——旋刀前进速度（mm/s）；
　　　r——木段的瞬时半径（mm）；
　　　h——旋刀安装高度，旋刀切削刃距离卡轴轴线水平面的距离（mm）。

式(3-2)与式(3-1)相除得，$\dfrac{x}{\varphi} = \dfrac{V \cdot t}{\omega \cdot t}$

设 $a = \dfrac{V}{\omega}$，将 $x = \sqrt{r^2 - h^2}$ 代入上式得，$\dfrac{\sqrt{r^2 - h^2}}{\varphi} = a$

简化得旋切曲线方程式，$r^2 = a^2\varphi^2 + h^2$

式中：a——阿基米德螺旋线的分割圆或圆的渐开线基圆半径；
　　　当 $h = 0$ 时，$r = a\varphi$，此方程表示旋切曲线是阿基米德螺旋线；
　　　当 $h = -a$ 时，$r^2 = a^2(\varphi^2 + 1)$，此方程表示旋切曲线是圆的渐开线。

(2) 设计旋切机运动学的依据

旋切木段的目的是得到厚度均匀的优质连续单板带，像纸卷展开一样。根据上述旋切曲线的讨论，有两种运动轨迹符合旋切曲线要求，即阿基米德螺旋线和圆的渐开线。

① 阿基米德螺旋线

$$\begin{cases} x = a\varphi\cos\varphi \\ y = a\varphi\sin\varphi \end{cases} \tag{3-3}$$

式中：φ——发生线至坐标中心点之间垂线与 x 轴之间夹角。

从木段上旋出的单板名义厚度即为该曲线在 x 轴方向上螺线各节的螺距（$\varphi_2 = 2\pi + \varphi_1$）。

$$\begin{aligned} s &= \Delta x \\ &= a\varphi_2\cos\varphi_2 - a\varphi_1\cos\varphi_1 \\ &= a(2\pi + \varphi_1)\cos(2\pi + \varphi_1) - a\varphi_1\cos\varphi_1 \\ &= 2\pi a\cos\varphi_1 \end{aligned}$$

因为 $h=0$，即 $y=a\varphi\sin\varphi=0$，所以 $\varphi=0°$，代入上式得 $s=2\pi a$。

因为 $a=\dfrac{V}{\omega}$，所以，旋切过程中只要保持旋刀进给运动与卡轴回转运动的传动比，则单板的名义厚度就能保持一致。

可见，当在 $h=0$ 的情况下旋切木段时，阿基米德螺旋线上各节距是相等的，即单板名义厚度在旋切过程中理论上是不变的。

② 圆的渐开线

$$\begin{cases} x=a\cos\varphi+a\varphi\sin\varphi \\ y=a\sin\varphi-a\varphi\cos\varphi \end{cases}$$

旋刀是沿着平行于 x 轴方向做直线运动，故其 x 轴方向上渐开线各节的螺距，即为单板的名义厚度。

$$\begin{aligned} s &= |\Delta x| \\ &= |(a\cos\varphi_2+a\varphi_2\sin\varphi_2)-(a\cos\varphi_1+a\varphi_1\sin\varphi_1)| \\ &= |[a\cos(2\pi+\varphi_1)+a(2\pi+\varphi_1)\sin(2\pi+\varphi_1)]-(a\cos\varphi_1+a\varphi_1\sin\varphi_1)| \\ &= |2\pi a\sin\varphi_1| \end{aligned}$$

因为 $h=-a$，即 $y=h=-a=a\sin\varphi_1-a\varphi_1\cos\varphi_1$，所以 $\varphi_1=2\pi n+270°$，代入上式得 $s=2\pi a$。

由此可见，在 $h=-a$ 时，圆的渐开线发生线在平行于 x 轴方向上各节距是相等的，为基圆周长。此时，单板名义厚度在旋切过程中理论上也是不变的。但是，$h=-a=-\dfrac{s}{2\pi}$，须随 s 值的改变而变化，故此时旋刀的回转中心也应相应变化，这样旋切机结构复杂，用圆的渐开线作为设计旋切机旋刀与木段相互间的运动关系是不合适的。阿基米德螺旋线是比较理想的旋切曲线，不管单板的名义厚度如何变化，h 值总为零，旋刀的回转中心线不必改变。因此，目前它被作为设计旋切机旋刀与木段间运动关系的理论基础。

(3) 实际旋切时的运动轨迹

在生产中，旋刀切削刃安装高度 h 不一定与卡轴中心线连线在同一水平面上。由于旋切木段的树种、旋切条件、旋切单板厚度、旋切机结构及精度不同等原因。为了得到优质单板，装刀时 $h\neq 0$，可为正值或负值，甚至旋刀中部可略高于旋刀的两端。在不同旋刀切削刃安装位置（h 值不同）时，旋切曲线将为：

$h>0$ 时，旋切曲线近似于阿基米德螺旋线；

$h=0$ 时，旋切曲线为阿基米德螺旋线；

$0>h>-a$ 时，旋切曲线为伸长了的圆的渐开线；

$h=-a$ 时，旋切曲线为圆的渐开线；

$h<-a$ 时，旋切曲线为缩短了的圆的渐开线。

3.2.1.2 旋切力学

木段在旋切机上被旋切成单板时，作用在木段上的力可分为：旋刀作用力；压尺作用力；卡轴作用力和压辊作用力。

(1) 旋刀作用力

旋刀对木段的作用力可分为：旋刀前面（单板流经的旋刀表面）对已旋出单板的作用力 P_1，切削力 P_2 和旋刀后面（旋刀对着木段的表面）对木段的压力 P_3（图3-10）。

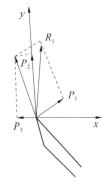

图3-10 旋刀的木段的作用力

P_1 为劈力。在 P_1 的作用下，旋切时产生超前裂缝，使单板与木段分离时不是按旋切轨迹运行，而是出现不规则的劈裂，木材纤维不是直接被旋刀切断分离，而是先撕开后切断，结果在旋切的木段表面上出现了凹凸现象。单板的背面（与旋刀前面接触的一面，单板另一面称为单板正面）是高低不平的，单板的正面仅有凹陷，因为木段上凸出的地方被旋刀切掉。另外，在 P_1 的作用下，单板由原来自然状态（正向弯曲状态）变到反向弯曲状态，使单板内部产生应力。由于木材横纹抗拉强度较低，结果在单板背面产生了大量裂缝，降低了单板质量。为了消除这些缺陷，应该正确地使用压尺。

P_2 为切削力。在该力作用下，旋刀从木段上切下单板。影响切削力大小的因素较多，例如木段的温度、木材的密度、切削条件（旋刀角度参数、旋刀安装位置、单板厚度、切削刃状态）和木材结构等。切削力可用下式计算：

$$P_2 = k \times L(\mathrm{N}) \tag{3-4}$$

式中：k——单位切削力（N/cm）；
L——木段长（cm）。

根据试验，在一般树种和常用单板厚度时，单位切削力 k 为 100~200N/cm。

P_3 为压木段力。要保持正常旋切，该力必须存在，并应尽量使其值稳定。影响该力大小的因素很多，但以旋切条件影响较大。在正常旋切条件下，刀锋利时 $P_3 = 0.2P_2$ 左右；刀钝时 $P_3 = (0.8 \sim 1.0) P_2$。

旋刀对木段总作用力为 $\overline{R_1} = \overline{P_1} + \overline{P_2} + \overline{P_3}$，与铅垂线夹角为 θ。在未使用压尺旋切时，$\overline{R_1}$ 可在第一象限，在这种情况下木段和旋刀是"相吸"的；在旋刀后角 α 变得过小、刀钝等情况下，$\overline{R_1}$ 可在第二象限内。

(2) 压尺作用力

为了防止木材产生无规则劈裂，必须安装压尺。压尺对单板和木段有一个压力（由于木材是弹塑性体，这个压力是个合力）。应该使压尺的作用力作用线通过旋刀的切削刃，这样才可防止由于旋刀作用力 P_1 所引起的劈裂现象。由于单板被压缩，其横纹抗拉强度有所增加，这对减少单板背面的裂缝是有益的。同时从单板内压出一部分水，可缩短单板的干燥时间。

压尺对木段作用力为压榨力 P_0，由此而产生的阻止单板通过刀门的阻力 $F = \mu \times P_0$

($\mu \approx 0.4$)。两者的合力方向与水平线夹角约为 30°。压榨力 P_0 同单板的压榨程度 Δ 有关,Δ 越大则 P_1 也越大,一般为 10%~20%,依单板厚度而定,薄单板则 Δ 小一些。

$$\Delta = \frac{S - S_0}{S} \times 100\%$$

式中:S——单板名义厚度(mm);

S_0——单板通过旋刀和压尺棱之间最小垂直距离(mm)。

压尺和旋刀对木段的总作用力(图 3-11)根据实验和计算,其有关参数如下:

$$R = K \times L \tag{3-5}$$

式中:R——总作用力(N);

K——单位长度作用力(N/cm);

L——旋切木段长度(cm)。

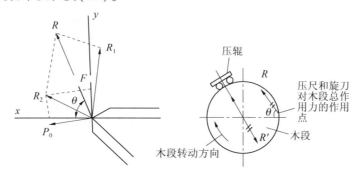

图 3-11　压尺和旋刀对木段的总作用力

在一般情况下,单位长度作用力 K 为 160~240N/cm,作用力方向可用 $\angle \theta$($\bar{R}$ 同水平轴线间夹角)表示,在 40°~75° 范围内变化。

(3) 卡轴作用力

木段在旋切过程中,在旋刀和压尺总作用力 R 的作用下,形成一个阻力矩($M = R\frac{D}{2}\sin\theta$)和一个垂直于卡轴轴线的作用力 R'(大小与 R 相等,但方向相反)。M 值取决于总切削阻力 R(与木段长度、树种、切削状态等有关)和瞬时旋切木段直径 D 的大小。可见,当旋切大直径木段时,所产生的阻力矩 M 就大;当木段直径变小时,M 值就小。

为了保证正常旋切,必须有一个反方向力矩 M_1 带动木段回转,克服切削阻力矩 M。只有 $M_1 > M$,旋切才能正常进行。

要获得力矩 M_1 主要是通过卡头卡入旋切木段的两个端部,同木段紧密连在一起,当卡头转动时,使木段同步一起转动,形成 M_1。M_1 的大小与卡头形状、直径(图 3-12)、卡头卡入木段内的合理深度(即卡头对木段轴向正压力的大小)等有关。

从图 3-12 中可看出,卡头齿形以直角三角形较好,卡入木段转动时,木段对它无推出力,因而运行良好。若用等腰三角形齿形,在旋切时木段有推出卡齿分力,因而很易搅断木段纤维而空转(打滑),不能进行正常旋切。尤其端部材质差,旋切厚单板时,

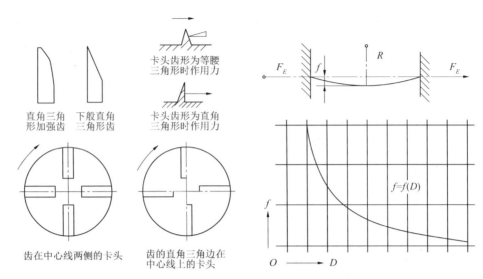

图3-12 卡头的齿形及位置

图3-13 木段旋切时产生的弯曲变形

F_E为卡头卡紧力；f为木段挠度

更易产生上述问题。根据研究，卡齿的直角边在中心线上的卡头能传递较大的M_1。

卡头对木段的轴向压力（卡头卡入木段的深度）不宜过大，太大易使木段端部劈裂。同时在旋切木段直径变小时，容易产生弯曲变形f（压杆不稳定现象），如图3-13所示。从图中可以很明显地看到，在同样R力的作用下，木段瞬时直径越小，则f值越大。当然卡头卡紧力F_E值越大，f值也会增加。结果单板产生中间薄两边厚的现象，使单板质量变差。

在同样卡头形状下，直径不同时，其轴向压力增加速率不很大，而扭矩增大较快，约为其相应直径平方之比值（表3-1）。

表3-1 不同卡头直径时的扭矩

卡头直径（mm）	卡头轴向压力（kN）	扭矩（kN·cm）	树　种
65	≈24.4	≈96	桦木
85	≈25.5	≈190	桦木

（4）压辊作用力

为了避免木段由于旋刀、压尺和卡轴作用力而发生弯曲变形，一般当木段直径减小到125mm（依木段树种、长度等而定）时，需在木段上方放置压辊并在相对于旋刀的另一方压住要变形的木段，防止木段向上和离开旋刀方向发生弯曲变形（图3-14）。如图3-15所示，压辊还可采用动力传动，这样不但防止木段旋切时发生弯曲变形，而且还可辅助木段转动，有效减小木芯直径。压辊应采用长压辊，不宜采用短压辊。

上述木段所受作用力的分析，可作为合理设计旋切

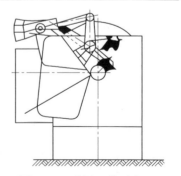

图3-14 压辊工作示意

虚线表示压辊不工作状态；
实线表示工作状态

机和改善单板旋切质量的理论依据。

从上述分析中可知，要在旋切机上直接减小木芯直径和利用小径木旋切，可应用双卡头带压辊装置的旋切机(图3-16)。在开始旋切大径级木段时，左、右两边的内外卡头同时卡住木段，以保持足够的转距保证正常旋切。当木段直径减小到比外卡头直径稍大时，通过液压传动，把左、右两边的外卡头从木段内退出到左、右两侧的主滑块(即半圆形滑块)之外；内卡头(即小直径卡头)，继续卡住木段进行旋切。当木段直径进一步减小时，压辊可以自动地在木段的上方压住木段，防止木段发生弯曲变形。

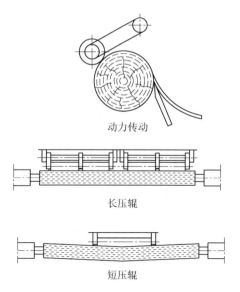

图 3-15 动力压辊结构示意

在旋切时，希望卡头深入木段后的位置不再变化，保持一定扭转；但轴向压力却减少。在这种情况下，机械进退卡轴的方法无法达到，只有液压传动才能达到这一要求。

由于旋刀、压尺对木段有个总作用力 R，因而木段对它们(刀架)有一个与 R 方向相反、大小相等的反作用力 R'。该力可分解为 R_x' 和 R_y' 两个分力(图3-17)。在 R_x' 的作用下，使刀架后退，阻止它正常旋切；另外产生一个颠覆力矩，使旋刀切削刃变位。应用进刀螺杆(或液压进刀机构)来克服 R_x'，使刀架做严格的直线运动。考虑到要克服主滑道同主滑块之间的摩擦阻力，进刀螺杆的轴线应略低于通过卡轴中心线的水平面。同样，压尺梁最好不要用支持螺钉支持在刀梁上，采用滑块同刀梁上凹槽相互连接和支持，压尺的压力用气(液)压保持为好。

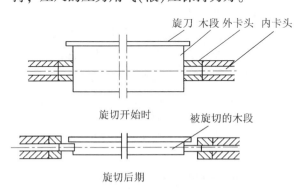

图 3-16 双卡头带压辊装置旋切机结构示意

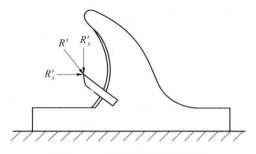

图 3-17 刀架受力分析示意

根据以上分析，目前应用的传统旋切机，是借助卡轴来支持木段并使其转动，该法有不足之处。目前，已生产出一种无卡轴旋切机，见图3-18。木段的支持和得到动力转动是由支持动力辊传给。上压辊起定位和压尺作用。在旋切时，旋刀是固定不动的，上压辊也是固定不动的，仅支持动力辊做同步转动和向上移动，使木段始终压在上压辊

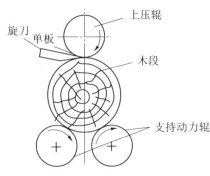
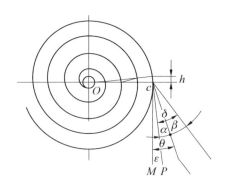

图3-18 无卡轴旋切机结构示意   图3-19 未加压尺的木段旋切示意图

下,保证连续地旋出单板来。上压辊可上下移动,调节它同旋刀之间的间距,这个间距的大小决定单板厚度的大小。使用这种旋切机之前,木段必须旋圆,使其表面具有1/2木段断面周长的圆形,否则不能正常进行旋切。木芯再旋使用这类旋切机最为合适。

3.2.2 旋切工艺

为了获得平整、厚度均匀的带状单板,在旋切时,应保证最佳的切削条件。切削条件是:主要角度参数、切削速度、旋刀的位置和压尺相对旋刀的位置。这些条件是根据木材的树种、木段直径、旋切单板厚度、木材水热处理和机床(旋切机)精度等来确定。

3.2.2.1 主要角度参数

图3-19中:β为旋刀研磨角(楔角),它是旋刀前面(单板流经的旋刀表面)与后面(旋刀对着木段的表面)之间的夹角。h为旋刀安装高度。α为切削后角,是旋刀后面与CP平面(过旋刀切削刃,与木段表面相切的平面)之间的夹角。当切平面CP位于旋刀后面的左侧时,α值为正;当切平面CP位于旋刀后面的右侧时,α值为负。δ为切削角,是旋刀前面与切平面CP之间的夹角,$\delta = \alpha + \beta$。ε为补充角,是切平面CP与铅垂面CM之间的夹角。当切平面CP位于铅垂面CM右侧时,ε值为正;当切平面CP位于铅垂面CM左侧时,ε值为负。θ为安装角,是旋刀后面与铅垂面CM之间的夹角,$\theta = \varepsilon + \alpha$。当铅垂面$CM$位于旋刀后面左侧时,$\theta$值为正;当铅垂面位于旋刀后面右侧时,$\theta$值为负。

单板旋切时角度参数的选用直接影响单板质量,正确地选用参数非常重要。

(1)旋刀研磨角(β)

首先应确定的是旋刀研磨角(β),旋刀研磨角的大小需根据旋刀本身材料种类、旋切单板的厚度、木材的树种及温度和含水率等来确定。它既要保证刀的锋利程度,又要保证刀的强度。

β值一般采用18°~23°。为了旋出优质单板,应尽可能减少β值。当其他条件相同,旋切硬、厚单板、节多的木材时,应当采用较大的β值。表3-2给出了旋刀研磨角参考值。

为了稳定单板旋切质量和提高旋刀正常使用寿命,可采用带研磨微楔角的旋刀。其

旋刀研磨角 β 可为 $19°$，但其微楔角可为单面或双面，其值为 $25\sim30°$，b 值为研磨成微楔角时二次研磨宽，为 $0.25\sim0.5$mm。（图 3-20）。

（2）切削后角（α）和切削角（δ）

切削后角（α）对单板的旋切质量有重要影响，α 值的大小应适当。旋切时 β 值不变。当改变 α 值时，δ 有相应的改变。

α 值过大，在单板离开木段的瞬间，单板伸直，产生很大的反向弯曲变形，此时单板的背面（朝向木段的表面）易形成很深的背面裂缝，甚至折断；同时刀架发生颤动，旋刀撕下木纤维，产生"啃丝"，单板表面产生节距约 10mm 的瓦楞。

α 值过小，旋刀后面和木段的接触面增大，产生较大的压力，导致木段弯曲或劈裂，造成单板厚度变化，并形成节距为 $30\sim50$mm 的波浪形。

切削后角的大小实质上反映了旋刀的后面与木段接触面的大小，其值表示木段对旋刀支撑力的大小。支撑力小，则旋刀在旋切时稳定性能差，易发生颤动。支撑力大，虽然旋刀稳定性好，但对木段推力大，使木段向外弯曲变形，旋切质量变差。为了保证较为稳定的旋切状态，在旋切过程中，旋刀后面和木段表面的接触宽度应基本上保持在一定范围内，一般硬材为 $2\sim3$mm，软材为 $2\sim4$mm。

表 3-2 旋刀研磨角（β）参考值

树种	β 值	备注
软阔叶材	$18°30'\sim19°30'$	1. 旋刀洛氏硬度 HRC58-62，旋刀质量好的，β 值可采用下限。
硬阔叶材	$19°\sim21°$	
特硬阔叶材	$21°\sim23°$	2. 节子硬的针叶材如马尾松，β 值为 $22°$ 左右。
针叶材	$20°30'\sim21°$	

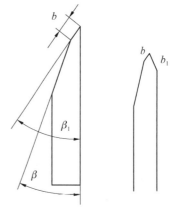

带单面微楔角旋刀　带双面微楔角旋刀

图 3-20 带微楔角的旋刀

在同一直径下，切削后角大的比切削后角小的接触面宽度小。因此，为了保证正常的旋切条件，要求 α 值必须随着木段直径变小而减小。一般在旋切过程中切削后角的变化范围在 $1°\sim3°$ 之间较好；木段直径大时，切削后角可为 $3°\sim4°$，直径小时切削后角可为 $1°$，甚至为负值，依据木材树种、旋切单板厚度等来决定，目的是保持一定的接触面，保证旋切质量。生产中要根据听声音和观察旋刀后面的摩擦亮带来检查切削后角是否合适。旋硬材时，旋刀后面的摩擦亮带宽 2mm 左右较适宜；旋软材时摩擦亮带宽 3mm 左右较适宜。

（3）补充角（ε）和安装角（θ）

补充角（ε）值可用下式求得：

$$\tan\varepsilon=\frac{a+h}{\sqrt{r^2-h^2}} \tag{3-8}$$

式中：a——阿基米德螺旋线的分割圆或渐开线的基圆半径，$a=\dfrac{s}{2\pi}$（mm）；

s——旋切单板厚度（mm）；

h——旋刀安装高度(mm);

r——旋切过程中木段瞬时半径(mm)。

安装角(θ)可用专用量具测得。专用测角仪如图 3-21 所示：使用图示测角仪时，将测角仪贴在旋刀后面，然后调整测角仪的游标尺(或游动水平仪)，使水泡处于水平位置，这时即可从测角仪上读得安装角(θ)的数值。

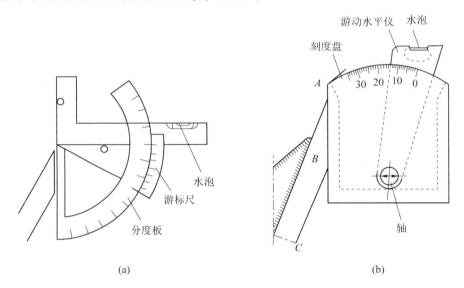

图 3-21　测角仪
(a)改装的万能测角仪　(b)倾斜测角仪

3.2.2.2　旋刀的位置

在单板制造过程中，根据安装高度(h 为旋刀切削刃和通过卡轴中心水平面之间的垂直距离)和切削后角安装旋刀(图 3-18)。

旋刀安装高度(h)影响到旋切过程中切削后角的变化规律，因此它对旋切也是一个重要的工艺参数。

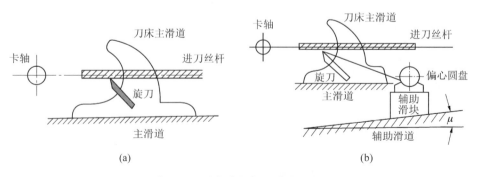

图 3-22　两类旋切机刀床的示意
(a)第一类刀床　(b)第二类刀床(带有辅助滑道及滑块)

(1) 旋刀安装高度(h)对切削后角变化的影响

目前,旋切机刀床基本上有两类,一类刀床只有水平主滑道,旋切过程中旋刀只做水平移动,旋刀安装角(θ)无法变化。这类刀床称第一类刀床,见图3-22(a)。另一类刀床除了有水平的主滑道外,还有倾斜的辅助滑道,旋刀架端部通过卡轴等与偏心圆盘相连,偏心圆盘放在辅助滑块上,辅助滑块置于辅助滑道上,见图3-22(b),由于辅助滑道和滑块的作用,使旋刀在旋切过程中不仅做水平移动,同时它自动地围绕着通过卡轴轴线的水平面与前面的延伸面相交的水平线做定轴回转运动,因此旋切过程中旋刀的安装角(θ)会产生变化。这类刀床称第二类刀床。

① 第一类刀床的切削后角变化规律

从图3-23中可以清楚地看出该类刀床切削后角变化情况。木段刚开始旋切时补充角为ε_1,后角为α_1,切削角为$\delta_1(\delta_1 = \alpha_1 + \beta)$;在旋切过程中我们需要讨论某一位置的相应角为$\varepsilon_2$、$\alpha_2$和$\delta_2(\delta_2 = \alpha_2 + \beta)$。

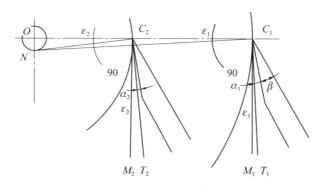

图3-23 第一类刀床$h=0$时旋刀切削后角变化情况

通过补充角的增量$\Delta\varepsilon = \varepsilon_2 - \varepsilon_1$的变化情况,能清楚地看到切削角和切削后角在旋切过程中的变化。在第一类刀床中,旋刀仅做水平移动。因此,旋刀的倾斜角在旋切过程中始终保持恒值,即$\delta_1 + \varepsilon_1 = \delta_2 + \varepsilon_2$,所以可得到下列公式:

$$\alpha_2 - \alpha_1 = -(\varepsilon_2 - \varepsilon_1) = -\Delta\varepsilon \tag{3-7}$$

$$\delta_2 - \delta_1 = -(\varepsilon_2 - \varepsilon_1) = -\Delta\varepsilon \tag{3-8}$$

已知:
$$\tan\varepsilon = \frac{a+h}{\sqrt{r^2 - h^2}}$$

当$a+h>0$时,补充角ε为正值。补充角随着木段直径的变小而增大,此时补充角的增量$\Delta\varepsilon$是正值。由上面公式中可以看出$\alpha_2 - \alpha_1 = -\Delta\varepsilon < 0$,所以有$\alpha_2 < \alpha_1$,即切削后角在旋切过程中随着木段直径的减小而逐渐变小。

当$a+h=0$时,此时切平面CP与铅垂面CM相重合,补充角ε永远为0。在这种情况下,切削角和切削后角是没有变化的。

当$a+h<0$时,补充角ε为负值。补充角随着木段直径的减小,其绝对值在变大。此时补充角的增量$\Delta\varepsilon$为负值。由上面公式中可以看出$\alpha_2 - \alpha_1 = -\Delta\varepsilon > 0$,所以有$\alpha_2 > \alpha_1$,即表示切削后角随着木段直径的减小而逐渐增大。

由上述分析可知，第一类刀床的切削后角变化规律完全取决于旋刀安装高度(h)。从图3-24(a)中可以看出，当$h \geqslant 2mm$时，旋切直径大的木段时，其切削后角变化范围较小；到了小直径时，切削后角变化剧烈。当$h < 2mm$时，其切削后角变化甚微，这类旋切机的切削后角变化虽不太理想，但其结构简单，常做小径木和短木段旋切成芯板用。

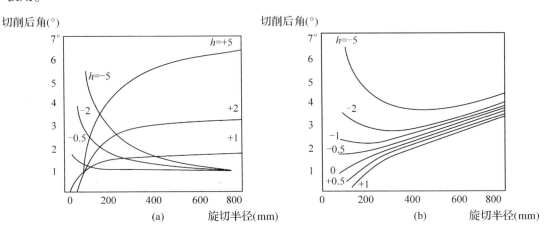

图3-24　旋切过程中切削后角变化与旋切半径及旋刀安装高度间的关系
(a) 第一类刀床　(b) 第二类刀床

② 第二类刀床的切削后角变化规律

第二类刀床的切削后角变化不仅受旋刀安装高度(h)的影响，还受旋刀回转的影响，因此，这类刀床的切削后角变化是两者的综合作用。由图3-24(b)中可见，这类刀床的切削后角变化范围较大且缓和平滑。这类旋切机的结构较复杂，价格高，但能保证旋切单板的质量，所以生产中广泛应用。

目前生产中使用的第二类刀床的结构种类较多，但从调整旋刀切削后角变化的基本原理来看，该类刀床可分为两种类型。

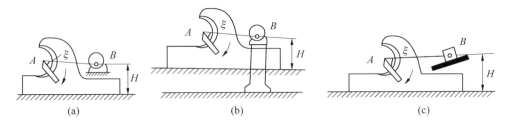

图3-25　旋切机的第二类刀床结构示意
(a) 旋刀切削后角的变化依靠偏心轮和辅助滑道相结合调节的刀床(偏心轮辅助滑块直接放在辅助滑道上)　(b) 同(1)，但偏心轮辅助滑块通过靴状滑块放在辅助滑道上　(c) 旋刀切削后角变化依靠辅助滑道的垂直高度及其倾角相结合调节的刀床

A点——旋刀前面点的延伸面与通过卡轴中心线的水平面之交线的点投影　B点——刀架后尾与辅助滑块连接轴的点投影　H值——B点距水平主滑道的垂直距离　ξ值——直线AB与旋刀前面之间的夹角

一类是旋刀切削后角的变化依靠偏心轮和辅助滑道相结合调节的刀床。这类刀床是较为常见的一种类型，它可分为两种，如图 3-25 中的(a)和(b)。其中图 3-25(b)所示刀床的偏心圆盘间接放在辅助滑块内，中间由靴状滑块连接。旋切过程中由于偏心圆盘的作用迫使旋刀回转。而辅助滑块在沿辅助滑道移动的同时，还沿着滑座上的铅垂轨道滑动。靴状滑块在辅助滑块的水平面上移动。图 3-25(a)所示为刀床无靴状滑块，偏心圆盘直接置于辅助滑块上。另一类是旋刀切削后角的变化依靠辅助滑道和其垂直高度相结合调节的刀床。这类刀床主要应用有轻型旋刀机，如图 3-25(c)所示。

综合研究各类刀床结构后，发现刀架的后尾同辅助滑块连接点(图 3-25 中 B 点)距主滑道的垂直距离决定了旋刀的切削后角值(图 3-26)，即 $\angle \alpha = f(H)$。因为 $\overline{AB}$（旋刀回转臂）与旋刀前面之间夹角 ξ 对每台旋切机来说是一个定值，又 $r+\xi+\beta+\theta=90°$，即

$$\theta = 90° - (r+\xi+\beta) = \varepsilon + \alpha$$

$$\alpha = 90° - (\xi+\beta+\varepsilon+r) = f(r) = f(H_n)$$

$$r_n = \sin^{-1}\left(\frac{H-H_n}{L}\right) \tag{3-9}$$

式中：H——切削刃回转中心距水平主滑道的垂直距离，对给定的旋切机其值为常数；

H_n——为旋刀假想回转臂尾端（即 B 点）距主滑道的垂直距离，该值在旋切过程中是可改变的。

由于切削后角在旋切过程中变化范围一般在 4° 之内，因而从工程实用来讲，α 和 H_n 之间关系可认为近似直线关系，为了实际应用可绘成 $(\beta+\theta)$ 与 H_n 之间关系图，如图 3-27 所示。这就是各种旋切机旋刀切削后角变化的共同规律。

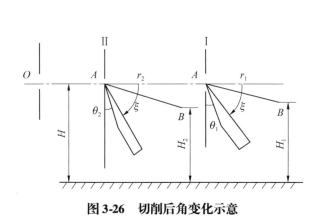

图 3-26 切削后角变化示意

Ⅰ.刀床的初始位置　Ⅱ.刀床在旋切时任意位置(比Ⅰ接近卡轴中心线 O)

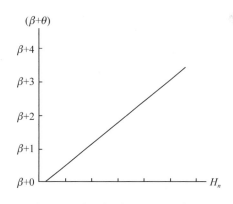

图 3-27 旋切机旋刀 $(\beta+\theta)$ 与 H_n 之间关系图

(2) 旋刀安装高度(h)的测量

测量旋刀安装高度时可用等高器或刀高测定器(图 3-28)。等高器一般作为旋切机的附件配置，等高器的臂高 H' 等于旋切机卡轴中心线到机座基准面的距离。

使用刀高测定器测量旋刀高度时，将水平尺一端放于旋切机卡轴表面，然后调整千分尺螺旋，控制千分尺伸缩杆的进退，最终使水准器的水泡处在正中位置，由千分尺读

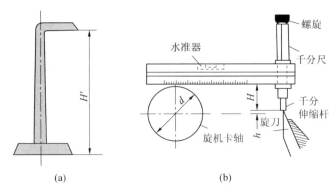

图3-28 两种刀高测定器
(a)等高器 (b)刀高测定器

数可知 H 值,通过 H 值和卡轴半径 d 可算出旋刀安装高度 h。

$$h = \frac{d}{2} - H$$

如果 h 为正值,表示切削刃高于卡轴轴线,当 h 为负值时则相反。

为了避免由于旋刀两端不平,而影响安装精度,应当在离开刀端 40~50mm 的位置上测量切削刃高度。安装旋刀时,首先调整旋刀的两端,合乎要求后,立即初步固定,再调整其他支持螺杆,使其相应处旋刀高度合乎要求,最后再把旋刀紧固在刀梁上。

对第一类刀床的旋切机通常用 $h = 0 \sim 1$mm 的装刀高度,当旋切机用旧后,装刀高度取 1mm 或更大些的值。对第二类刀床的旋切机可取 $h = -0.5 \sim -1$mm 的装刀高度。

(3) 实用旋切机旋刀切削后角调节方法

按下述步骤进行切削后角的调整:

首先根据旋切机的基本参数计算或测出后角变化常数 $K = \dfrac{\Delta(\beta + \theta)}{\Delta H}$(即图 3-27 中的斜线的斜率),并绘出似图 3-27 的关系图。

然后求出辅助滑道的倾斜角 μ 值(B 点上的轨道与水平面的夹角)。

$$\mu = \tan^{-1}\left(\frac{K \cdot \Delta(\beta + \theta)}{\Delta R}\right) \tag{3-10}$$

式中:K——旋切机切削后角变化常数(°/mm);

$\Delta(\beta + \theta)$——木段开始旋切位置切削后角(α_1)和 ε_1 与旋切终止位置后角 α_2 和 ε_2 之间差值,即为 $\Delta\theta$;

ΔR——木段开始旋切位置的回转半径(R_1)与旋切终止位置木芯半径(R_2)之间的差值(mm)。

再根据求出的辅助滑道 μ 值来调节旋切机的辅助滑道的倾斜角(该滑道应向卡轴方向倾斜)。

最后调整 B 点的位置,满足初始位置($\beta + \theta$)或 α 值的要求。

对于带有偏心盘的刀床,首先把旋刀行驶到旋切位置,调节偏心盘位置,使带水泡的万能测角仪测得的($\beta + \theta_1$)值为规定值时,即表示该点符合要求。为了可靠,把旋刀再行驶到木芯半径的位置再测定 $(\beta + \theta_2)$ 值,若符合要求,即表示切削后角调节完毕。

对于不带偏心盘的刀床,把辅助滑道调到规定值后,把滑道的两端等量地升高或降低,直到距卡轴中心线为木芯半径处的 $(\theta_2 + \beta)$ 规定值为止。然后把刀床移动到开始旋切位置,测定 $(\theta_1 + \beta)$ 值符合规定值,即表示调整完毕。

3.2.2.3 压尺的位置

(1) 压尺种类

压尺形状归纳起来可分为两大类型:一是接触型压尺。可分为固定压尺(圆压棱压尺、斜面压棱压尺)和辊柱(动)压尺;二是非接触型压尺(喷射压尺)(图3-29)。

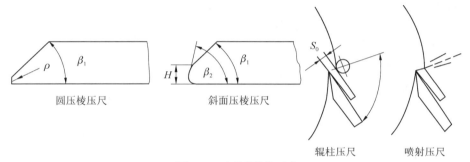

图3-29 压尺形状示意

固定压尺是由厚 12～15mm、宽 50～80mm 的钢板条制成。圆压棱压尺的压棱半径 (ρ) 为 0.1～0.2mm,压尺研磨角 β_1 通常为 45°～50°。斜面压棱压尺的断面形状,由斜面压棱的宽度 H 及其斜棱研磨角 β_2 来确定(一般 β_1 = 45°)。

$$H = (1.5 \sim 2)S$$
$$\beta_2 = 180° - (\delta + \sigma + \alpha_1),\text{一般为85°左右} \tag{3-11}$$

式中:δ——切削角;

σ——压尺和旋刀之间夹角;

α_1——压尺的压榨角,一般为 5°～7°。

辊柱压尺是由不锈钢或其他材料制成,其直径为 16～40mm。压尺两端用轴承支持,本身的转动可由同木段表面接触而摩擦带动或由电动机带动。

喷射压尺,介质可为常温压缩空气;若用蒸汽,既加压又加热木段,有利于旋切。

在同样的压尺压入木段表面时,圆压棱压尺对木段的正压力最小,斜面压棱压尺次之,辊柱压尺最大,因后者压榨木材的面积最大。

圆压棱压尺适用于旋切薄单板和硬质木材,因为圆压棱压尺对单板的压力分布比较集中,能使单板的表面光滑。当用于厚单板和软质木材时,可能发生纤维的压溃与剥落,造成单板表面粗糙。

由于斜面压棱压尺的压榨角较小,木材的压缩面比较大,压缩程度是逐渐增大的,因此适用于软质木材和旋切厚单板时用。

辊柱压尺对木材的压缩面更大,压缩程度逐渐增大,适用于软质木材和旋切厚单板用,另外,旋切时产生的碎屑较易排出刀门,对单板表面质量影响较小;而固定压尺会发生堵塞刀门甚至中断旋切的情况。

(2) 压尺的位置

压尺相对于旋刀之间位置,对旋得的单板质量关系极大。压尺的位置由以下几个参数决定:压尺的压棱与旋刀切削刃之间缝隙的宽度 S_0;压棱至通过切削刃水平面之间的垂直距离 h_0;压尺前面与通过压尺压棱的铅垂线之间的夹角(压榨角 α_1);压尺后面与通过压尺压棱铅垂线之间的压尺倾斜角 δ_1 以及压尺后面与旋刀前面形成的夹角 σ(图3-30)。

固定压尺的安装必须调整好压尺压棱与旋刀前面之间缝隙的宽度(S_0)和压棱至通过旋刀切削刃水平面之间的垂直距离(h_0)。

当单板的压榨率(单板通过压尺压棱与旋刀切削刃之间缝隙时,压尺对单板的压榨程度,用 Δ 表示)已知时,S_0 可根据下式求得:

$$S_0 = S \frac{100 - \Delta}{100} \quad (3\text{-}12)$$

式中:S——单板名义厚度(mm);
      Δ——压榨率(%)。

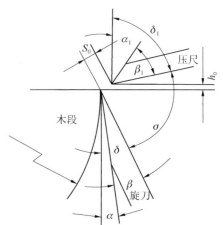

图 3-30　压尺相对于旋刀的位置

压榨率是压尺安装的重要依据。它的大小取决于树种和单板厚度等因素。对软材、薄单板压榨率要小些,而对硬材、厚单板压榨率要求大些。最适宜的单板压榨率可由下列经验公式来确定。

对于桦木、松木:$\Delta = (7S + 9)\%$

对于椴木、杨木:$\Delta = (7S + 14)\%$

单板压榨率 $\Delta(\%)$,桦木、椴木、松木应 <35%;杨木 <50%。超过这些数值,将明显地出现破坏表面木材纤维。

单板压榨率的大小和均匀程度,在实际生产中可凭经验由旋刀后面与压尺间的水线观察。压榨率太大,水线较深,太小时几乎看不到水线。水线各处一致,说明压榨率比较均匀。

压尺的形状合适,压榨率也符合要求,但如果压尺安装的位置不正确,压尺仍然不能起到防止单板劈裂的作用。固定压尺的安装可能出现的四种情况如图3-31所示,安装位置对单板质量的影响见表3-3。

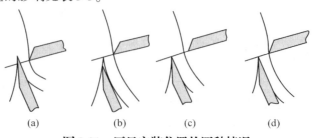

图 3-31　压尺安装位置的四种情况

表3-3 压尺安装位置对单板质量的影响

图注号	压尺安装情况	旋切效果
(a)	压尺压榨线低于刀尖,压力不作用于切削点	不能防止单板劈裂,单板通过狭小刀门易挤碎
(b)	压尺压榨线高于刀尖,压力不作用于切削点	不能防止单板劈裂
(c)	压尺压榨线通过刀尖,位置正确,但刀门大于单板厚度	压尺不起作用,仍有劈裂产生,单板背面裂隙大,单板松软,表面粗糙,单板厚度大于规定厚度
(d)	压尺压榨线通过刀尖,刀门大小适当	压尺作用适当,单板紧密,光滑背面裂隙深度小

h_0 是由单板厚度、压榨率(Δ)、切削角(δ)、σ 等所决定的。切削角一般在 25°之内,σ 角是根据旋床结构而定,一般在 70°~90°。对不同的 Δ、σ,h_0/S 之比值参见表3-4。

表3-4 h_0/S 之比值

压榨率(%)	切削角 δ	在不同 σ 时 h_0/S 之比值				
		70	75	80	85	90
10	20	0	0.08	0.10	0.23	0.31
	25	0.08	0.16	0.24	0.31	0.38
20	20	0	0.07	0.14	0.21	0.27
	25	0.07	0.14	0.21	0.28	0.34
30	20	0	0.06	0.12	0.18	0.24
	25	0.07	0.13	0.18	0.24	0.30
简化计算		0	0.10	0.18	0.25	0.30

压尺倾斜角 $\delta_1 = \alpha_1 + \beta_1$,可用下式近似计算 $\delta_1 = 180° - (\delta + \sigma) = 85°$。旋切时,常用带圆棱压尺或带斜棱压尺。带有压棱的压尺 α_1 应在 15°~20°,这样保证压尺前面压榨木材。当旋切单板厚度大于 2mm 的单板时,应采用斜棱压尺,这时压榨角 α_1 应为 5°~7°。

辊柱压尺的位置(图3-32):辊柱直径一般为 $D = 16$mm 左右,若旋切松木时,其压尺安装参数可参见表3-5。

表3-5 辊柱压尺安装位置参数(mm)

单板厚度	h_0	x	W	T
2.4	1.88	2.13	2.05	1.9
9.2	1.57	8.22	8.3	7.2

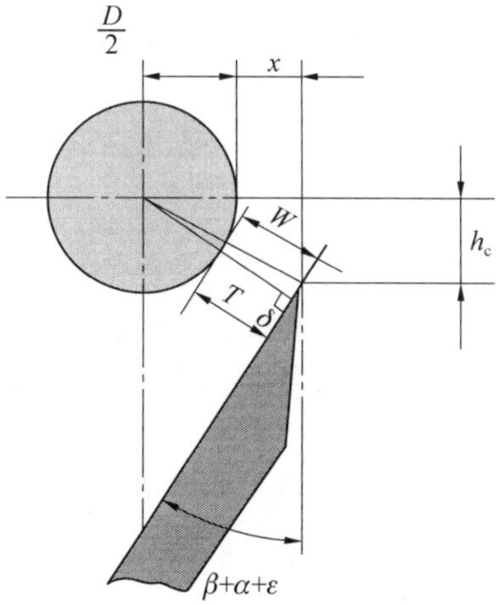

图3-32 辊柱压尺的位置

D——辊柱压尺直径(mm) x——辊柱压尺距切削刃的水平距离(mm) W——切削刃到辊柱压尺表面的径向距离(mm) T——辊柱压尺到刀前面之间的垂直距离(mm) h_0——辊柱压尺距切削刃的垂直距离(mm)

3.2.3 旋切设备

3.2.3.1 旋切机种类

旋切机的品种很多，主要可根据旋切机卡轴数量和卡轴夹木动力来源进行分类。

（1）按卡轴数量划分

按卡轴数量可划分为单卡轴旋切机、双卡轴旋切机和无卡轴旋切机。

①单卡轴旋切机

左右夹持原木的卡轴数量各一根。此种旋切机的卡轴箱结构比较简单，但是旋切的原木直径较小。为了能旋切更大直径的原木，需将卡轴前端的卡盘做成大卡盘和小卡盘，当原木直径较大时用大卡盘旋切，当原木直径较小时换小卡盘旋切。一根较大直径的原木需要进行两次旋切，第二次旋切原木时，原木定心有一定的误差，且辅助时间长，影响生产效率和出材率。

②双卡轴旋切机

左右夹持原木的卡轴各为两根同心卡轴，分别称为大卡轴和小卡轴，小卡轴套在大卡轴里面。大小卡轴可分别伸缩。此种旋切机的卡轴箱结构比较复杂，但可旋切较大直径的原木。旋切时，当原木直径减小到一定数值时，大卡轴自动缩回，小卡轴驱动原木继续进行旋切直到旋至最小木芯。由于原木一次夹紧便可完成整个旋切过程，因此生产效率和出材率较高。目前生产中广泛采用双卡轴旋切机。

③无卡轴旋切机

没有用来夹持原木的卡轴，靠驱动辊驱动原木进行旋切。由于没有卡轴，可减小剩余木芯直径，但旋切的单板厚度精度低，生产效率相对较低。

（2）按卡轴夹木动力来源划分

按卡轴夹木动力来源可分为机械式旋切机和液压式旋切机。

①机械式旋切机

卡轴夹木的动力来源为丝杠传动。这种旋切机的卡轴固定卡盘的另一端有螺纹，电动机经皮带传动带动丝母（螺母）旋转，使卡轴轴向移动夹紧原木。此旋切机结构比较简单，制造成本较低，但卡木辅助时间长，生产效率低。

②液压式旋切机

卡轴夹木的动力来源于液压油缸。卡轴在液压油缸的作用下作轴向移动夹紧原木。此旋切机结构比较复杂，制造成本较高，但卡轴夹木迅速，夹紧力大，旋切工作可靠，生产效率高。

3.2.3.2 旋切机结构

机械夹紧卡轴旋切机主要由驱动电动机、左右卡轴箱、刀架（刀床）、压尺架、进给传动机构、进给滑座、刀架和压尺架快速进退机构、机座、防弯装置、中心支架、液压系统、气动系统和电控装置等组成。

(1) 驱动电动机

驱动电动机是单板旋切机工作的主要动力。驱动电动机一部分动力驱动原木做旋转运动，另一部分动力驱动刀架和压尺架做进给运动。驱动电动机可通过联轴节与传动轴直接相连，也可经皮带传动或链条传动与传动轴相连。驱动电动机可为交流电动机、直流电动机或交流电磁调整电动机。

(2) 卡轴箱

左右卡轴箱是左右卡轴的支撑和传动箱体。驱动电动机的动力传给传动轴，经链条传动或齿轮传动传给卡轴，使卡轴做旋转运动。卡轴在卡轴箱里可做旋转运动和伸缩直线运动。

(3) 刀架

刀架用以固定旋刀和支撑压尺架。刀架上有经过机械加工的平面，此平面叫装刀面，用以安装旋刀。旋刀用螺栓固定，可以直接安装在刀架上，也可先安装在刀盒里，经调整后再安装到刀架上。

(4) 压尺架

压尺架用于固定压尺。压尺架相对于刀架有两种安装方式：一是旋转方式。压尺架通过一通轴支撑在刀架两端，压尺架靠近原木那面的两端各有一个限位螺钉，用以确定压尺的初始位置。通轴上安装有偏心套，转动通轴使偏心套转动，以此改变压尺架的位置，从而改变刀门间隙，满足旋切不同厚度单板时压尺对原木的压榨率。二是移动方式。压尺架两端各有一滑块，刀架上有滑轨，滑块在外力作用下在滑轨上移动，带动压尺架移动，改变压尺架的位置，从而改变刀门间隙。

(5) 进给传动机构

进给传动机构是刀架和压尺架的动力来源。卡轴带动原木每转一周，通过进给传动以一确定的传动比带动刀架和压尺架移动，移动的位移量即为旋切单板厚度。

(6) 进给滑座

进给滑座是带动刀架做进给运动的，它有两个重要工作面：一个是它的底面，起导向作用；另一个是它的月牙工作面，此面与刀架月牙工作面相配合，这两个月牙面可相对转动，以此改变旋切时的切削后角。

(7) 刀架和压尺架快速进退机构

刀架和压尺架快速进退机构的作用是在旋切结束时使刀架和压尺架快速退回，或者非旋切时快速移动刀架和压尺架。此机构有单独的动力系统，靠离合器与进给系统脱开，即旋切时此机构不工作，当不旋切或旋切工作结束时，确保离合器脱开后，此机构的电动机才能启动工作。旋切机设立此机构可缩短辅助时间，提高工作效率。

(8) 机座

机座是旋切机的支撑部分，它确保整机有足够的刚性，机座可以是铸造件或焊接件。

(9) 防弯装置(压辊)

防弯装置是为了防止旋切时木芯发生弯曲，减小剩余木芯直径而设立的辅助旋切机构。该机构主要由油缸(或汽缸)、架体、滚筒等组成。目前防弯装置有无动力防弯装置和带动力的防弯装置两种形式,此装置在旋切时给原木的旋转提供辅助动力,能更好地防止木芯劈裂,使剩余木芯直径尽量减小。

(10) 中心支架

中心支架是旋切机的辅助装置,它是为了旋切更短的原木而设立的。中心支架用螺栓固定在机座上,对卡轴的伸出部分起附加支撑作用。中心支架可以只装置在一头,支撑伸出量大的一端卡轴,也可以装置在两头,分别支撑左右卡轴。

3.3 单板质量

3.3.1 单板质量评价指标

单板质量好坏关系到胶合板质量。评定旋切单板质量的指标有:单板厚度偏差、单板背面裂缝、单板表面粗糙度和单板横纹抗拉强度。这些指标中前两个是主要的。因为单板背面裂缝越多越深,则单板表面粗糙度就越大,横纹抗拉强度就越差。前两个指标的测定方法和仪器较简单,生产中便于采用。

3.3.1.1 单板厚度偏差

理论上,旋切出来的单板厚度应该是均匀一致的,而实际上由于受切削条件、树木本身结构、机床精度等的影响,单板厚度总会有差异。单板的厚度偏差会导致涂胶时单板各处涂胶量不均匀,胶固化干缩时会产生不均匀的内应力,容易导致成品变形。同时,在胶合时各处压缩率不一致,引起成品胶合强度不均匀。此外,成品厚度偏差增大,不利于胶合板的后期加工。

评价单板厚度均匀性的指标有:实际平均厚度与名义厚度的差值,单板各处的实际厚度的不均匀性(可用均方差 σ 表示)。

$$\sigma = \sqrt{\frac{\sum_{i=1}^{n}(x_i - \bar{x})^2}{n}} \tag{3-13}$$

式中:x_i——单板各处的实际厚度(mm);

$\bar{x}$——单板各处实际厚度的平均值(mm)。

生产实践表明,单板厚度偏差的一般特性有:一是单板的实际厚度一般比单板的名义厚度大些,且随树种的不同而不同;二是旧机床(保养维修差的机床)旋切所得单板的厚度偏差比新机床(保养维修好的机床)要大;三是旋切工艺对单板的实际厚度和均方差均有影响。

表3-6列出了一般工厂规定的各种单板厚度允许偏差范围。那么,在旋切过程中如何保证呢?应在各种正常旋切条件下,测定和统计计算出旋切机实际加工单板厚度的均方差 σ,根据数理统计原理,如果允许单板厚度偏差值 < ±3σ,则表示现行工艺和设备是能满足要求的;如果允许单板厚度偏差值 > ±3σ,则说明现有工艺条件和设备不

表3-6 一般工厂规定的各种单板厚度允许偏差范围

树种	单板厚度(mm)					
	0.5	0.6	0.8	1.00~2.00	2.20~3.75	4.00以上
	厚度允许偏差(mm)					
椴木	±0.02	±0.03	±0.04	±0.05	±0.10	±0.20
柳桉	±0.02	±0.03	±0.04	±0.05	±0.10	
水曲柳				±0.10	±0.15	

注：表中单板厚度自0.8mm以下的数据是根据日本产V-27旋切机加工精度制定的。

能满足要求，必须对工艺和设备采用质量管理方法进行检查，找出问题根源，予以解决。

检查单板厚度时，检查部位包括：一是整幅单板的左右两边和中间；二是对于一根木段则检查其边材、中部和近木芯部位的单板厚度偏差。换旋刀后要进行上述两项检查，合格后再大量旋切。

3.3.1.2 单板背面裂缝

单板旋切时由原始的圆弧状变成平面状，在单板背面出现了很大的横纹拉应力。当这种拉应力超过了木材横纹抗拉强度时就在单板背面拉出了很多细小裂缝，这就是背面裂缝。它降低了单板的质量。

裂缝的密度、深度和形状，在一定程度上反映了旋切工艺的合理性。观察时可在单板带的长度方向与宽度方向上取若干块10cm×10cm大小的试件，使它气干至含水率接近30%，再在单板背面涂以适量的绘图墨水，干后用锋利刀片沿垂直于试件纹理的方向切开，即可在断面上看到染有墨水的裂缝。评价的指标有：裂缝最大和最小深度、平均裂隙度（$P = \dfrac{\text{裂缝高度}(h)\text{总和}}{\text{裂缝条数} \times \text{单板厚度}(s)} \times 100\%$）、裂缝形状、裂缝与单板旋出方向间的夹角(用中位值表示)。

不同的树种，旋切单板背面裂缝的特征也不同。表3-7给出了一些观察例子。

表3-7 不同树种的裂缝特点

树种	试样数	单板名义厚度(mm)	裂缝平均条数(条/cm)	平均裂隙度(%)	最多裂缝形状(中位值)	裂缝夹角(中位值)	备注
水曲柳	174	1.25	7.5	90	斜曲型	45°	未煮
	5	2.20	5.0	90	斜折型		未煮
椴木	48	1.25	8.0	40	斜曲型	30°	未煮
	15	2.20	5.0	80	斜曲型	30°	未煮
柳桉	70	1.25	6.4	50	斜线型	40°	未煮
白阿必通	150	1.25	7.7		斜线型	40°	未煮
	2	3.50	5.0	80	斜曲型	60°	未煮

从表 3-7 中可看到单板背面裂缝的特点有：

(1) 裂缝形状

裂缝形状基本上有六种：分枝型、直角型、曲折型、斜折型、斜曲型和斜线型（图 3-33）。

图 3-33　单板背面裂缝

1. 分枝型　2. 直角型　3. 曲折型　4. 斜折型　5. 斜曲型　6. 斜线型

(2) 树种与裂缝的关系

用材质较均匀的木材旋切单板时，单板厚度小时裂缝形状以斜线型为主，厚度大时以斜曲型为主，如椴木、柳桉等。由材质不均匀的木材旋切单板时，单板背面裂缝以斜曲型为主，厚度大时以斜折型为主，如水曲柳。

单板背面存在裂缝，会影响板材的胶合强度。如图 3-34 所示的胶合强度试件，A 型试件的胶合强度大于 B 型试件。因为 A 型试件受载时芯板的旋切裂缝受拉伸，而 B 型试件芯板的旋切裂缝受压缩。很显然，当旋切裂缝越深时，单板的横纹抗拉强度越小。

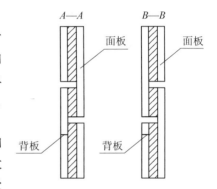

图 3-34　三层胶合板胶合强度试件

3.3.1.3　单板表面粗糙度

表面粗糙度是指单板表面留下的切削痕迹。由于旋切产生超越裂缝，所以在单板表面留下许多高低不平的凸凹痕迹。这就形成了单板表面粗糙度。

影响表面粗糙度的因素很多，除旋切机参数外，树种（如密度、早晚材变化、年轮等）对表面粗糙度也有影响。

国家标准规定，确定表面粗糙度的参数有：轮廓算术平均偏差 R_a，微观不平度十点高度 R_z 和轮廓最大高度 R_y，计算方法如下：

$$R_a = \frac{1}{n}\sum_{i=1}^{n} | y_i | \tag{3-14}$$

式中：y_i——第 i 个轮廓偏差（距）（μm）。

$$R_z = \frac{\sum_{i=1}^{5} y_{pi} + \sum_{i=1}^{5} y_{vi}}{5} \tag{3-15}$$

式中：y_{pi}——第 i 个最大轮廓峰高（μm）；
　　　y_{vi}——第 i 个最大轮廓谷深（μm）。

$$R_y = R_p + R_m \tag{3-15}$$

式中：R_p——最大轮廓峰高(μm)；

R_m——最大轮廓谷深(μm)。

R_a仅用于数值不大于100μm的场合，因而一般不宜用于木材工业；R_y由于计算较粗略，木材工业也不常用；R_z的数值可从0.025μm起直至1600μm，因而国内外木材工业常用R_z来确定表面粗糙度。一般试样长可取为0.8、2.5、8、25mm。

测定表面粗糙度的仪器有三大类：对照鉴定法(用样块)；非接触测定法(用双筒显微镜)；接触测定法(用表面轮廓测定仪)。

样块对照是评定表面粗糙度的最简单方法，按不同树种，做成不同级别的样块，将被加工物与其对照，确定加工表面的粗糙度级别。这种方法完全凭检验工的经验，误差较大。

应用双筒显微镜观察：光线从光源通过缝隙照射到工件上，显微镜与单板和照明管成一定角度。从显微镜中可看到单板表面轮廓的放大光像，然后通过显微镜上的目镜千分尺来测量轮廓的峰谷值，再求出微观不平度的高度值。

表面轮廓测定仪是一种电测非电量的方法，通过传感器上的金刚石探针在单板表面滑动，探针随工件表面产生电动势，经放大后进入电流计，将峰谷的高低通过电流大小反映出来。如果与电子计算机连接则可直接打印出R_z值。

现在一般工厂生产的单板其背面的粗糙度如下：

椴木，R_z为70μm以上(未煮)；

水曲柳，R_z为100μm以上(未煮)；

柳桉，R_z为100μm以上(未煮)。

3.3.1.4 单板横纹抗拉强度

生产中只要单板不易破损，则不对此项作测定。旋切后的单板封边能提高单板横纹抗拉强度。所谓单板封边即在表板旋切出来的同时就在单板带两端各贴上一条胶纸带。其作用是增加单板带的横纹抗拉强度，防止干燥过程中单板带端头开裂，从而减少单板的破裂，提高单板的整板出材率。

封边的方法很多，可用热熔树脂线黏结或用玻纤线缝纫，也可用胶纸带封边。国内使用最普遍的是再湿性胶纸带封边。

这种封边方法是在卷板装置的上方，左右各悬挂一卷再湿性胶纸带，胶纸带宽9mm，卷板开始时就拉下胶纸带贴到单板卷上，靠单板内水分与卷板压力，胶纸带紧贴单板带两端。胶纸带的收缩率应与单板一致，否则影响封边效果。

胶纸带粘贴位置不可离两端太远，否则胶合板锯边时胶纸带会残留在合板胶层内，这样会影响胶合强度。胶纸带离板端10mm为宜。

3.3.2 影响单板质量的主要因素

影响单板质量的因素很多，因素之间又互相关联，是较为复杂的问题。当单板出现某一缺陷时，可能关联到几个原因，往往要从原材料、刀具、设备和工艺各方面来寻找原因。单板制造过程中常见的缺陷有：单板厚度不均匀、单板厚度偏差大(外圈单板厚、里圈单板薄)、单板出现松紧边、单板出现扇形变形无法正常卷板、单板"鼓泡"(两头厚、中间薄)成拱形或波浪形发生"跳刀"、单板板面出现搓衣板似的波浪形(即所谓瓦楞板)、板面有毛刺沟痕、板面发毛、单板粗糙度差单板松软(背面裂缝深)、板面有擦伤和划痕或出现凹凸棱等。

3.3.2.1 工艺条件

影响单板质量的工艺条件主要包括：①原料自身条件：如密度、宏观构造、外观质量等。②软化处理工艺：如木段热处理温度、含水率等。③旋切工艺条件：如旋刀的研磨角及安装位置(切削刃高度、切削角和切削后角)；压尺形状、角度和安装位置(压榨百分率、压尺相对于切削刃的水平和垂直距离)；旋刀切削后角的变化程度等。

不同树种的原木旋切所得的单板质量有差异。如利用材质比较均匀的散孔材旋切而成的单板表面比较光滑。旋切密度较小的软材时，若卡轴夹紧力过大时，容易产生外圈单板有松边、里圈单板有紧边的现象。原木外观质量对旋切单板质量也有一定影响。如木段弯曲，则容易导致单板厚度不均。

木段软化处理的目的是增加木材的可塑性，以提高旋切质量。如果软化处理工艺控制不当，则容易引起单板出现质量缺陷。若木段软化处理不足，板面容易产生毛刺沟痕，尤其是硬材，软化不好，单板粗糙度差，背面裂缝深导致单板松软，靠近木芯处旋切，容易导致"跳刀"而使单板板面出现搓衣板似的波浪形。然而，如果木段软化处理过度，木材塑性太高，旋刀不易切断木纤维，板面易起毛。木段旋切时如果温度太高，手摸木段有烫手感觉(超过55℃)，使切削刃中间膨胀，易使单板"鼓泡"(两头厚、中间薄)呈拱形或波浪形。

旋切工艺条件对单板质量的影响非常显著。装刀高度过高，切削后角过大，刀对木段有切入作用，易导致单板厚度产生较大偏差；切削刃低、切削后角大，刀在木段压力下循环变形与恢复，板面易产生波浪形，节距为8~12mm；切削后角过小，刀挤压木芯，使木段弯曲，板面易产生节距为30~50mm的波浪形；压尺长度方向压榨程度不均匀，单板厚度不均匀，刀门间隙不一致，中间大、两端小，易出现紧边；中间小、两端大，易出现松边或形成两头厚、中间薄的波浪形；压尺安装位置偏高，或刀门间隙过大，压尺作用不明显或不起作用，易导致单板粗糙度差，背面裂缝深；切削刃与卡轴中心线不平行，刀或压尺位置不正，一头高、一头低，易使单板出现扇形变形，导致无法正常卷板。

通常旋刀相对于卡轴的垂直距离(即装刀高度)的设置见表3-8。

表3-8 旋刀相对于卡轴的垂直距离 h 值

刀架的种类	木段直径(mm)	
	300 以下	300 以上
无辅助滑道或 $\mu=0°$ 时	0 ~ +0.5	0 ~ +1.0
有辅助滑道 $\mu=1°30'$	−0.5 ~ 0	−1.0 ~ 0
$\mu=3°$	−0.5 ~ −1.0	−0.5 ~ −1.5

注：μ 为辅助滑道倾斜角。

旋切小径木时，为了避免产生单板两端厚中间薄的现象。可使旋刀中部高于两端 0.1~0.2mm。

旋刀的切削后角在旋切过程中应随着木段直径的变小而逐渐变小。对于直径 300mm 到 100mm 的木段，切削后角变化一般不超过 1°；直径 800~200mm 的木段，切削后角变化为 3°。刀的刃口应与卡轴轴线平行，若在垂直平面内歪斜会引起沿旋刀长度上的切削后角变化，在水平面内歪斜则形成歪斜旋切。

压榨百分率是与单板厚度、树种、木材热处理后的温度有关。目前我国常用树种的压榨百分率如下：椴木为 10%~15%，水曲柳为 15%~20%，松木为 15%~20%。

3.3.2.2 旋切机精度和切削-被加工物系统的刚性

旋切机精度差，如卡轴径向跳动大；卡轴及刀架的半圆环与滑块间有间隙；滑道不平；进刀丝杆与螺母间有磨损，造成间隙过大等。在旋切比较薄的单板时，极易造成旋切单板厚度不均，假如旋切机的精度很差，就不能旋切出符合质量要求的单板。

切削-被加工物系统的刚性差，在旋切时，刀床发生变形或木段弯曲，这样得到的单板质量就差。

当旋切 50℃ 以上的木段时，木段和单板中热能会传递到旋刀切削刃和压尺的前棱。由于局部不均匀加热、热膨胀变形的结果，使旋刀和压尺变形弯曲，而且变形量较大。目前改进办法有两种：一是预先把旋刀和压尺加热后再安装在刀床上；二是刀床装有冷却系统，可用循环冷却水将旋刀和压尺从木段上得到的热量带走。有些树种本身带有很多黏状分泌物，旋切时遇冷很容易黏附在切削刃上，影响旋切。因此，有的刀床上装有热水循环系统，使黏液不黏在旋刀上，从而提高旋切质量。

在旋切时，由于木段对刀床有反作用力，结果使刀梁和压尺梁变形，改变了旋切条件。为了保持稳定的压榨力，现代旋切机上装有汽缸，用气压来保持压尺对木段的压力，保证旋切质量。

为了防止刀梁后退而过多磨损进刀螺杆，在刀床后尾装有气压装置来抵抗木段对刀床的反作用力，保证单板质量均一。

3.3.2.3 机床磨损和保养

单板旋切机是胶合板生产的主机，它的工作状况影响到单板质量，也影响到胶合板的质量。旋切机维护保养工作的好坏，直接影响到单板的质量和产量。

(1) 旋切机的磨损对单板质量的影响

生产中对旋切机的维护保养影响到机床精度、使用寿命和旋切单板的质量。如果维护保养不好，会造成卡轴和轴承磨损松动、压尺架与刀架磨损松动、进刀丝杆与螺母磨损松动、主滑道呈马鞍形等。这些都严重影响单板质量，使单板出现厚度超差、表面粗糙度增加、背面裂隙度加大、松紧边等不良后果。表 3-9 列出了旋切机磨损对单板质量的影响及改进措施。

表 3-9 机床磨损对单板质量的影响及改进措施

机床状态	对单板质量的影响	改进措施
压尺架与刀架装配间磨损有间隙，产生水平滑动，两端滑动距离相等	旋切开始时，木段把压尺顶回，刀门增大，压尺压榨作用减小，单板显得粗糙不平	如果整个压尺被顶回，则测定顶回距离，关小刀门以补偿此距离。更换或修理磨损部分
压尺架与刀架磨损产生水平滑动，两端滑动距离不均匀，一端大、一端小	单板带一边紧、一边松，呈扇形，木段旋呈锥形，单板一边薄、一边厚	调小滑动大端的刀门。滑动太大时，找出原因，进行检修
压尺滑道磨损，调好的压尺垂直高度下降	使压尺的压力不作用在旋刀切削刃的切削处，因此不能防止旋切劈裂，旋出的单板表面粗糙，"啃丝"多。旋出的单板厚度波动大，质量差	修理滑道磨损部分，进行研磨找平
进刀丝杆的螺母磨损，旋切时刀床松动，后退		检修，更换新螺母
卡轴轴承磨损	卡轴松动，木段旋转不圆，旋出单板厚薄不匀，质量差	更换轴承，校正卡轴中心在一条直线上
主滑道磨损，呈马鞍形	使装刀高度在旋切过程中发生变化，切削后角不按所需规律变化	进行大修，使主滑道恢复水平

(2) 机床的维护措施

开车前检查机床的润滑情况，检查机床的滑动部分(如主滑道、辅助滑道、进刀丝杆等)有无杂物进入，特别要防止砂粒等硬物进入这些运动部分，始终保持机床清洁；开车前检查机床各部分有无不正常现象，起动后观察电动机和指示仪表是否正常，各运转部分有无噪声和震动等异常现象；木段的大节疤应先砍除，避免旋切时旋刀局部磨钝和对机床的冲击震动。旋大节疤时应降低车速；下班时擦净旋刀、压尺、丝杆、卡轴和滑道等部分的水渍和木屑，用棉纱擦净机床，对应上润滑油处注油润滑；定期检修机床，检查机床的回转部分，如有异常音响、发热、震动等现象时应立即检修，不允许机床带病工作；检查机床规定的润滑部分有无漏油、缺油和油道堵塞等毛病；检查刀床主滑道、滑座、进刀丝杆和螺母、卡轴和轴承有无严重磨损；检查电动机的发热情况、炭精刷和滑环间的火花以及电动机的润滑情况；尽量不用大旋切机旋短木段，因为大旋机旋短木段时会造成机床偏载，使一边的卡轴和轴承、旋刀与压尺、进刀丝杆与螺母易磨损，对刀具的使用寿命及机床精度都不利。如一定要使用大旋切机来加工短木段，则一定要装上旋切机中心扶架(随机配的附件)。

3.3.3 单板出材率

提高单板出材率是合理利用木材资源和降低产品成本的重要措施之一。单板出材率是指有用单板的材积与木段材积之比。旋切时可把木段分成四个部分：

第一部分是由于木段形状不规则(弯曲、尖削和横断面形状不规则)而形成的长度小于木段长的碎单板部分(其长度小于木段的长度)。

第二部分是由于定中心或上木的偏差，使旋切机的卡轴中心线与木段最大内切圆柱体的轴线不重合,从而产生出一部分窄长单板(单板长度等于木段长,宽度小于木段圆周长)。

第三部分是连续单板带部分。这部分是木段"旋圆"以后才能得到的。

第四部分是剩余的木芯部分。一般木芯直径为 100~140mm。

可见,在旋切时产生一定量的碎单板、窄长单板、连续单板带和木芯等,其中部分碎单板和窄长单板通过加工后可用于制造胶合板,因此,要提高旋切时单板的出材率有以下三个途径:一是充分利用可用的碎单板和窄长单板;二是尽可能减少定中心和上木偏差;三是尽量减小木芯直径。

(1) 合理挑选碎单板和窄长单板

用人工运送碎单板和窄长单板容易使单板破损,而且当产量高、旋切速度快时,无法满足生产需要。改进的方法有两种:一种是把木段旋圆和旋切分开,分别各用一台旋切机进行,这种方法能提高单板质量,但第二次旋切上木时会产生定位误差,使优质的边材多产生一部分尾巴板。因此这种方法只在生产航空胶合板和木材层积塑料时采用。另一种方法是将旋切出的碎单板和窄长单板分别用两台皮带运输机运走,到一个地点集中后再进行整理加工。对此需配置剪板机和截断圆锯。

(2) 减少定中心、上木偏差

减少这部分偏差的最好方法是使用先进的定中心、上木装置。这样能使木段回转中心基本与其最大内切圆柱体轴心一致,使边材部分多出整幅优质单板。目前,精度最高的是计算机 X-Y 定心系统。

(3) 减小木芯直径

当 2m(6′规格用)和 2.5m(8′规格用)的木段在无压辊的旋切机上加工时,旋切到木段直径小于 200mm 时,木段就会弯曲,使旋切无法进行,留下较大的木芯,如水曲柳等硬材的木芯达 140mm,意大利杨木等软材的木芯达 180mm,而这时应该还能旋出一部分芯板,为了充分利用这部分木材,通常可将木芯截断后利用小型旋切机或无卡轴旋切机进行再旋,再旋后木芯直径可降至 55~60mm。

如果用带防弯压辊的旋切机则可直接将木芯旋至直径为 65~80mm。这种旋切机一般为液压双卡轴,在木段直径大时用大卡轴(带大卡头)以产生大的驱动力矩,在木段旋至小直径时大卡轴退出,留下小卡轴连续工作。当旋切进行到木段直径为 150mm 左右时(具体尺寸根据木段树种、长度而定),防弯压辊自动压下,防止木段弯曲,使旋切连续进行。压辊可为气、液压施加压力或机械施加压力。机械压辊的压力是利用与刀床连在一起的滑道,把力传给压辊,力的大小与滑道曲面形状有关。气、液压压辊的压力能与木段弯曲形状相适应。另外,国内产旋切机还有一种靠人力通过杠杆作用施加压力的压辊装置,这种压辊效果差,工人劳动强度大。

3.4 单板输送

旋切的前工序为木段运输和上木定中心,为了保证足够的木段供旋切机生产,因此旋切机前的剥皮木段,应有 1~2h 生产所需的贮量。据此考虑在旋切机前留出足够的场地来堆放剥好皮的木段。

旋切的后工序为单板剪切或单板干燥。一种工艺流程是将旋出的有用单板先送到剪板机裁成一定宽度的单板，然后将裁好的单板送至单板干燥机去烘干，这种安排工厂称为"先剪后干"工艺流程；另一种是将旋切出的有用单板先送至单板干燥机干燥，然后再将干好的单板按规格剪裁，这种方法称为"先干后剪"。前者多用于厚芯板和变形较大的单板生产，后者多用于薄表板的生产。

不论哪种工艺流程，由于旋切机的线速度高于干燥机或剪板机，它们的速度不一致，所以在旋板机到干燥机或剪板机之间的连接，必须有缓冲贮存。连接的方式通常（包括缓冲贮存）有三种：带式输送器、单板折叠输送器和卷筒卷板装置（图 3-35）。

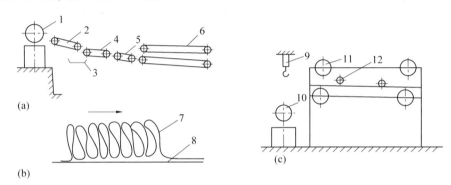

图 3-35　旋切机和后工序连接基本方法示意
(a) 带式输送器　(b) 单板折叠输送器　(c) 卷筒卷板装置
1. 旋切机　2. 接板传送带　3. 碎单板传送带（也可增加一条窄长单板传送带）
4. 摇摆传送带　5. 分配传送带　6. 带式传送带　7. 单板带折叠状态
8. 传送带　9. 吊车　10. 卷单板机　11. 单板卷　12. 空卷筒

3.4.1　带式输送器

带式输送器或称带式传送装置，它是用皮带运输器将旋切机旋下的单板直接运送到后工序。这种输送装置的贮存架可为单层或多层。单板在贮存和输送过程中保持平展，这有利于保护单板，减少破损，适于多树种和多种单板厚度的生产，尤其适合小径木的旋切。能适应零片单板贮存和输送，使零片单板也能纳入连续化自动生产线。

单板生产连续化中，零片单板的处理是困难的工序之一。旧的方法是用输送带或人工将零片单板送到湿板剪切机前理板、齐边，然后再送到干燥机前进行干燥。这种方法要人工理板、铡板，干燥机进、出板也是人工操作。手工搬运使单板破损率增加，降低了木材利用率和劳动生产率。采用多层贮存架方法为零片单板纳入连续化生产创造了条件。其方法是在旋切机上增加收取零片单板的输送带，使单板出刀门后在输送带夹持下输送，用升降输送带按旋切速度送上贮存架，贮满一层后用按钮手控或自动转换到另一层。位于贮存架后的升降输送带接引零片单板，按干燥机速度的需要，送进干燥机底层网带进行干燥，出干燥机后再送至横拼机进行加工。这样使零片单板生产实现了整张化、连续化和自动化。这种方法的缺点是占用车间的场地较大。

3.4.2 单板折叠输送器

带式输送装置需要很长的输送带和占用很大的车间面积。因此,它的应用受到限制。而单板折叠输送器能使单板在其上面形成波浪形状,贮存于旋切机与干燥机间的输送带上,是一种能够缓和旋切机速度高于干燥速度之间矛盾的装置,它大大缩短了输送器运输带的长度。

单板折叠输送器由三段单板输送带组成:

第一段为平皮带组成的接受段。它的作用是接受由旋切机送来的单板带。因此线速度与旋切速度相等,约为60m/min,此段长度约为3m。

第二段是平皮带组成的折叠段。它的作用是贮存单板。该段的速度仅是旋切速度的1/6～1/7。由于接受段速度快,折叠段速度慢,产生一个速度差。结果使单板形成一个个大的波浪状皱折,在折叠段上堆放起来,折叠段起了储存单板作用。但必须使折叠的顶峰倒向旋切机,这样到后面单板才能顺利展平,否则由于折叠相压,单板容易拉断。

单板折叠段长度可用下式计算:

$$L = \frac{L_{单}}{n} \qquad n = \frac{V_{旋}}{V_{带}} \tag{3-17}$$

$$L_{单} = \frac{n(D_{木} - D_{芯})^2}{4S} \tag{3-18}$$

式中:$L_{单}$——一根木段旋出的单板带长度(m);

L——单板折叠段长度(m);

n——在1m长的单板折叠段上可存放的折叠单板的长度(m/m),一般$n = 6 \sim 7$,薄单板n值取大些,厚单板n值取小些;

$V_{旋}$——平均旋切速度(m/min);

$V_{带}$——单板折叠输送器折叠段速度(m/min);

$D_{木}$——木段直径(mm);

$D_{芯}$——木芯直径(mm);

S——单板厚度(mm)。

单板折叠输送器的贮存方法,适于径级小、单板横纹强度高、厚度薄的单板,如桦木单板的生产;而横纹强度低的树种(如柳桉等)或者单板厚度大时,则易出现板边裂口。

第三段为单板展平段,这一段的作用是将折叠的单板展平,送入干燥机或单板剪切机。速度比旋切速度略大些。这段长度约为5m。

单板折叠段可为单层,也可为多层,主要依据木段直径、旋出单板带的长度和干燥机前空地的大小来定。

采用两层或多层折叠段时,在接受段后应增加一个摆动的皮带运输段将单板分配至各层。

3.4.3 卷筒卷板装置

对径级大的原木,应采用单板卷筒方式,将单板卷成卷,贮存于贮存架上,单板卷的直径可达 60~80cm。用这种贮存方式,旋切机 1~2 班的产量即可满足干燥机三班生产的需要。

这种贮存方式,贮存量大,占地面积小,因而目前为国内胶合板生产厂普遍采用。

该方法要求卷筒的转速随旋切过程而变化,即转速由快变慢,卷板的线速度要与旋切速度一致,以免拉断单板带。这可通过卷板机皮带的恒定速度来保证。

卷筒放在开式轴承上,便于取下和放上。其动力可用直接带动法,通过摩擦离合器控制转速(或调速电动机),也可用皮带传送间接带动。

3.5 薄木制造

利用珍贵树种优雅多变的木纹或特殊纹理(树瘤、芽眼、节多树种等)的天然或人造木质材料刨切(或半圆旋切)制成的厚 0.5mm 左右的薄片称为薄木。厚度大于 0.5mm 的薄木称为厚薄木(厚度一般为 0.6~0.8mm),厚度小于 0.5mm 的薄木称为微薄木(厚度一般为 0.1~0.3mm)。薄木主要用作装饰材料,胶贴在各种人造板基材上,使其具有珍贵树种的装饰效果,满足人们的需要。

天然薄木(由天然珍贵树种的木方直接制得的薄木)的生产工艺流程包括工序主要有:原木合理贮存、原木锯断、剖成木方、木方热处理、薄木刨切和整理成合格薄木等。

人造薄木(由一般树种的旋切单板经染色、组坯胶合成木方后再刨切或旋切制得的薄木)的生产工艺流程主要为:首先用单板依一定的排列组合胶合成木方,然后再刨切成人造薄木。为了模拟贵重木材,可对木方或单板(薄木)进行染色处理,再进行模压加工。

3.5.1 原料准备

3.5.1.1 树种选择

天然薄木的花纹是否美丽,色彩是否悦目,与制造薄木的树种关系极大,因此也是选择制造薄木树种的首要条件。天然薄木的花纹是由木材的纹理、年轮、早晚材、导管、木射线、轴向木薄壁细胞、节子、树瘤、树丫、材色等组成的,而且在不同的切面上其花纹是不同的,因此与制造方法有着密切关系。

一般早晚材比较明显、木射线宽大且分布奇特的树种适合于制造薄木。早晚材材色明显区分的针叶材如红松、杉木、落叶松等树种,早晚材材质致密程度明显不同的环孔阔叶材如水曲柳、榆木、酸枣、红椿、白蜡木、麻栎、山槐、楸木等树种,无论在径切面上还是在弦切面上均能形成醒目的花纹,在径切面上为深浅相间的直条纹,在弦切面上为山形纹。

由于木材纹理交错，呈波状纹、皱纹或扭曲状，因各部分纤维走向不同，对光的反射不同而形成各种醒目的花纹。如香樟、枫香、桉树、麻栎、桃花心木、槭木和桦木等树种，其中波状纹常出现在槭木及桦木上，这种薄木常用来制作小提琴的背板，故又称琴背花纹。槭木、樟木、水曲柳等树种由于纤维局部扭曲极易形成鸟眼状花纹，此种花纹称为鸟眼花纹。琴背花纹及鸟眼花纹都是比较名贵的花纹。

木射线对光反射较强，具有银光光泽，在弦切面上木射线呈纺锤状，在径切面上呈片状，木射线发达的柞木、栎木、山毛榉、光叶榉、悬铃木、山龙眼等树种，木射线粗大、密集，在径切面上常可得到由片状木射线形成形似虎皮的虎斑纹，在弦切面上得到纺锤形的点状花纹。

树干的树瘤部分木纹不规则排列能形成非常美丽的树瘤花纹。槭木、悬铃木、栎木、栗木、核桃楸、胡桃木、香椿、红椿等树种中常可见。

材色不均在材面上形成深色条纹或斑纹，也可形成花纹，柚木、胡桃木及陆均松等树种常具有这种花纹。

薄木的制造方法不同，可得弦切面或径切面，同一根原木，其不同的剖面花纹不同，如虎斑纹只有在径切面上才能形成，山形纹只有在弦切面上才能形成，因此应根据各树种形成花纹的不同特点，采用合适的剖制方法才能制得具有理想花纹的薄木。

选择薄木树种时，除考虑花纹外，还应考虑是否易于进行切削、胶合和涂饰等加工。阔叶材的导管不宜过大，否则薄木易破碎、贴面时易透胶；此外，要有一定的蓄积量等。

3.5.1.2　原木的贮存与保管

用于制造薄木的原木应妥善贮存与保管。保管不善，原木易开裂、腐朽、变色，不仅降低了原木的等级还降低了薄木的出材率，造成浪费。原木的开裂、腐朽、变色与原木的含水率有很大关系。如木材处于饱水状态，腐朽菌及虫类就无法侵蚀木材，因为在饱水状态下木材中的空隙已全部被水分充满，没有空气，菌类及虫类也就无法生存。木材在饱水状态下也不会开裂。一般可采用两种方法保持原木中的水分，一种方法是把原木贮存在贮木池中，需长期贮存的原木应采取一定措施，使原木沉入水中，以免露出水面部分受菌类或虫类的侵蚀。为防止贮木池中水腐败发臭，应采取措施使之变为流水或定期更换池水。另一种方法是在贮木场内铺设水管，利用水压定期对原木喷水，使原木保持必要的水分。在陆地贮存时，可在端头钉入扒钉，防止开裂，也可在原木端头涂布防水剂，避免原木中水分散失，并可防止端头开裂。对易受菌类或虫类侵蚀的树种，可在春夏二季适当喷洒杀虫剂或防腐剂，但要注意不能造成木材变色或污染，以免造成出材率降低和影响薄木装饰效果。

3.5.2　剖制木方

装饰用薄木一般采用刨切法生产。为获得理想的薄木花纹，提高出材率，便于在刨切机上装夹，需将原木按薄木长度及加工余量截断成一定长度的木段，并剖制成木方。截断原木时应尽量做到量材下锯，弯曲材应尽量在弯曲处下锯；严重的材质缺陷如死节、腐朽等应截去；一般缺陷应集中；原木截断时的加工余量根据基材的公称长度而定，一般为 80～110mm，基材越长，留的余量就越多，如基材为 1220mm×2440mm，木段长度应为 2550mm。

剖制木方应根据木段的树种、径级、所要得到的薄木花纹及出材率来考虑，一般应多出径切薄木，少出弦切薄木，因径切薄木不仅花纹美丽，而且不易开裂，因此采用合理的锯剖图是十分重要的。图 3-36 所示是常用的木方锯剖图，其中(a)、(b)、(c) 主要用于剖制弦切薄木，而(d)、(e)、(f) 主要用于剖制径切薄木。栎木等易开裂的树种，在贮存过程中大多已形成端裂，此时应采用(e)锯剖图，以提高出材率，并可多得径切薄木。

扇形锯剖图(e)可采用直径为 1500mm 的带进料及翻转装置的圆锯机进行剖方，其他锯剖图则可采用带锯机进行剖方。剖方出材率随木段径级、材质及锯剖图不同而不同，一般在 60% 左右。

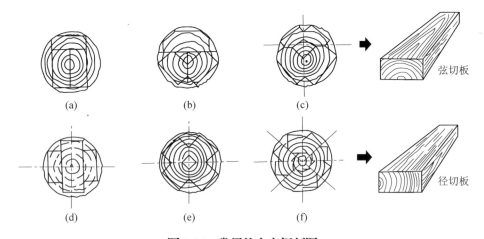

图 3-36　常用的木方锯剖图

3.5.3　木方热处理

木方在刨切前应进行蒸煮，蒸煮的目的是为了软化木材，增加木材的可塑性。木材的可塑性受树龄、温度及含水率的影响，当木材温度升高或含水率提高后木材可塑性增加，使木材切削阻力减小，易于切削，薄木背面裂隙也减少；使木材含水率均匀，有利于降低刨切薄木的厚度偏差和薄木干燥后的含水率偏差，使薄木不易变形、翘曲；可除去部分木材中含有的单宁、油脂等浸提物；可杀死木材中的虫类和菌类，利于薄木的保存。有些树种加热后会变色，如桐木、山毛榉变红色，椴木变黄色，核桃楸变褐色等，要注意控制。

木方蒸煮通常采用把木方放在蒸煮池内蒸煮的方法，蒸煮池由钢筋混凝土建造，也可内覆不锈钢板或做成铝壳式。池内通入蒸汽管及水管，池底设有排放污水的排放阀，也可用泥浆泵直接抽出污水。

不同密度的阔叶材的最佳刨切温度如图 3-37 所示。针叶材主要是晚材部分密度大，最佳刨切温度可参照图 3-37，略高于图示温度。具有交错纹理及硬节的木材最佳刨切温度应略高于图 3-37 所示温度。为使木方芯部达到最佳刨切温度，所需蒸煮的水温及蒸煮的时间与木方的径级、密度、刨切薄木的厚度等均有密切关系。一般径级大、密度大、刨切薄木的厚度大应适当提高蒸煮温度，延长蒸煮时间。在实际生产中通常都是凭经验来确定蒸煮基准的。

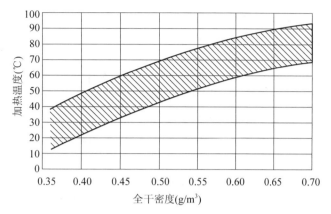

图 3-37　不同密度的阔叶材的最佳刨切温度

3.5.4　薄木刨切

薄木刨切在刨切机上进行，将木方固定在夹持台上，将刨刀固定在刀架上，两者之中有一方做间歇进给运动，另一方做往复运动，从而从木方上刨切下具有一定厚度的薄木。

3.5.4.1　切削条件

刨切薄木的切削条件，主要为刨刀的研磨角（β）、切削后角（α）和压榨率（Δ）。

刨刀的安装有两种形式，如图 3-38 所示，（a）为表刃式，刨切时薄木从刨刀的前面流出；（b）为背刃式，刨切时薄木从刨刀的后面流出。背刃式装刀，在磨刀或改变刨刀研磨角后，切削角可随之改变，因此可适应多种树种的刨切，可制得优质薄木。刨刀一般厚度为 15mm，刀体部分为碳素钢，而刃口部分为合金钢，表刃式装刀时，研磨角一般为 16°～20°，背刃式装刀时，研磨角为 21°～26°，图 3-39 所示为背刃式刨刀刃口形状。研磨角小则刨刀锋利，但刃口强度较差，因此针叶材及软阔叶材可用较小的刃口角，而硬阔叶材应采用较大的刃口角。

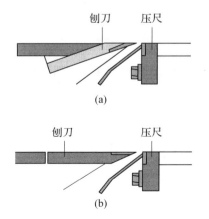

图 3-38　刨刀安装形式
（a）表刃式　（b）背刃式

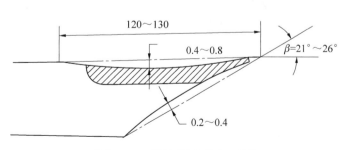

图 3-39　背刃式刨刀刃口形状

使用压尺的目的是为了防止薄木背面产生裂隙，提高薄木刨切质量。刨刀与压尺之间的相对位置对薄木的质量影响很大，图 3-40 所示为背刃式装刀时压尺与刨刀的相对位置。

图中刀门距离 S_0 为压尺至刨刀后面的最短距离（表刃式装刀时为压尺至刨刀前面的最短距离）。如薄木的名义厚度为 S，则通常 $S_0 \leq S$。下式中的 Δ 称为压榨率。压榨率应根据切削角、薄木厚度来决定，表 3-10 为常用薄木刨切厚度 S 采用的压榨率 Δ、切削角 σ、刀门 S_0 和压尺水平距 C 之间的关系。

$$\Delta = \left(\frac{S - S_0}{S}\right) \times 100\% \qquad (3\text{-}19)$$

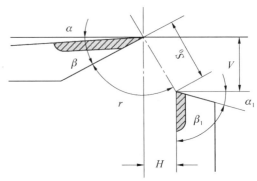

图 3-40 背刃式装刀时压尺与刨刀的相对位置

式中：S——薄木名义厚度（mm）；
S_0——压尺压棱与刨刀切削刃之间间距（mm）；
Δ——压榨率（%）。

压尺的位置也可根据 S_0 的垂直分量 V 及水平分量 H 来决定，其相互关系如下：

$$\begin{aligned} V &= (0.9 \sim 0.98)S \\ H &= (0.2 \sim 0.3)S \\ \frac{180° - \beta}{2} &\leq \gamma \leq 90° \end{aligned} \qquad (3\text{-}20)$$

式中：S——薄木名义厚度（mm）；
β——刨刀研磨角（°）；
γ——刨刀后面与压尺前面的夹角（°）。

V 的大小适度可保证薄木的厚度精度，H 的大小适度可保证薄木表面质量。调整刀门时要求在刨刀全长上保持 V、H 大小均匀一致，以保证薄木厚度精度及刨切质量。切削后角一般为 30′ ~ 1°。

表 3-10 常用薄木刨切厚度 S 采用的压榨率 Δ、切削角 δ、刀门 S_0 和压尺水平距 C 之间的关系

薄木刨切厚度 S(mm)	切削角 δ(°)	$\Delta = 0\%$		$\Delta = 5\%$		$\Delta = 7\%$		$\Delta = 10\%$	
		S_0	C	S_0	C	S_0	C	S_0	C
0.3	18	0.30	0.09						
	19	0.30	0.10						
0.5	18	0.50	0.15						
	19	0.50	0.16						
0.6	18	0.60	0.19						
	19	0.60	0.20						

(续)

薄木刨切厚度 S(mm)	切削角 δ(°)	$\Delta=0\%$		$\Delta=5\%$		$\Delta=7\%$		$\Delta=10\%$	
		S_0	C	S_0	C	S_0	C	S_0	C
0.75	18	0.75	0.23						
	19	0.75	0.24						
1.00	19								
	20			0.95	0.29				
1.10	19			0.95	0.32				
	20			1.05	0.34				
1.20	19			1.14	0.37				
	20			1.14	0.39				
1.25	19			1.19	0.39				
	20			1.19	0.41				
1.50	19					1.40	0.46		
	20					1.40	0.48		
1.75	19					1.63	0.53		
	20					1.63	0.56		
1.80	19					1.67	0.54		
	20					1.67	0.57		
2.00	19							1.80	0.59
	20							1.80	0.62

3.5.4.2 薄木最小厚度的确定

由于用于刨切薄木的原料是珍贵树种,为了降低成本和充分利用贵重原料,合理地确定薄木厚度有着重要意义。确定薄木厚度的主要因素如下:薄木贴在基材上时,不允许胶液从木材中透出来;在搬运和加工薄木时,要处理方便,同时不得破损;在进行修饰之前,允许进行磨光等表面处理。

此外,还需根据使用场合来确定,如用在造船和车厢制造中,薄木最小厚度应接近1.5mm,在不常接触处可减小到0.5~0.8mm,甚至表面进行预处理后可减小至0.2mm。

3.5.4.3 刨切方向

刨切方向,即刨切从木方的哪一端、哪一边开始,对薄木的质量有很大影响。由于木材是一种非匀质材料,早晚材差别较大,纤维、木射线、年轮等都按一定方向排列,为了得到表面平滑、平整的薄木,刨切时必须注意刨切方向,要求刨切方向顺年轮、顺纤维、顺木射线。刨切方向的顺逆见图3-41。

纵向刨切时主要考虑顺纤维方向刨切,即刨刀运动方向和木材纹理方向之间夹角越小越好,这样刨切得到的薄木表面质量较好。如逆纤维刨切,超越裂缝将进入材面造成表面坑洼不平。横向刨切时主要考虑木射线与年轮方向。针叶材及环孔阔叶材、木射线

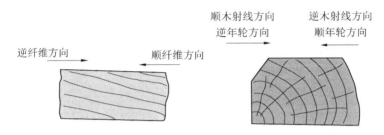

图 3-41　刨切方向的顺逆

不发达的树种都宜顺年轮刨切,而木射线发达的树种则应侧重考虑顺木射线刨切。

一般刨切径向薄木时,如图 3-42 所示,从(a)的装夹状态开始刨切,当刨切至材芯时应放下木方重新按(b)的形式,底朝上地重新装夹,这样虽可保证后半个木方的刨切质量,但薄木花纹与前半部分不连续;如按(c)的方法,不把底面翻上来,仅在水平面内转 180°,则可得到花纹与前半部分连续的薄木。

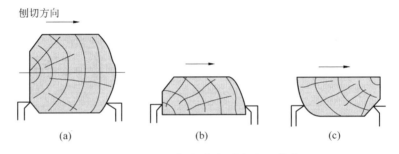

图 3-42　刨切径向薄木时木方的装夹

在刨切弦向薄木时,如图 3-43 所示的左右对称形状的木方,得到的薄木在宽度方向上会一半质量好,一半质量差,因为刨切时一半顺年轮,一半却是逆年轮。因此,如按(b)所示的形式剖成非对称形的木方,可保证在宽度方向上大半部分的质量较好。剖制偏芯木方的锯剖图如图 3-44 所示。

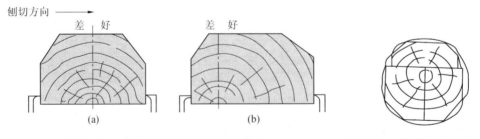

图 3-43　刨切弦向薄木时木方的装夹　　　　图 3-44　偏芯木方的锯剖图

3.5.4.4　刨刀安装倾斜角

为减小刨切开始时的切削阻力,使刨刀无冲击地进入切削状态,减小有效切削角,提高刨切质量,刨切时刨刀刃口要与木方长度方向成某一角度地安装,如图 3-45 所示。

倾斜角一般为 5°~30°，一般早晚材硬度差别大的针叶材，为避免薄木表面晚材部分凸起，角度应取 25°~30°，而早晚材硬度差别不大的阔叶材可取 10°~15°。

3.5.4.5 刨切机

目前国内使用的刨切机有多种类型。根据刨切是在水平面内进行还是在铅垂面内进行，可将刨切机分为卧式刨切机和立式刨切

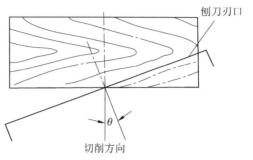

图 3-45 木方与刨刀的相对位置

机。如图 3-46 中(a)为卧式刨切机，(b)为立式刨切机刨切。根据刨切方向与木方长度方向基本平行还是垂直，又可将刨切机分为纵向刨切机和横向刨切机。图 3-47 为纵向刨切机刨切示意图。图 3-46 为横向刨切机刨切示意图。目前国内使用的刨切机既有立式又有卧式，既有横向又有纵向。

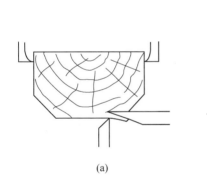

图 3-46 横向刨切机刨切示意
(a)卧式刨切机 (b)立式刨切机

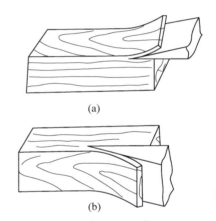

图 3-47 纵向刨切机刨切示意
(a)卧式刨切机 (b)立式刨切机

纵向刨切机主要由进料机构、前后工作台、导柱、机座及驱动装置等组成。刨刀和压尺安装在工作台上，木方放在工作台上，由进料橡胶带对木方施加压力并靠摩擦力推动木方前进，由刨刀进行刨切。纵向刨切机刨切沿木方长度方向进行，因此木方长度不受限制，而且刨切薄木表面光滑质量好，但由于进料橡胶带悬臂支撑，木方的宽度受到一定限制，目前最宽可达 350mm。这种刨切机依靠摩擦力来克服切削阻力送进木方，因此比较适于刨切松木、杉木等软材，但由于工作行程长，生产效率较低，不适于大批量生产，较适于家具、木器等工厂小批量生产薄木。

卧式横向刨切机由偏心轮连杆机构带动的做往复运动的刀架、丝杆螺母机构传动的做进给运动的木方装夹台及机架等组成。木方每进给一个薄木厚度，刀架就做一次往复运动从木方上刨下一片薄木。卧式横向刨切机基本上有两种类型，一种是刀架在上、木方在下的形式。这种刨切机的刀架靠自重支撑在机架两侧的导轨上，为防止在刨切过程中遇到硬节等切削阻力突然增大时刀架被抬起，刀架必须做成重型的，以保证刨切的精

度和薄木质量，因此其动力消耗较大。另外，为保证薄木输出时松面朝上、紧面朝下，薄木需通过一转向装置输出，此转向装置随刀架做往复运动，因此接取薄木时要十分注意。为观察及接取薄木方便，这类刨切机有的做成倾斜式，向下俯冲一个角度，倾斜角为 6°或 25°。另一种是木方在上、刀架在下的形式。这种刨切机的刀架也支撑在机架两侧的导轨上，但木方在刀架上方，木方的进给靠机架两侧的丝杆螺母机构来实现，并靠它对刨刀施加一定的压力。在刨切过程中即使切削阻力突然加大，木方也不会抬起，从而保证了刨切的精度，减小切削过程中刨刀振动，使薄木表面平滑，并且油刀也十分方便。卧式横向刨切机的生产效率远远高于纵向刨切机，可达 62 次/min，而且木方宽度可达 800mm，适合大批量生产时使用。

立式横向刨切机刀架由丝杆螺母机构传动在水平面内做进给运动，而木方由偏心轮机构带动做上下往复运动。立式横向刨切机一般都有让刀装置，且刀架靠丝杆螺母装置压在木方上，能保证刨切精度，装刀、油刀及上木方均十分方便。当木方由下向上做工作行程时，薄木松面朝上输出，有利于连续化生产；当木方由上向下做工作行程时，薄木紧面朝上输出，接取薄木时，必须进行翻转。为便于观察，上冲程立式刨切机也有做成倾斜式的，向上仰起 10°。立式横向刨切机生产效率很高，可达 95 次/min，木方宽度可达 1000mm。

3.5.5　薄木旋切

薄木也可采用旋切的方法生产，旋切需在精密旋切机上进行，旋切所制得的薄木均为弦向薄木，但薄木呈连续带状，不需拼接，易于实现连续化生产。需制宽幅薄木也可在木段全长上沿径向开一槽，直接旋制片状薄木，不需再经剪裁。旋切前木段也需进行蒸煮软化，蒸煮工艺基准可参照木方蒸煮部分。

旋切时旋刀的研磨角越小刃口越锋利，但为了保证刃口强度，一般研磨角为 17°~21°。为了减小旋刀后面与木段的接触面积，减少旋刀在旋切过程中的振动，一般如图 3-48 所示，将旋刀的后面磨成凹面，凹进的深度一般为 0.1~0.15mm，旋刀硬度为 HRC：58~62。压尺一般为单棱压尺，研磨角为 60°。压尺与旋刀之间的相对位置对旋切薄木质量影响很大，相对位置如图 3-49 所示。其相互关系如下：

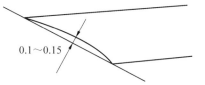

图 3-48　旋刀形状

$$V = (0.9 \sim 0.98)S$$
$$H = (0.2 \sim 0.3)S$$
$$\gamma = \frac{180° - \beta}{2} \quad \text{或} \quad \gamma = 90° \quad (3-21)$$

式中：H——压尺至旋刀前面最短距离的水平分量；
　　　V——压尺至旋刀前面最短距离的垂直分量；
　　　S——薄木名义厚度（mm）；

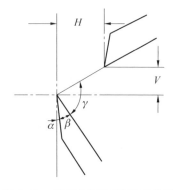

图 3-49　旋刀与压尺的相对位置

β——旋刀研磨角(°);
γ——旋刀前面与压尺后面的夹角(°)。

装刀高度 $h=0$,旋切后角 $\alpha = -1° \sim 2.5°$。

3.5.6 薄木半圆旋切

半圆旋切是介于刨切与旋切之间的一种旋切薄木的方法,可在普通旋切机上将木方偏心装夹进行旋切,也可在专用的半圆旋切机上进行旋切。半圆旋切机如图 3-50 所示。半圆旋切根据木方夹持位置不同可制得径向薄木或弦向薄木。如图 3-51 所示,图中(a)旋切由木方外周开始旋切则得弦向薄木,(b)从木芯开始旋切则得径向薄木。为了连续化生产,要求薄木松面朝上时,可如图 3-50 所示将旋刀置于上方,木方作逆时针运转。半圆旋切由于木方偏心装夹,卡轴及床身等周期性地受到振动,在非专用的半圆旋切机上旋切时更要注意机床精度的维护和保养。

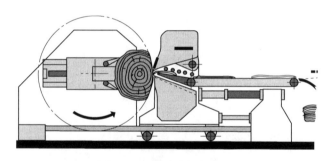

图 3-50 半圆旋切机示意

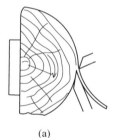 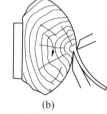

图 3-51 半圆旋切
(a)弦向薄木 (b)径向薄木

3.5.7 薄木的堆放及保管

目前国内薄木刨切后均采用人工接板,在人工接板的情况下刨切速度一般只能达到 40 次/min 左右,刨切速度过快不安全,薄木来不及整理,反而造成薄木破损。薄木运输及堆垛时,为使薄木易于展平,避免破损,薄木的松面即有背面裂隙的一面应朝上放置,并且为薄木拼花方便,薄木应按刨切的顺序先后依次码堆。每根木方所制得的薄木应做好标记分别码堆,最好上下用薄板夹好用绳子捆好,以免破损。如采用湿贴工艺,薄木不需干燥,为保持薄木水分应用塑料布包好,并且尽快周转,在室温 5℃ 以下可贮存两天。夏天则应随刨随用或采取防霉措施或放入冷库。

3.5.8 残板利用

木方经刨切后剩下的部分称为残板,残板的厚度与刨切机的木方卡紧装置有关。一般采用液压卡紧的刨切机设有大小两套卡爪,当木方厚度减小后大卡爪退回,由小卡爪卡木,以减小残板厚度,残板厚度一般为 15mm 左右。

残板如能加以利用,可提高薄木出材率。残板利用可采用两种方法。一种方法是木方在刨切前先用一块厚 20~25mm 的普通树种的木板粘在木方上,刨切后剩下的原木方部分的厚度几乎为零,一般为 3~5mm。另一种方法是将残板相互层积胶合起来组成新的木方再进行刨切。胶合用的胶黏剂耐水性要好并能在高含水率下胶合,一般使用湿固化型的聚氨酯树脂胶黏剂,在常温下加压胶合。

3.5.9 薄木加工质量

薄木刨切或旋切的加工质量指标主要是厚度偏差、表面粗糙度及背面裂隙度。薄木的厚度偏差是指薄木的实际厚度与公称厚度之差,与刨切机本身的精度、刀门调整精度等有关。一般用于薄木加工的刨切机或旋切机的加工精度都为 0.025~0.03mm。一般对薄木厚度偏差的要求见表 3-11;薄木表面粗糙度与刨刀的锐利程度、木方的蒸煮程度、压榨率等有关,一般根据目测或手感来判断,不允许存在毛刺沟痕及起毛现象,要求薄木表面光滑不毛糙。背面裂隙度是指薄木在旋切或刨切过程中受切削分力的作用使背面受到横纹的拉应力作用而产生的裂纹。背面裂隙是旋切薄木的主要缺陷,刨切薄木背面裂隙比较轻微。背面裂隙度可用下式表示:

$$背面裂隙度(\%) = \frac{L}{S} \times 100\% \qquad (3-22)$$

式中:L——在薄木厚度方向上的裂隙深度(mm);
S——薄木厚度(mm)。

表 3-11　薄木厚度偏差

薄木厚度(mm)	≤0.3	0.4~0.6	0.7~1.0	>1.0
厚度偏差(mm)	±0.03	±0.04	±0.06	±0.08

本章小结

单板制造是胶合板生产过程中重要的工序之一。单板可通过旋切、刨切和锯切的方法制造。生产上常用旋切工艺。其主要工艺流程包括定中心、软化处理、旋切以及单板输送。单板质量的好坏关系到胶合板的质量。评定旋切单板质量的指标有:单板厚度偏差、单板背面裂缝、单板表面粗糙度和单板横纹抗拉强度。单板质量的好坏需要从原材料、刀具、设备和工艺等各方面考虑。

思考题

1. 简述木段定中心的目的和方法。
2. 木段为何需要进行软化处理?生产中常用什么方法进行处理?
3. 木段旋切的运动学原理是什么?
4. 木段旋切系统由哪几部分组成?各有什么作用?
5. 如何评定单板质量?
6. 单板常见加工缺陷有哪些?与什么因素有关?
7. 单板输送有哪些方式?
8. 简述天然薄木制造的工艺流程。

第 4 章

单板干燥和加工

本章介绍了单板的干燥和加工,主要包括单板干燥方法的种类及其概念、单板干燥工艺及其影响因素、单板干燥质量与评价、单板干燥所用的设备种类、结构与特性,以及单板的剪切、胶拼、修理等内容。

旋切后的单板含水率很高,如果不进行干燥就直接胶合,不仅会延长热压时间、降低生产效率,而且容易产生鼓泡,有的胶种甚至不能胶合,因而不符合胶合工艺的要求(湿热法胶合除外)。此外,湿单板在贮存过程中,容易生霉,边缘容易开裂或翘曲,故湿单板不适宜贮存。因此,为满足胶合工艺要求,保证产品质量符合国家或行业标准,旋切后的单板必须进行干燥。

此外,单板的质量好坏直接关系到胶合板的最终合格率,因而单板加工也是一个不可忽视的工艺过程,主要包括单板剪切、胶拼、修理等工序。

4.1 单板干燥方法

单板干燥有天然干燥和人工干燥两种。天然干燥也称自然干燥,它是将单板置于大气中晾晒,利用空气对流和太阳光照射,带走单板中的水分达到干燥目的。天然干燥效率低、劳动强度大、质量差,经过风干的单板容易变形,含水通常只能达到平衡含水率。此外,天然干燥常受天气和季节影响,只适宜小型企业采用。

人工干燥是利用干燥设备(干燥机或干燥窑)对单板进行干燥,干燥效率高、质量好。一般工厂都采用各种类型的干燥机对单板进行人工干燥。

4.1.1 按传热方式分

(1)空气对流式
由循环流动的热空气把热量传给单板。
(2)接触式
热钢板与单板直接接触,把热量传给单板。
(3)联合式
对流传热与其他传热形式联合,有对流-接触式、红外线-对流式、微波-对流式等多种形式。

4.1.2 按单板的传送方式分

(1) 网带式

将单板放置在两层钢网之间输送,通过干燥机干燥。

(2) 辊筒式

单板由上下辊筒夹持输送,通过干燥机干燥。

4.1.3 按热空气在干燥机内的循环方向与干燥机纵向中心线之间的关系分

(1) 纵向通风干燥机

热空气沿干燥机的长度方向循环,气流和单板输送方向相同,称为顺向;气流和单板输送方向相反,称为逆向。纵向通风干燥机的热空气循环系统比较简单,但干燥效果差,现在已很少制造和使用。

(2) 横向通风干燥机

热空气沿干燥机的宽度方向循环。气流有平行于单板表面的,也有与单板表面呈垂直喷射的。

4.2 单板干燥工艺

4.2.1 单板干燥的特点

木材中水分移动有两种通道:一种是以细胞腔作为纵向通道,平行于纤维长度方向移动,从木材的两个端面(长度方向)排出;另一种是以细胞壁上纹孔(包括孔隙)作为横向通道,垂直于纤维方向移动,使水分从木材的侧面(宽度或厚度方向)排出。由于单板厚度小、面积大,因而在其干燥过程中,主要依靠横向通道传递水分。

通常,木材在一定温度的热空气中加热时,首先是引起表面水分蒸发,使表面水分减少;其次是木材内部的水分要向表面移动,从而形成了木材内部和表面的含水率梯度及水蒸气压力梯度。在这种梯度作用下,水蒸气开始沿着细胞腔通过纹孔与纹孔膜上的小孔,由内部向外部扩散,直至扩散到临界层。因此,木材的干燥过程由表面蒸发和内部扩散作用两个因素决定。如果内部扩散作用比表面蒸发作用剧烈,则干燥速度主要受表面蒸发速度影响;反之,则主要受内部扩散作用影响。

对于一般成材来讲,由于厚度大、面积小,水分移动的路程长,因而其内部扩散作用比表面蒸发作用要缓慢得多。所以,在过分剧烈的干燥条件下,表面蒸发和内部扩散速度不相适应,致使表面过度干燥,引起开裂、变形等缺陷。因此,选择干燥工艺时,应使表面蒸发速度与内部扩散速度相一致。

而旋切后的单板,情况则不相同。由于单板厚度小、面积大、水分移动路程短,加之木材组织经旋切后变得松弛,有些纤维被切断,因而单板内部的扩散阻力就下降。所以,单板与成材的干燥就有很大差别。虽然单板的干燥速度也由表面蒸发和内部扩散两个因素决定,但单板干燥时,表面蒸发面积大,内部扩散阻力小,表面蒸发作用和内部扩散作用都很剧烈，它们可以彼此相适应。因此，在单板干燥时，通常选用高温快速干燥工艺，它不会使单板产生开裂、变形等缺陷。

4.2.2 单板干燥的终含水率

(1) 最适宜的单板终含水率

单板干燥后的终含水率与干燥工艺参数有关，而终含水率直接影响单板干缩率和胶合质量。从干燥机的干燥效率和单板出材率两方面来考虑，终含水率高一些是有利的。但从胶合来说，若单板和终含水率过高，不仅胶合强度不高，而且胶合板在使用中也容易产生脱胶、变形、表面裂隙等缺陷；若单板干燥后的终含水率过低，则单板表面的木材活性基团将减少，表面纤维的物理性能将受到损伤，从而影响胶合强度。因此，单板干燥后的终含水率根据所使用的树种、胶种和胶合制品的各项性能（胶合强度、变形、胶合板表面裂隙等）来确定。

胶黏剂种类不同，对单板的含水率要求也不一样。目前常用的有脲醛树脂胶、酚醛树脂胶和蛋白质胶等。一般合成树脂胶黏剂要求单板的含水率低一些，而使用蛋白质类胶黏剂时则可稍高一些，特别是酚醛树脂胶黏剂对单板含水率的要求更为严格。

树种不同，对单板含水率的要求也有差异。如水曲柳，早材管孔粗大，透气、透水性好，含水率稍高一点对胶合强度影响不大；而松木因单板内含有大量松脂，热压时透气性差，若含水率高，则容易引起鼓泡等缺陷。

胶合强度是衡量胶合质量的一项重要指标。常用的脲醛树脂，单板含水率在5%~15%范围内，均能得到较好的胶合强度，含水率在7%~8%时，胶合强度最好（图4-1）。如果涂胶量减少，则单板的含水率应提高一些，防止胶黏剂过度渗透，才能保证足够的胶合强度。

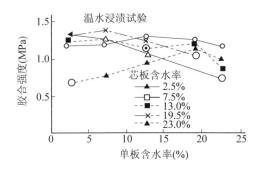
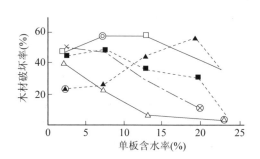

图4-1 单板含水率与胶合强度的关系

从胶合板变形和表面裂隙方面来考虑，一般情况下，单板含水率为5%~8%时，产生的胶合板的变形量和裂隙最少。

为了保证胶合板有较高的胶合强度，减少胶合板的变形和表面裂隙，使用脲醛树脂时，单板干燥后最适宜的终含水率为5%~10%。在我国胶合板生产中，脲醛树脂、酚醛树脂胶合板，通常要求单板干燥后的终含水率在6%~12%范围内；而血胶、豆胶胶合板，则要求单板干燥后的终含水率为8%~15%。近年来，由于生产胶合板所用原料的变化,特别是速生杨木、混杂树种和进口材等的利用,胶合板的生产工艺技术发生了相应变化,加之胶黏剂和胶合技术的进步,单板终含水率的要求也在发生一定变化,单板干燥后的终含水率总体趋于增高。

(2) 单板含水率的测定

单板干燥后的终含水率是否达到工艺要求,是制定干燥工艺的依据。因此,测定单板含水率具有重要意义。胶合板生产中所用的含水率为绝对含水率,故测定单板的含水率即是测定其绝对含水率。单板含水率的测定方法主要有:重量法、电阻测湿法、介质常数测湿法和微波测湿法等。

① 重量法(烘干法)

在被测干单板上取下试件后立即称量,再将试件烘到绝干后称量,用两次称量的重量差求得绝对含水率。

$$W = \frac{G - G_0}{G_0} \times 100\% \tag{4-1}$$

式中:G——试件初重(g);

G_0——试件绝干重(g)。

这种方法简单、可靠、易行,是公认的、最常用的方法。但由于试件烘至绝干所需要的时间长,不能立即反映单板在干燥过程中含水率的变化情况。因此,此法只能用于对一批单板进行抽样检验,不能用于流水线上单板含水率的检测。

② 电阻测湿法

重量法为直接法,其缺点是破坏木材、操作时间长。除了直接法外,还可以根据含水率与物理量之间的关系进行间接测量,最常用的是直流电阻式测湿仪(又称木材含水率测定仪)。木材的电阻会因含水率的不同而发生变化,一般在纤维饱和点以下时,木材含水率与其电阻率的对数之间几乎呈直线关系。利用这一原理,制成电阻式测湿仪,其测定含水率的范围为6%~30%。这种测湿仪结构简单、使用方便、无须破坏木材,测量时只须将检测头上的钢针插入单板,即可在仪表上读出单板含水率的数值。但电阻式测湿仪内电池的电压高低和钢针插入单板的深度对测定数据的准确性有一定影响。目前,我国几乎所有胶合板生产厂家都用这种仪表来测定单板的含水率。

③ 介质常数测湿法

测量含水率的范围为0%~12%,使用温度范围为0~40℃。它可以放在干燥机的冷却段或出口端进行检测。其缺点是长期使用后读数易产生漂移,只能显示出含水率增减的趋势,而且测量范围有限。

④ 微波测湿法

微波是一种频率为1000~10000MHz的电磁波。微波束穿透一定厚度的单板时,被吸收的微波能量与单板的含水率成正比。根据这一原理设计制造的微波测湿仪,只要使传感器的接受和发送测头靠近单板的两个相对表面之上,不需接触单板,就可以测出单板的含水率,且越靠近被测表面,测量的精确度越高。因而如果将微波测湿仪安装在干燥机的出口端,就能连续测定干燥过程中单板的含水率,便于发现问题,及时调整干燥工艺。微波测湿法测定单板含水率的范围广，但对单板厚度变化、木材结构的均匀程度和水分分布的均匀性比较敏感，得不出一个可重复的结果，读数始终在一定范围内波动。因此，微波测湿仪适用于单板带的厚度变化不大，含水率分布比较均匀的情况。

⑤光排序测湿法

光排序是由加拿大福林泰克公司与威世特米尔机器自动化有限公司于2006年共同研发的一种利用光测定湿单板含水率的在线测试系统，它是一种基于视觉的非接触式测试技术，它是将一种特定光波的光束瞄准单板下面，并用相机拍摄单板表面的光亮度变化情况，再根据不同含水率单板表面的光亮度，用计算机自动算出每张单板的确切含水率，该技术对于测定接近纤维饱和点含水率的高含水率单板非常有效，可靠性高。

4.2.3 影响单板干燥工艺的主要因素

单板的干燥工艺取决于干燥介质和单板本身条件两个因素。因此，必须根据这些影响单板干燥工艺的主要因素，调整干燥工艺参数，使单板的干燥质量达到最佳。

(1) 干燥介质的影响

①热空气温度的影响

介质温度是影响单板干燥速度的重要因素。随着介质温度升高，压力梯度（dP/dx）、含水率梯度（dU/dx）、水蒸气扩散系数和水分传导系数均有所增加，因而单板表面水分蒸发速率增大，物料内部水分移动速率也相应增大(图4-2)。

在高含水率区域，恒速干燥的速率与干球温度(介质温度)或干湿球温差几乎成直线关系。在低含水率区域，干球温度对干燥速率的影响比干湿球温差更大。

介质温度与干燥时间的关系用下式表示：

$$Z = Z_0 \left(\frac{t_0}{t}\right)^{-n} \quad (4-2)$$

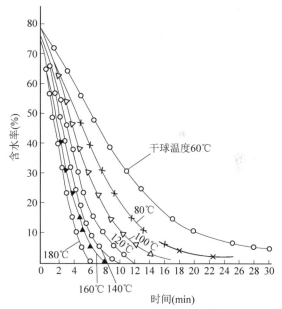

图4-2 不同温度下含水率的下降过程
桦木单板1mm；20cm×20cm；风速2.2m/s

式中：Z, Z_0——在温度 t 和 t_0 时的干燥时间(min)；

n——系数，根据单板条件定，若含水率范围在10%~60%时，$n=1.5$。

上述公式适用于一般对流传热干燥机，也适用于风速为15~20m/s的喷气式干燥机。由于介质温度是影响单板干燥速度的重要因素，所以，单板干燥机都使用100~200℃的高温来干燥单板，以加速水分的蒸发。

②热空气相对湿度的影响

热空气的相对湿度是指空气中水蒸气饱和的程度，其数值可以用干湿球温度计测出

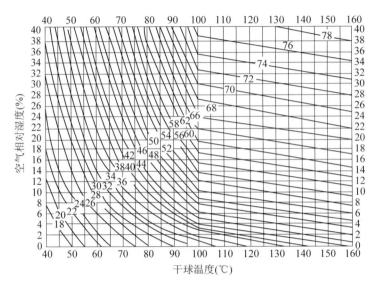

图4-3 空气相对湿度图

干球温度和湿球温度，再查图4-3空气相对湿度图，即可得出空气相对湿度值(空气速度在2m/s以上)，也可以用相对湿度传感器直接显示读数。

干燥机内有大量水分蒸发出来，循环空气的相对湿度较大，因此，研究热空气的相对湿度对干燥时间的影响有非常重要的意义。

图4-4为厚1mm、幅面为20cm×20cm的单板，在空气速度为2.2m/s时，当干球温度一定时(如120℃)，在不同的干湿球温差下，含水率与干燥速度的关系(图4-4)。

当含水率不同时，干湿球温差与干燥速度的关系，如图4-5所示。从图4-5可知，当干球温度一定时，干湿球温差越大(相对湿度小)，则干燥速度

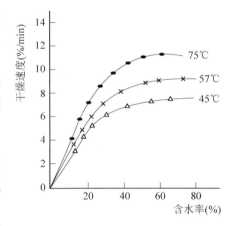

图4-4 不同干湿球温差对干燥速度的影响

也越大。这说明单板含水率高时，干湿球温差对干燥速度的影响就大，而对于低含水率的单板，相对湿度对单板干燥速度的影响就不那么大。

热空气相对湿度与干燥时间的关系，可用下式计算：

$$Z = Z_0 \left(\frac{\varphi}{\varphi_0}\right)^{0.64} \tag{4-3}$$

式中：Z，Z_0——相对湿度为φ和φ_0时的干燥时间(min)。

图4-6表示空气相对湿度与干燥时间的关系，从图中可知，干球温度越高，空气相对湿度对干燥时间的影响越小，反之，空气相对湿度对干燥时间的影响就越大。

当干湿球温度相等(干湿球温差为零)时，表明空气相对湿度已达100%，水蒸气已

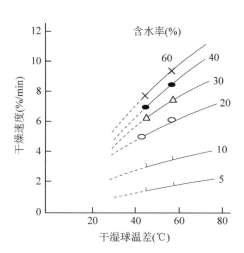

**图 4-5　不同含水率时,干湿球温差
与干燥速度的关系**

单板 1mm;20cm×20cm;干球温度 120℃;
空气速度 2.2m/s

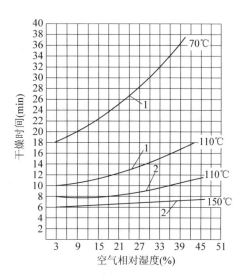

**图 4-6　空气相对湿度与干燥时间
的关系(桦木单板)**

1. 在带式干燥机中用空气对流法干燥时;
2. 在辊筒式干燥机中用联合法干燥时

经饱和,单板已不能再向介质中蒸发水分,此时,应当打开排气孔,降低空气相对湿度。一般单板干燥机上部均设有排气孔,依照机内空气相对湿度开启或关闭排气孔。空气相对湿度过大会降低干燥速率,空气相对湿度过小会损失热量,一般干燥机内的空气相对湿度为 10%~20%。

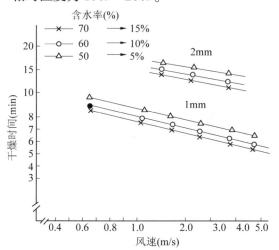

**图 4-7　空气风速对干燥时间的影响
(普通对流干燥机)**

桦木单板;20cm×20cm;干球温度 120℃;
湿球温度 45℃;普通网带式干燥机

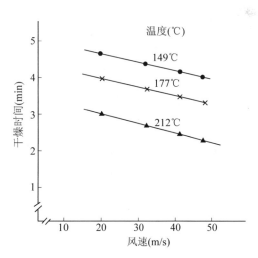

**图 4-8　空气风速对干燥时间的影响
(喷气式干燥机)**

花旗松单板;3.2mm;30cm×30cm;
初含水率 35%;终含水率 5%

③热空气风速的影响

热空气风速与温度一样，对干燥时间有很大影响。图4-7和图4-8表示热空气风速对普通对流干燥机和喷气式干燥机干燥时间的影响。

对于对流干燥机来说，当风速超过2m/s时，对干燥速率的影响已经很小，如果再提高风速，动力消耗反而大大增加，其经济风速一般为1~2m/s。

对于喷气式干燥机来说，喷射的气流要有足够的速度才能有效破坏单板表面的临界层，达到提高水分蒸发速率的效果，速度越快，效果越好，但同样要考虑动力消耗的合理性，故风速一般为15~20m/s。此外，喷嘴的宽度和间隔，喷嘴与单板表面的垂直距离对单板干燥速率也有重要影响。

④热空气喷射方式的影响

热空气喷射方式对单板干燥速率影响极大。如果按照图4-9，高速热气流平行于单板表面流过，由于摩擦而会导致气流速度降低，单板表面薄层处速度几乎为零，形成凝滞的薄膜把空气与单板割开，这一薄层称为临界层。临界层的厚度随距板端距离增加而增加，它既阻碍空气中的热量向单板传递，也影响单板中水分向空气中扩散，因而严重影响热交换效率和水分蒸发强度。

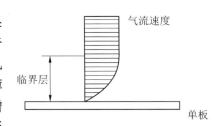

图4-9 临界层形成示意图

为了破坏临界层，在喷气式干燥机中采用高速气流（一般达15~20m/s）垂直喷射于单板表面，提高传热效率，加速内部水分扩散，缩短干燥时间（图4-10）。

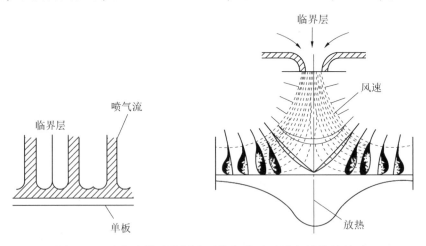

图4-10 垂直喷射于单板表面的气流及风速与放热的关系

(2) 单板本身条件的影响

①树种的影响

树种不同，干燥速率也不同，之所以会产生差异，原因在于树种密度不同。一般认为，密度大的树种，细胞壁较厚，细胞腔较小，在低含水率范围内，水分传导阻力大，干燥速率降低。但也有个别例外情况，比如异翅龙脑香属树种。此外，干燥速度还与材质结构有关,如密度为 0.69g/cm³ 的水曲柳单板的干燥时间,比密度为 0.63g/cm³ 的椴木单板还短。这是因为水曲柳的环孔大,材质粗糙,易于蒸发水分。图 4-11 给出了不同树种单板密度与干燥时间的关系。

②初含水率的影响

同一树种、同一厚度的单板,初含水率高低对干燥时间有一定影响。单板初含水率越高,所需的干燥时间越长。有些心、边材区别比较明显的树种,边材部分初含水率较高,干燥时间应适当延长。单板的初含水率取决于原木的含水率和原木的运输保存方法,见表 4-1。

表 4-1　不同树种单板的初含水率

运输方式	单板的初含水率(%)				
	水曲柳	椴　木	桦　木	松木边材	松木心材
陆运材	60~80	60~90	60~80	80~100	30~50
水运材	80~100	100~130	80~100	100~130	40~60
沉水材	>100	>130	>100	>130	40~60

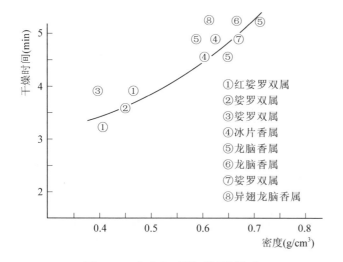

图 4-11　密度与干燥时间的关系

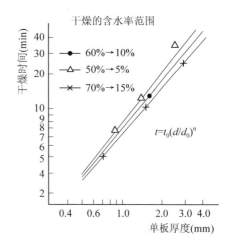

图 4-12　单板干燥厚度与干燥时间的关系

桦木单板;20cm×20cm;干球温度 120℃;
湿球温度 45℃;风速 2.2m/s
t, t_0. 厚 d、d_0 时的干燥时间

③单板厚度的影响

单板厚度越大,水分传导和水蒸气扩散的路程越长,阻力也随之增大,干燥速率减小,干燥时间延长,其关系用下式表示:

$$t = t_0 \left(\frac{d}{d_0}\right)^n \tag{4-4}$$

式中:n——系数,一般取 1.3;

t，t_0——单板厚度为 d，d_0 时的干燥时间（min）。

单板干燥厚度与干燥时间的关系，如图 4-12 所示。

4.3 单板干燥质量

单板干燥后，通常从干缩、变形、含水率及其分布、色变等方面进行质量评价。

4.3.1 单板的干缩

当木材的含水率低于纤维饱和点时，木材解吸时它的尺寸和体积缩小称为干缩，反之只是引起尺寸和体积膨胀称为湿胀。干缩和湿胀只有在纤维饱和点以下才会发生。木材的弦向和径向干缩湿胀参数不相同，弦向约为径向的1倍。单板宽度上的干缩相当于木材的弦向干缩，厚度上的干缩相当于径向干缩。此外，受含水率和厚度状态的不同影响，单板干燥发生状态也不相同。

当平均含水率高于纤维饱和点时，单板宽度方向先局部干缩，然后才在单板整个厚度方向上干缩。表层干缩受到限制，产生应力，造成两种现象：一是厚单板比薄单板宽度方向的干缩率小；二是厚单板表层产生过度干燥现象，厚度方向干缩率偏大（图4-13）。

快速干燥时，温度越高，弦向干缩率越小。单板剪切后一张一张地干燥时，必须留有足够的宽度干缩余量。单板宽度考虑的干缩余量 b 为：

$$b = \frac{B \cdot V}{100 - V} \quad (4\text{-}5)$$

式中：B——干单板宽度（mm）；

V——宽度方向的干缩率（%）。

单板厚度上也有干缩，也需要考虑厚度余量 d。

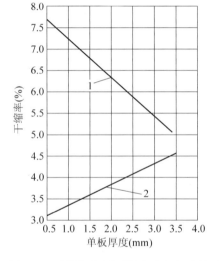

图 4-13 单板厚度与单板干缩率的关系
1. 宽度 2. 厚度

$$d = \frac{D \cdot V_H}{100 - V_H} \quad (4\text{-}6)$$

式中：D——干单板厚度（mm）；

V_H——厚度方向的干缩率（%）。

单板连续干燥时，干燥后才剪切单板，不必考虑预留干缩余量，但干缩率仍然是一个应该注意的问题。连续干燥中，单板的前进方向与单板横纹方向垂直，木材横纹拉伸强度较低，由于干缩而产生的应力会使单板开裂，甚至单板会被拉断。

4.3.2 单板的变形

单板表面有早材和晚材之别,因而板面各处的密度各不相同。旋切时,单板有正、背面之分,背面有裂隙,结构松散;正面无裂隙,结构紧密。木材本身又是一种非均质材料,常有扭转纹、涡纹、节子等缺陷,这些缺陷导致单板的组织不均匀,使各部分干缩率有差别,引起变形和开裂。

单板在干燥机中干燥时,边缘部分比中间部分水分蒸发要快,而边缘部分的干缩又受到中间部分的限制,因此,边部容易产生波浪形,有时甚至开裂。单板在干燥机中的进料方式对变形有很大影响。采用辊筒进料对单板的变形有一定的抑制效果,如图4-14为采用辊筒进料和网带进料方式时,单板干燥后的变形对比。

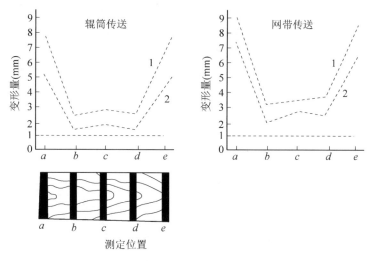

图4-14 单板进料方式和变形的关系
1. 压力500Pa 2. 压力2000Pa
山毛榉单板1mm,平均温度115~135℃,终含水率0%~5%

通常可以采用下列措施减少变形和开裂:一是单板逐张干燥时,可使前后板边重叠1~2cm,使板边厚度加倍,减小边部蒸发速度,消除变形和开裂;二是单板带状干燥时,可在两边6mm宽度上进行喷水,增加单板边部含水率,延缓边部水分蒸发,减少波浪状变形和开裂;三是连续干燥时,在湿单板两端贴上加强胶带,提高单板横纹方向的强度,防止单板端向开裂,尤其是干燥超薄单板时,常采用这种方法提高单板的横纹抗拉强度。

4.3.3 单板的整平

由于旋切时单板会形成背面裂缝,导致单板出现一面松、一面紧的现象,即俗称的松紧边,因而单板在干燥时两面的应力不一样,会使单板产生翘曲,厚单板尤为严重。此外,有些树种的木材在生长过程中会形成应力木,用其制成单板时也会翘曲。翘曲的单板给生产操作带来不利影响,也会影响胶合板成品质量。

解决上述问题的办法是人为地在紧面制造一些刻痕，或将单板正面(紧面)的纤维结合放松，以消除正面的应力，即整平(柔化)。其方法如下：

(1) 切痕法

切痕法单板整平(图 4-15)就是在辊筒上安装了一些与轴平行的刻刀，单板在刀辊与工作台间行进时，在紧面刻出许多刀痕，从而达到整平紧面的目的。

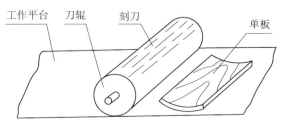

图 4-15 切痕法单板整平

(2) 大小辊挤压法

大小辊挤压法(图 4-16)整平装置是由大、小两个挤压辊组成。小辊为刚性辊，大辊为外包洛氏硬度 HRC 为 40 的橡胶柔性辊。当单板在大、小辊间通过时会产生局部变形，而在紧面上制造出一些裂缝，使该面得到整平。大辊直径为 300mm，小辊直径为 18~20mm，小辊可用不锈钢、青铜或硬塑料制成。

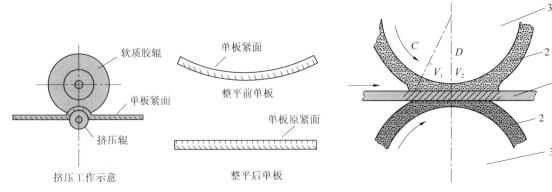

图 4-16 大小辊挤压法单板整平　　图 4-17 弹性体挤压法单板整平

1. 单板　2. 弹性体　3. 加压辊

(3) 弹性体挤压法

弹性体挤压法(图 4-17)是利用弹性体(如橡胶)挤压变形所产生的拉力，在单板表面拉出裂纹。在两个加压辊之间单板横向进入，两块弹性体接触单板，受压部分产生变形，从 C 部分向 D 部分移动时，单板两点移动的速度有差值($V_2 > V_1$)，在加压位置上单板受到拉力，在前进过程中连续产生小裂缝，达到了单板被整平的目的。

4.3.4　单板终含水率的分布

单板终含水率应在符合胶合工艺要求的范围内(一般为 5%~10%)，且含水率应尽可能均匀。由于干燥机内不同位置的风速和温湿度的差异，单板心、边材初水率的差异，会引起干燥不均匀。因此，在实际生产中，单板干燥后终含水率的偏差比较大，给胶合板的胶合质量带来不利影响。

单板含水率受单板在原木中的部位和初含水率的影响，原木边材部分单板的初含水率比心材部分单板的初含水率高，而且偏差也大，单板干燥后这种现象依然存在。为此，应尽可能根据单板初含水率的高低，分类进行干燥，以减少单板干燥后含水率的偏差。

另外，单板干燥后终含水率的偏差与干燥后的平均含水率有关，如图 4-18 所示，终含水率的偏差随着单板干燥后平均含水率的降低而变小。平均终含水率和标准偏差（均方根差）的关系，几乎为直线关系。图 4-19 为平均终含水率和标准偏差的关系。根据图 4-18 和图 4-19 的关系，可以推算出各种干燥机、各种单板干燥后，对于某种平均含水率时单板的含水率范围。或者也可以根据单板最大的极限含水率，确定单板干燥后的平均含水率数值。

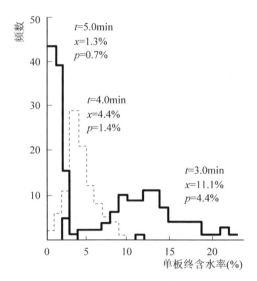

图 4-18 平均含水率与终含水率的分布
红柳桉单板；1.0mm；100cm×100cm；
干燥温度 130~140℃

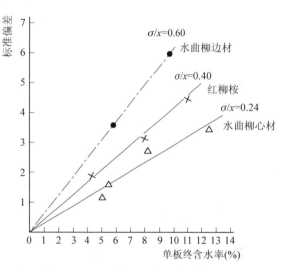

图 4-19 平均终含水率和标准偏差的关系
单板；1.0mm，100cm×190cm（水曲柳）；
100cm×100cm（红柳桉）；干燥温度 130~140℃

单板干燥后终含水率有一定的偏差范围，这是难以避免的。为了减少这种偏差，可以在干燥机的后部安装连续式含水率测试仪，尽可能早地知道单板干燥后的含水率状态，以便及时调整干燥机的速度，使单板干燥后达到符合要求的终含水率。此外，单板干燥后应堆放一段时间，使其含水率均匀，可以达到减少含水率偏差的效果。国内工厂一般都要求单板干燥后，存放 24h 后再使用。

4.3.5　单板的色变和内含物外析

单板经过干燥后，失去了水分，或者由于木材内部内含物的作用，单板表面的色泽会发生变化。一般说来，色泽普遍由浅变深。色泽变化的程度受树种、单板在树干中的部位和含水率高低的影响。此外，干燥介质的温度和干燥时间也对色泽变化有着不可忽视的作用，要防止单板过干而造成表面炭化。单板干燥后，木材内部的内含物也会外析到单板表面。例如，用马尾松旋成单板，干燥后表面会有松脂类物质，影响单板的胶合；在砂光时松脂类物质会钝化砂带，所以工艺上需要对马尾松等材种进行脱脂处理。

4.4 单板干燥设备

目前，使用最广泛的单板干燥机主要有网带式和辊筒式，由于热空气的循环方向不同，又可分为各种不同类型的网带式、辊筒式干燥机。虽然类型很多，但它们的结构却有共同特点。

4.4.1 单板干燥机概述

单板干燥机是一种连续式的单板干燥设备，每种单板干燥机都包括干燥段和冷却段两部分。

干燥段主要用来加热单板，蒸发水分，通过热空气循环，从单板中排出水分。干燥段视产量不同，可由若干个分室组成，各个分室结构相同。干燥段越长，传送单板的速度越快，设备生产能力越高。

冷却段的作用在于使单板在保持受压状态的传送过程中，通风冷却，一方面可以消除单板内的应力，使单板平整；另一方面可以利用单板表、芯层温度梯度蒸发一部分水分。冷却段一般由 1~2 个分室组成。

单板的传送常用两种方式：一是用上、下网带传送，下层网带主要用于支撑和传送，上层网带用于压紧，给单板以适当的压紧力，防止单板在干燥中变形；二是用上、下成对辊筒组，依靠辊筒转动和摩擦力带动单板前进，鉴于前后辊筒的距离不能太小，故这种传送方式适合于传送厚度为 0.5mm 以上的单板。由于辊筒传送压紧力较大，所以干燥后单板的平整度比网带式好。

目前使用的单板干燥机，绝大多数采用 0.4~1.0MPa 的饱和蒸汽做热源。冷空气通过换热器被加热成 140~180℃ 的热空气作为干燥介质，将热量传递给单板，也可直接燃烧煤气、燃油、木材加工剩余物等加热冷空气。热空气通风系统一般有横向与纵向之分，同样条件的干燥机，采用不同通风方式，干燥效率会有很大差别。

干燥机的工作层数为 2~5 层。一般喷气式网带连续干燥机，通常为 2 层或 3 层，因湿单板先干后剪，干燥机出板端需配备剪裁机。其他辊筒式、网带式干燥机都是干燥零片单板，为提高干燥机生产能力，一般多为 5 层。

干燥机的进板方向有纵向和横向之分。如果进板方向与单板的纤维方向一致，称为纵向进板。一般网带式干燥机和所有的辊筒式干燥机，都采用这种纵向进板方式。如果单板的进板方向与单板的纤维方向垂直，称为横向进板。喷气式网带干燥机都采用横向进板。

纵向进板必须把旋切后成卷的单板剪裁成单张，才能进行干燥，而横向进板则可以将成卷单板展开后连续地送进干燥机。目前，国内外广泛地采用喷气式网带干燥机，高温、高速热气流从单板带的两面垂直喷射在板面上，冲破单板表面的临界层，使单板干燥的速度大大加快，为单板连续干燥创造了必要的条件，将旋切—剪裁—干燥工序改变为旋切—干燥—剪裁、配板连续化生产。

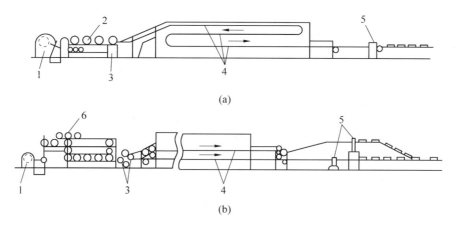

图 4-20　"旋切—干燥—剪裁"工序连续化示意
(a) 连续三次的 S 型　(b) 二次直进型
1. 旋切机　2. 单板卷　3. 松单板卷机　4. 单板　5. 剪板机　6. 空卷筒

喷气式网带干燥机有直进型和 S 型两种。直进型用于干燥表、背板(薄单板)。S 型主要用于干燥厚芯板，或在场地受限制的条件下使用。图 4-20 为两种类型喷气式网带连续干燥机"旋切—干燥—剪裁"工序连续化示意图。

目前，大量采用速生树种，比如杨木，由于本身含水率不均、干缩率大等材性特点，致使单板干燥时常常出现翘曲、变形等缺陷。由于旋切后的杨木单板自身含水率分布不均，如果干燥后单板的含水率越低，则其变形就越严重，因而在进行工艺控制时往往使杨木单板的终含水率偏高。在实际生产中，除了要求改进干燥工艺条件外，还可采用诸如热板干燥、单板整平等新技术。

4.4.2　单板干燥机的结构

任何类型的单板干燥机，其结构均可分为机架、传动装置、加热装置、门、外壁和附属装置等五大部分，但是不同类型的单板干燥机既有共性又有特殊性。

目前，胶合板厂所采用的单板干燥机主要为多层网带式干燥机和辊筒式干燥机。前者可用于表背板和芯板干燥，后者主要用于芯板干燥。

(1) 网带式干燥机

网带式干燥机是采用上、下网带来传送单板的，下层网带主要用于支撑和传送，上层网带用于压紧，其作用是在单板干燥过程中给予适当的压紧力，防止单板在干燥中产生变形。

网带式干燥机的网带是用 2.5mm×1mm(宽×厚)的镀锌扁铁丝，按左、右螺旋环绕，中间以直径 3mm 的镀锌圆铁丝穿入而组成的金属网带(图 4-21)。

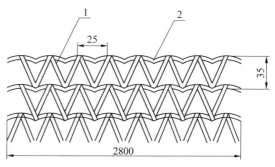

图 4-21　网带的结构示意
1. 扁铁丝(2.5mm×1mm)　2. 圆铁丝(φ3mm)

对于网带传送的单板干燥机，正确的网带长度很重要。在网带转动过程中，如果网带张得过松，传动不平稳，网带下垂程度大，会使被传送的单板变形；网带张得过紧，则网带被拉伸变形，缩短了网带的使用寿命。网带的松紧程度在两个相邻传动辊之间的下垂度以 10mm 为宜。常用网辊轴承上的调整螺钉，调整其轴承位置，改变网带的松紧度。

网带传动的另一个问题是网带纠偏。由于网带长度大，精度又有限，所以在运转过程中会出现网带跑偏现象。网带跑偏时，网带边缘会在干燥机架上刮擦，网带边缘铜焊处会脱开，而使边缘成鱼刺状，影响网带寿命。因此，现在的网带式干燥机都有调偏（纠偏）装置。调偏可以用气动，也可以用电动。网带跑偏时，网带边缘触及传感器的挡板，使挡板位置发生变化，通过气开关，使气缸的一端进气，气缸运动，带动调偏辊在水平面内绕支点转动，使网带回到正常位置。

图 4-22 为国产 BG183A 型三层网带式高效节能单板干燥机，其主要特性见表 4-2。

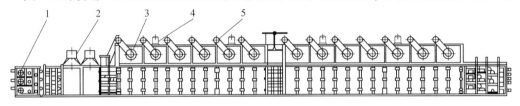
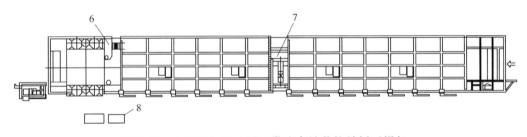

图 4-22　BG183A 型三层网带式高效节能单板干燥机
1. 传动系统　2. 冷却系统　3. 加热室　4. 排湿装置　5. 加热通风　6. 扶梯　7. 过桥　8. 电控装置

表 4-2　国产 183 系列多层网带式高效节能单板干燥机的主要特性

技术参数	型号			
	BG183A	BG183C	BG183D	BG1834
工作宽度（mm）	2600	2600	2600	2600
网带宽度（mm）	2750	2750	2750	2750
压链形式	—	—	C212A	C212A
工作层数	3	3	3	4
干燥速度（m/min）	4～32	4～32	4～39	8～42
干燥段节数	13	10	13	13
干燥室长度（mm）	2000×13=26000	2000×13=26000	2000×13=26000	2000×13=26000
冷却室长度（mm）	1500×2=3000	1500×2=3000	1500×2=3000	1500×2=3000
外形尺寸（mm）	39180×4780×4485	39180×4780×5521	39180×4780×5100	39180×5210×6180
电动机总容量（kW）	188.4	175.4	188.4	251.4

(续)

技术参数	型号			
	BG183A	BG183C	BG183D	BG1834
传动电动机容量(kW)	11×3=33	11×3=33	11×3=33	11×3=33
加热风机电动机容量(kW)	11×13=143	(15+11)×5=130	11×13=143	15×13=195
冷却电动机容量(kW)	4×2+2.2×2=12.4	4×2+2.2×2=12.4	4×2+2.2×2=12.4	4×2+2.2×2=12.4
压缩空气压力(MPa)	0.3~0.5	0.3~0.5	0.3~0.5	0.3~0.5
压缩空气自由状态流量干燥基准	0.5	0.5	0.5	0.5
饱和蒸汽压力(MPa)	0.3~0.5	0.3~0.5	0.3~0.5	0.3~0.5
单板初含水率(%)	85	85	85	85
单板终含水率(%)	12±2	12±2	12±2	12±2
单板密度(kg/m³)	590	590	590	590
单板规格(mm)	1270×2540×0.85	1270×2540×0.85	1270×2540×0.65	1270×2540×0.65
干燥负荷率(%)	85	85	85	85
干燥温度(℃)	150~160	150~160	150~160	150~160
蒸汽耗量(kg/h)	4000	4000	4000	4000
干燥能力(m³/h)	4.2	4.2	4.8	7.2
总质量(kg)	88000	78000	90000	126000

(2) 辊筒式干燥机

辊筒式干燥机是用上、下成对辊筒组，依靠辊筒转动和摩擦力带动单板前进的。辊筒不仅起传送单板的作用，而且起压榨、传热的作用。图 4-23 为辊筒式干燥机的辊筒装配图。

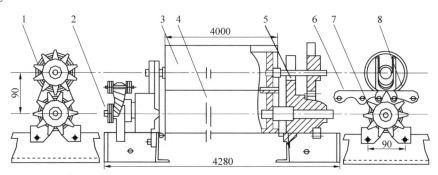

图 4-23 辊筒式干燥机的辊筒装配图
1. 长齿齿轮 2. 垫圈 3. 上辊筒 4. 下辊筒
5. 滚动轴承 6. 链条 7. 链轮 8. 槽型轴承

辊筒式干燥机的下辊筒的一端有链轮，另一端有长齿齿轮，由链条带动链轮转动，而使下辊筒转动，并带动上辊筒转动。上辊筒利用其本身重量放置在下辊筒上。辊筒转动单板前进。上辊筒的一端轴承呈槽型，另一端装有长齿齿轮与下辊筒的长齿齿轮啮合。因此，上辊筒可以在一定范围内向上移动，以便不同厚度的单板通过，并且由于上辊筒的重力作用，辊筒始终与单板表面接触。

图 4-24 为国产辊筒式单板干燥机,其主要特性见表 4-3。

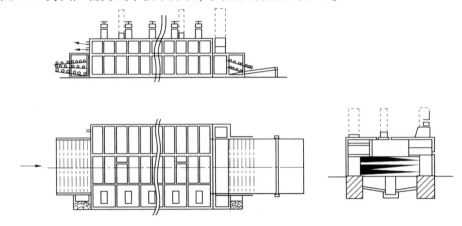

图 4-24 辊筒式单板干燥机

表 4-3 国产辊筒式单板干燥机的主要特性

技术参数	型　号				
	BG1332	BG1333	BG1933	BG134	BG1344
工作宽度(mm)	2800	3000	2600	4400	4400
工作层数(层)	2	3	3	3	4
加热室节数(节)	8	13	8	8	12
加热室长度(mm)	8×2000 =16000	13×2000 =26000	8×2000 =16000	8×2000 =16000	12×2000 =24000
单板输送速度(m/min)	0.75~7.5	1~10	网带 2.5~25 辊筒 1~10	1.2~10	1.2~10
干燥能力(m^3/h)	1.4	4.3	2.8	4.2	8.4
电动机总容量(kW)	71.9	165.4	110.4	122.7	265.5
传动电动机(kW)	7.5	15	7.5	7.5	15
加热能通风电动机(kW)	7.5×8=60	13×11=143	8×11=88	11×4+15×4 =104	18.5×6+15×6 =201
冷却风机电动机(kW)	2.2	2×2.2=4.4	2×3=6	2×3=6	4×4+2×7.5=31
出料装置电动机(kW)	2.2	3	3	3	3
加热介质	饱和水蒸气	饱和水蒸气	饱和水蒸气	饱和水蒸气	饱和水蒸气
饱和水蒸气压力(MPa)	0.8	1.0	1.0	1.3	1.3
单板容量(kg/m^3)	590	590	590	590	590
单板厚度(mm)	≥1.5(允许 5)	≥1.5(允许 5)	网带 0.6 辊筒 1.7~5	≥1.5(允许 5)	≥1.5(允许 5)
单板初含水率(%)	85	85	85	85	85
单板终含水率(%)	8±2	8±2	8±2	8±2	8±2
干燥温度(℃)	150	150	150	170	170
蒸汽耗量(kg/h)	12000	3900	2500	3800	800
整机尺寸(长×宽×高/mm)	24750×5000 ×3100	31680×5500 ×3980	26800×5300 ×3900	28120×6950 ×35780	41880×6950 ×5395
总质量(kg)	88000	78000	90000	126000	

4.4.3 其他类型的单板干燥机

(1) 红外线-对流加热混合式干燥机

红外线是一种不可见电磁波，又是一种热射线，波长为 0.46~400μm，红外线可穿透木材，最大穿透深度为 1~2mm，吸收后转变为热能，可用来干燥单板，单板含水率影响红外线穿透性。

红外线辐射源，可以采用功率为 250~500W 的专用红外灯或燃烧气体(如煤气、重油)，来加热辐射表面——多孔陶瓷板或金属网(辐射表面温度 800~1000℃，金属网比陶瓷板辐射强度大)，再由辐射表面辐射出大量红外线加热单板，并由辐射源和燃烧废气加热循环气流，则可获得辐射和对流混合加热作用，既可充分利用热源，又可以提高热效率，缩短干燥时间。

红外线干燥具有温度高、干燥质量好等优点，但能耗大。

(2) 微波-对流加热混合式干燥机

微波是一种波长为 2~30cm、频率为 1000~10000MHz 的电磁波。利用单板在微波中木材的偶极分子排列方向的急速变化，分子间摩擦发热而使水分蒸发，达到干燥目的。

单板在微波电场中吸收微波能量的多少与含水率以及加热的功率成正比。

为节省能源，通常在高含水率时，用热空气干燥，在低含水率时，用微波干燥，这种组合式干燥方式可以获得良好的效果。

(3) 热板式干燥机

热板式干燥机的结构，类似于普通的胶合板热压机。单板装进热板式干燥机后，将压板闭合，持续一段时间后，热板张开，干燥后的单板被拉出，一般加压压力为 0.35MPa，热板温度为 150℃。热板干燥单板时，每张单板的每一面，即单板和热板之间，放一张开有沟槽的覆盖板，使水分和蒸汽能够排出。

热板干燥的最大特点是单板干燥后光滑平整，适合于涂胶、配坯、热压连续化生产，也可以节省能量，减少宽度方向的干缩率。热板干燥尤其适用于干燥速生杨树单板，可以克服杨木单板因含水率不均匀在干燥时易变形的难题。国内已研制成功了连续式热板干燥系统。

4.5 单板加工

在胶合板的生产过程中，单板分选以湿态或干态两种状态存在，单板含水率的不同将影响单板加工所用的工艺和设备。干单板的加工包括胶拼、修理等工序。

4.5.1 湿单板的加工

(1) 湿单板挑选与分类

从旋切机上旋出的单板通常包括不可用单板和可用单板两大部分：一是在旋圆的过

程中，产生厚度不等、形状不连续的不规则单板，这部分单板统称为不可用单板；二是在旋切过程中，产生少量窄长单板和大量连续单板，统称为可用单板。

不可用单板和可用单板的分类，通常用两种方法进行：一是把木段的旋圆和旋切分成两个工序，这样有利于提高单板的质量。但二次上木定中心，可以产生基准误差，此外也增加了辅助工作时间，所以在普通胶合板生产中，一般不采用这种方法。只有在一些制造航空胶合板、木材层积塑料和微薄木的工厂通常用旋圆、旋切分开进行的工艺路线。二是旋圆和旋切在同一台旋切机上完成，然后通过人工和机械将可用单板和不可用单板进行分类。这是目前几乎所用胶合板厂都采用的工艺路线。

在旋切机的出板端，需要将湿单板分类并输往不同的去向。目前，工厂大多采用机械分选，把旋切下来的单板分成两条流水线（图4-25），一条为可用单板线，另一条为不可用单板线。不可用单板通过闸门落在运输带上送到指定地点集中，作为纤维板或刨花板生产原料。可用单板中的窄长单板从阀门上部被送往工作台进行整理和剪裁，而连续单板则被直接送去剪裁或卷筒贮存等。

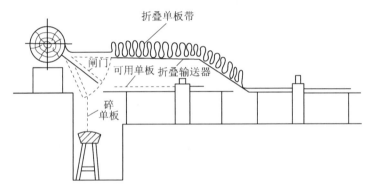

图4-25　单板分选流水线

（2）湿单板传送流水线

在胶合板生产中，从旋切到干燥工序之间可采用两种完全不同的加工工艺，即先剪后干工艺和先干后剪工艺，目前，大多数工厂采用先干后剪工艺。不论采用哪一种工艺路线，在旋切和干燥之间都不可能像常规连续流水线那样进行单板直接传送，因为旋切速度、剪板速度和干燥速度三者之间不能完全匹配，这就需要在旋切和单板干燥之间形成一个起连接作用的、有较大容量的中间缓冲贮存库。这里有两种流水线模式：旋切—中间缓冲贮存库—剪裁—单板干燥—分等（先剪后干）；旋切—中间缓冲贮存库—单板干燥—剪裁—分等（先干后剪）。

在单板旋切时，由于单板太薄，旋切机单板输出速度太快，为防止单板边部开裂，常常用胶纸带粘贴在单板带两侧，以提高单板带的抗拉强度。在正式的胶合板生产中，旋切机从旋切、干燥到整理工段，可以依照不同的工艺组合形式而形成三种不同的连接方案（图4-26）。

上述方案各有特点，生产厂家可以根据本单位的原料特点、设备类型、工艺要求和资金投入等情况统筹考虑。

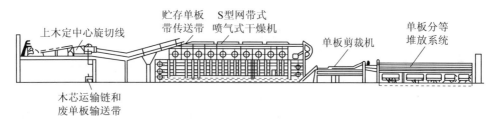

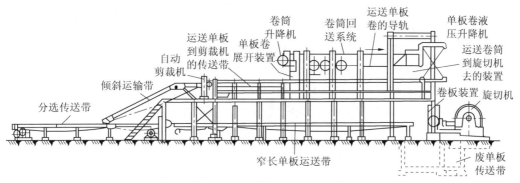

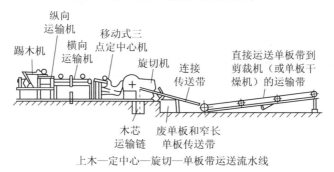

图 4-26　旋切机前后工序连接方案

4.5.2　干单板的加工

(1) 单板剪切

① 剪板工艺

根据所用的不同干燥设备，有的单板剪裁工序放在单板干燥以前，也有的放在单板干燥之后。如用一般的辊筒或网带式干燥机，单板都要剪成一张一张后再干燥，因而要先剪后干；喷气式网带干燥机能连续地干燥单板，所以先干后剪。这不仅是干燥和剪裁位置调换的问题，也是剪裁工序要求上的区别。

若采用先剪后干工艺，则剪切的是湿单板。湿单板带的宽度是旋切木段的加工长度，单板厚度在旋切前已根据胶合板厚度和干缩、压缩余量、加工余量确定好了。剪板时按胶合板规格和质量标准将单板带剪成整幅单板和窄长单板。

整幅单板的宽度 B（木材横纤维方向的尺寸）应按照下式计算：

$$B = b + \Delta_0 + \Delta_g \tag{4-7}$$

式中：b——胶合板宽度(mm)；

Δ_0——胶合板加工余量(mm)，一般取 40～50mm；

Δ_g——单板的干缩余量(mm)，根据材种和单板含水率进行计算。

单板剪切时除了控制尺寸外，还要进行严格的表面质量把关，胶合板国家标准中对单板的表面质量等级作了严格规定，剪切时应去除材质缺陷，比如腐朽、节疤、裂口等。此外，还应去除工艺缺陷，比如厚度不够、边缘撕裂等。

胶合板国家标准中对面板的质量等级有一系列限制。为了提高单板出材率，应当在剪切时采取一系列措施，主要包括以下几点：

——在面、背板达到平衡的前提下，根据标准允许的范围，应尽可能地多剪成整幅单板，少剪成窄长单板，以提高木材的利用率。

——对于有材质缺陷的单板，如果经过修补能符合国家标准，应尽量剪成整幅单板。

——剪切后的单板尺寸要规范，四边成直角，切口要整齐，尽可能减少不必要的再次剪切。

湿单板剪切后进行干燥，有可能产生裂口而降等，需要二次剪切，因此，湿状整幅单板或长条单板的剪切分等并不是最终判定。

湿状长条单板在干燥时由于干缩不均匀会出现毛边，胶拼前先要齐边，所以，在湿状剪切时，可以保留边部 10mm 宽度范围内的缺陷，这些缺陷将在干单板齐边时去除，这样做有利于节省木材。

若采用先干后剪工艺，则剪切的是干单板。干单板剪切时可以不考虑干缩余量，剪出的长条单板在胶拼时不必再齐边。干单板剪切时的等级划定就是单板贮存和组坯时的判等依据。

②剪切设备

目前，工厂中常用的有人工剪板机、机械传动剪板机和气动剪板机三种。

人工剪板机：大多数小型胶合板厂特别是乡镇企业，由于工厂产量低或初期投资资金不足，常常选用人工剪板机。人工剪板机结构简单，操作简便，价格低廉，剪板质量可以满足工艺要求。我国许多胶合板设备厂都可制造人工剪板机。

机械传动剪板机：在大多数胶合板生产厂，常常采用机械传动剪板机剪切单板。机械传动剪板机具有生产能力大、操作方便等优点。典型的机械传动剪板机结构，见图 4-27。

机械传动剪板机由机架、底刀、切刀和传动系统组成。机架由两个铸件架、刀架和横梁组成，底刀为一固定在机架上的直尺，切刀固定在可上下运动的刀架上。机械传动系统包括主轴、偏心轴、离合器、齿轮副和电动机等。操作时，踩动脚板，离合器闭合，离合器的摩擦环张开并与大齿轮接触，电动机通过齿轮带动主轴回转，借助偏心机构使回转运动成为上下运动，借此完成单板剪切。离合器分开时，电动机带动的大齿轮在主轴上空转。

为了保证切出的单板不出现毛边，必须使切刀锋利并与直尺边缘成直角。因此定期

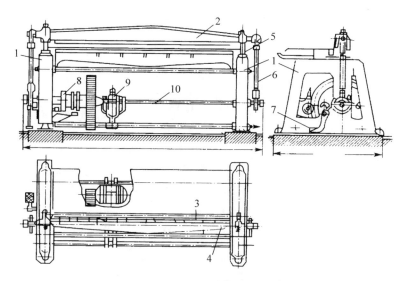

图 4-27　机械传动剪板机结构
1. 机架　2. 刀架　3. 固定直尺　4. 剪切刀　5. 垂直连接杆
6. 偏心传动杆　7. 脚踏板　8. 离合器　9. 电动机　10. 主轴

研磨切刀和直尺是必要的。切刀的研磨角保持在 25°~30°。

气动剪板机：机械传动剪板机动作慢，剪板时必须停止进给，一台旋切机往往要配置 3~4 台剪板机。为了解决这一矛盾，人们发明了气动剪板机。气动剪板机具有生产能力大、剪切速度快和剪板时单板带可继续进给等优点。剪切后的单板通过电动机带动的出料辊输出，出料辊的速度比进料辊的速度高出 1 倍，一般在喷气式干燥机后需配置气动剪板机。气动剪板机的结构，如图 4-28 所示。

从图 4-28 中可以看出，气动剪板机由机架、气压传动部分和机械传动部分组成。其工作原理如下：单板带经过输送带进入进料压辊，再经进料压辊进入表面附有氯丁橡胶的砧辊。通过两条途径使气门动作，即借助单板的运动来启动气门，或触动安装在某一位置上的限位开关来启动气门。气门开启后，压缩空气进入气动头，使偏向一侧的转动主轴做偏向另一侧的运动，在这一过程中，切刀产生上下运动，切刀下落到最低点时，完成单板剪切动作，继而刀头提起。如此周而复始，可以连续不断地进行单板剪切。

(2) 单板加工

干燥后的单板加工，包括单板分选、单板修补和单板拼接。完成加工后的单板将被送入单板仓库贮存和调配使用。

① 单板分选

湿单板经干燥后按规定要求分成整张单板、窄长单板和中板。为了提高单板出材率，应当尽可能地根据材质标准和加工质量多分选出整张单板，同时要将那些待修补和拼接的单板分别选出，以作进一步加工。

目前，在工业生产中，单板分选主要靠人工完成，至少说在等级判定上基本上靠人工。分选后的单板中相当数量要进行修补和拼接，劳动量非常大，尽管已经有不少可以

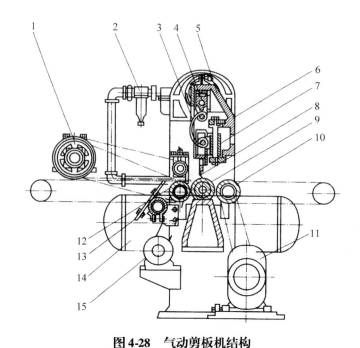

图 4-28 气动剪板机结构
1. 进料压辊 2. 气压系统 3. 提升曲臂 4. 转动主轴 5. 机架 6. 导轴
7. 导轴轴套 8. 剪刀 9. 砧辊 10. 出料辊 11. 出料辊电动机
12. 进料辊 13. 托板架 14. 贮气筒 15. 进料辊电动机

替代手工劳动的机器出现，但这一工序的机械化、自动化程度还不能达到现代化工业生产流水线那样高的水平。加强管理，提高劳动生产力很重要，一般可以从以下途径入手：多出面板、中板和整张板；增加修补量，减少胶拼量；合理搭配修补和胶拼设备的生产能力。

当前，许多工厂以速生杨树作为胶合板的芯板，用进口原木旋切面背板，或者直接从国外进口面背板，在这种情况下，应加强对单板质量检查，以实现表、芯层单板的最佳搭配。

为防止不必要的单板破碎，应当尽量减少单板的翻动和搬运。干单板很脆，尤其在木纹宽度方向上强度很低，极易破损。一般应在干燥完成后立即进行分选。分选后的干单板除了按照长、宽、厚尺寸分开堆放外，还应按材质和加工缺陷，分成面板和背板。

②单板修补

那些有材质和加工缺陷（如节子、虫眼和裂缝等）的单板应进行修补。经过修补，可以提高单板的质量等级。对那些缺陷严重、修补后仍不能提高等级的单板则应将缺陷部分剪掉。

所谓修补，实际上包括修理和挖补两种工艺。

修理主要针对单板上的小裂缝而言。当中板用的单板，虽有小裂缝，但不影响胶合板质量，可以不予修理；面板上的裂缝制成胶合板后有可能仍旧存在或引起叠层，导致产品降等，则必须修理。具体作法是用人工熨斗沿着裂缝的全长，在单板的正面贴上一条胶纸带，在胶合板热压后，经砂光可将胶纸带去除。

挖补指将超出标准允许范围的死节、虫眼和小洞等缺陷挖去，然后再在孔眼处贴上补片的工艺过程。挖补有冲孔和挖孔两种方式。

冲孔是用冲刀去除单板上的缺陷。常见有四种形式冲刀，即圆形、棱形、椭圆形和船形。椭圆形和船形冲刀冲孔效果好，适于面板冲孔，操作时应使冲刀的长径方向和单板的纤维方向保持一致，不过这两种形式的冲刀制造和研磨都比较困难。圆形冲刀制造和研磨较方便，但不能保证单板横纹方向切口平齐，孔的边缘常常破碎，镶进去的补片不够紧，补片效果不好。一般补片时不能用胶固定，在补片镶入孔内后，可以用胶纸片将其固定。补片的含水率应低于面板含水率，一般在 4%~5%；补片的尺寸应比补孔稍大 0.1~0.2mm，借此将补片固定在补孔内。

挖孔是指用弯成圆形的锯片或能做圆周运动的小刀，在单板上的缺陷处挖圆形孔而将缺陷去除。背板和中板的修补常用这种方法，补片的尺寸和补孔的尺寸一样，用手工在补片周边涂上胶后再放入补孔，通过电熨斗烫平将补片固定。

单板挖补包括机械挖人工补和机械挖机械补两种方式。

机械挖人工补如图 4-29 所示，为挖孔机与回转刀头。操作时开动挖孔机，回转刀头将有缺陷部分挖去，留下一个补孔，然后用人工将补片涂胶并镶入补孔。补片也可用挖孔机制取。

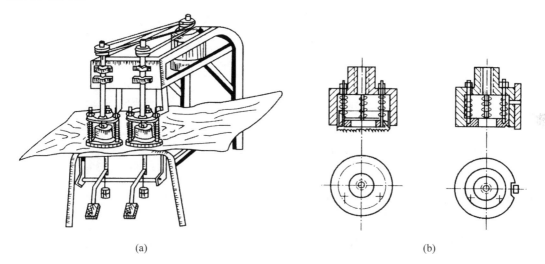

图 4-29　挖孔机与回转刀头

(a) 挖孔机　(b) 回转刀头

采用机械挖机械补工艺，可以使冲孔、冲补片和镶补片在一台设备上连续完成。操作时，将待修补单板上有缺陷部分冲掉，在作补片用的单板上冲下补片，自动压入单板的补孔内并使之压紧。

③单板拼接

单板拼接包括单板纵向接长、单板胶拼等内容。

单板纵向接长：由于大径级原木日益短缺，小径级原木逐渐成为胶合板的主要原料，整张单板的获得越来越困难。为了解决这一矛盾，目前已研制成功单板纵向接长技术。采用该项技术，可以将短单板纵向接长而成为结构胶合板的面背板和长芯板。在配料时，要使相连接的两块单板材质与色泽相近。两块单板连接处的接口通常有斜接和指接两种方式，接口涂胶后需进行热压，使两块胶接材料牢固地结合在一起。

单板胶拼：把窄长单板变成整幅单板的工艺过程称为单板胶拼，包括纵拼（单板进板方向与木材纤维方向相同）和横拼（单板进板方向与木材纤维方向垂直）两种方式。这两种胶拼方式按上胶方式又可分为有带胶拼和无带胶拼。单板胶拼包括两个步骤，第一步为单板齐边，使干燥后的单板边缘平直，单板齐边通常可用刨边机和切边机两种机械加工；第二步按所要求的宽度将窄长单板拼成整幅单板，可用有带胶拼机和无带胶拼机两种设备拼接。胶拼所用的胶纸带是涂有动物胶的牛皮纸，分为有孔和无孔两种。胶内含有甘油，以防止胶层发脆。胶纸带通常为盘状或玻璃纤维线带涂上热熔性胶。

有带胶拼机可分为纵向带式胶拼机和横向带式胶拼机。

纵向带式胶拼机的结构，如图 4-30 所示。用此种胶拼机胶拼面板时，在拼缝处贴上胶纸带，单板热压后砂光时，将胶纸带去除。如果用于中板胶拼，应当用有孔胶纸带，否则会影响胶合质量。

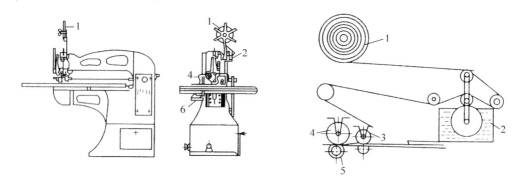

图 4-30 纵向带式胶拼机的结构
1. 胶纸带　2. 水槽　3. 进料辊　4. 电加热辊　5. 锥形辊　6. 控制电热辊温度的变压器

纵向胶纸带拼接，每次只能完成一条缝的拼接。在操作过程中有三个关键动作：第一个动作，必须通过专门的压料辊产生推力，使被胶接的两单板紧密靠拢；第二个动作，让胶纸带加湿湿润；第三个动作，通过加热辊蒸发纸带中水分，使纸带和单板胶贴在一起。

横向带式胶拼机的结构，如图 4-31 所示。其工作原理如下：单板由进料皮带带入，通过一排厚度检查辊检查单板厚度，当所有被检单板达到同一厚度时，方可驱动开关进行剪切。剪切发生在测定位置，切刀由凸轮机构控制，切刀下部为砧辊，砧辊也用于单板进料，切刀工作时，砧辊不转动，可以保证单板被平行输入。剪切下来的废单板通过废板排除器清除，可用单板则借助平行进料辊和单板夹转器实现前后两块单板的接缝被严格地拼在一起。胶纸带被装在压尺上，靠压缩空气进行活动，压尺携带着胶纸带压在拼缝上，使两片单板牢固地拼在一起。胶纸带是通过在牛皮纸上涂压敏胶制成的，使用时只需施加正压力，不需加水和加热。胶拼时在一条胶缝上可贴多条胶纸带。为了防止在运输过程中单板边部撕裂，在平行进料辊两侧有两个胶纸带压辊，用来压住封边的胶

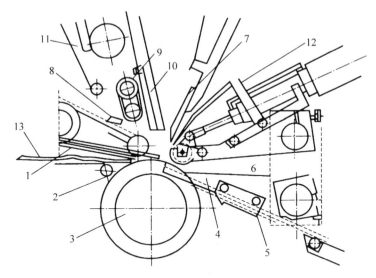

图 4-31 横向带式胶拼机的结构
1. 输送单板的皮带 2. 厚度检查辊 3. 砧辊 4. 单板夹转器 5. 废单板排除器
6. 侧面胶纸带辊 7. 剪切刀 8. 吹胶纸带喷嘴 9. 胶纸带引出辊 10. 压胶纸带的压尺
11. 胶纸带 12. 侧面胶纸带 13. 胶拼的单板条

纸带。胶拼机胶拼出来的是连续的单板带。为了切成一张张整幅单板，可以用同一把切刀来完成该动作，动作指令由受板带尺寸控制的限位开关下达。整幅单板由皮带输送到自动堆板机上。

横向带式胶拼机主要用来拼接整幅芯板，也可用来拼接背板。如果用于拼接芯板，胶纸带残存在板内对胶合效果有一定影响，这时可使用有孔带，也可用热熔树脂的胶线来代替胶纸带。

实现芯板整张化，不仅可以完全避免在胶合板生产中常常出现的离芯和叠芯缺陷，而且还有助于实现胶合板生产中涂胶-组坯连续化。

所谓无带胶拼，是指单板之间的拼缝连接不是靠胶纸带，而是靠胶液加热固化产生的强度。无带胶拼通常借助纵向无带胶拼和横向无带胶拼来实施。

纵向无带胶拼机常用来拼接背板，适合于各种不同厚度的单板拼接，其结构见图4-32，它由机架、上胶机构、进料机构和加热机构组成。机架为呈 C 形的铸铁机架，机架下部装有无级调速器，由其带动进料履带，在工作台上方有可移动的横梁，横梁上装有电加热器和履带。通过手轮可以调节横梁高度、上履带和上加热机构的位置。履带的进料速度依单板厚度而异。根据单板厚度和进料速度来确定加热的温度，并由电接点式温度计控制。上履带的位置可以根据单板厚度加以调节，其本质是调节上下履带间的间隔以改变压力，厚单板取高值，薄单板取低值。待拼单板边部涂胶后经导入辊，借助定向压尺而紧密地完成拼缝，胶拼厚单板时，导入辊倾斜角大一些，对拼缝产生的推力就越大；此外，厚单板也要求导入辊的正压力大一些。胶拼薄单板时，情况正相反。

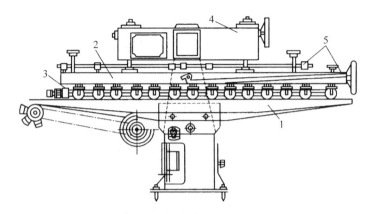

图 4-32 纵向无带胶拼机结构
1. 固定式工作台 2. 可移动横梁 3. 压紧辊 4. 垂直调节结构 5. 压紧辊调节结构

横向无带胶拼机结构见图 4-33。该设备适合于把齐边后的单板条胶拼成连续的单板带，然后再剪切成整幅单板。其工作原理如下：单板先通过一个海绵水槽，将拼缝胶面湿润，然后通过一组有槽沟的辊子，将单板横向进料，借助辊子的推力，使单板之间的接缝处产生压力，在加热板的作用下，胶缝固化强度提高。胶拼机后部配有自动剪切机，将连续单板带按所需的尺寸剪断。

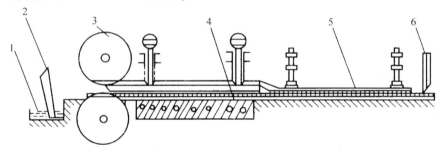

图 4-33 横向无带胶拼机结构
1. 甲醛溶液 2. 单板 3. 进料辊 4. 加热板 5. 压单板钢带 6. 剪裁刀

横向无带胶拼机一般只能胶拼厚度为 1.8mm 以上的单板，胶拼后的单板容易出现扇形状。使用该设备时，工艺上要求被拼接的单板条四边成直角，这一要求使该设备在工厂中的应用受到一定的限制。

本章小结

旋切后的单板含水率很高，不符合胶合工艺的要求（湿热法胶合除外），也不适合贮存，必须进行干燥，使含水率降到适宜的范围。一般工厂都采用不同类型的干燥机对单板进行干燥，最常用的单板干燥机有网带式和辊筒式两大类。影响单板干燥工艺的主要因素有干燥介质和单板自身条件两个方面。单板干燥后，通常从干缩、变形、含水率及其分布、色变等方面进行质量评价。此外，单板的质量好坏直接关系到胶合板的最终合格率，因而单板的加工也是一个不可忽视的工艺过程，它包括单板剪切、胶拼、修理等工序。

思考题

1. 单板为什么要进行干燥？
2. 简述单板干燥的特点和影响单板干燥速度的主要因素。
3. 单板干燥有哪几种方法？简述单板网带式干燥机与辊筒式干燥机的优缺点。
4. 简述防止单板干缩变形与开裂的措施。
5. 单板加工有哪些内容？单板剪切有哪几种工艺？单板拼接有哪几种方式？所用设备有哪些？

第 5 章

单板施胶与组坯

旋切后的单板经干燥、修补后进入胶合板生产的成型阶段，该阶段单板经施胶、组坯、预压，最后进入压机得到最终产品。因此，成型阶段是决定产品质量的重要环节。本章介绍了胶黏剂的组成及胶合板生产常用胶黏剂的种类、制备与检验，单板施胶方法与相关设备，单板组坯工艺与方法。

旋切后的单板经干燥、修补后进入胶合板生产的成型阶段，该阶段单板经施胶、组坯、预压，最后进入压机得到最终产品。因此，成型阶段是决定产品质量的重要环节。

5.1 胶黏剂调制

国内胶合板用胶以液体多组分为主，在施胶以前将这些组分混合在一起进行调制，为单板施胶做好准备。

5.1.1 胶黏剂的组成

生产中最常用的合成树脂胶黏剂是由合成树脂、固化剂、填料和改性剂等组成。

(1) 合成树脂

合成树脂是主要起胶接作用的高分子材料。相对而言，脲醛树脂因价格便宜、固化速度较快、耐水性较好而得到广泛应用，胶合板生产 80% 以上的产品均使用脲醛树脂胶黏剂。酚醛树脂是室外用胶，有良好的耐气候性和较高的胶合强度，但颜色较深，价格也较高，因此使用范围有限。

(2) 固化剂

固化剂是一种酸性物质，加入合成树脂中，可降低合成树脂的 pH 值，促进其固化。为了使脲醛树脂在制备后期具有良好的贮存稳定性，将其 pH 值调整到 7 左右。脲醛树脂虽在常温下也能固化，但所需时间长，胶合质量也差，为此在调胶时需加入固化剂，使脲醛树脂 pH 值降低(呈酸性)，加速其固化，保证在较短时间内得到满意的胶合质量。同时由于胶合时间缩短，也可大大提高热压工序的生产率。

胶合板用脲醛树脂在酸性(pH<7)条件下固化，加入酸性物质都可使其固化。但如果把酸性较强的物质(包括中强酸)直接加入脲醛树脂中，会使其 pH 值下降太低，胶合速度加快，其树脂胶适用期太短，难以正常组织生产。同时胶合板胶层内残留酸过多，导致板材在贮存使用过程中胶层很快老化变脆，胶合强度随时间延长而降低。胶合板生产中一般要求脲醛树脂胶加入固化剂后，胶液活性期不低于 4h，热压胶合时要快速固

化，同时不降低胶合质量。胶液加入固化剂后的 pH 值在 4~5 为宜，固化时间在 35~45s 效果最好。所以，脲醛树脂一般选择弱酸性物质为固化剂，如氯化铵（NH_4Cl），因其价格便宜、溶水性好、无毒无味，使用方便，在生产中常用。此外，一些酸类如盐酸、草酸、苯磺酸和强酸弱碱盐类（如氯化锌、硫酸铵等）也可以作为脲醛树脂胶的固化剂单独或混合使用。必要时也可以加入一些延缓剂如尿素、六次甲基四胺、氨水等来延长胶黏剂活性期。

氯化铵加入量应根据胶压工艺（热压、冷压）、树种、原胶性质（固化速度和游离醛等）、装板方式（手工或机械）、生产季节等充分考虑。一般加量在 0.1%~1.2% 之间，最大不宜超过 1.5%。

当采用热压工艺时，胶层在受热状况下加速树脂游离甲醛释放速度，使氯化铵与甲醛反应速度加快，胶层在短时间内快速固化，氯化铵应少加一些，一般在 0.1%~1.0%；相反，冷压时 pH 值下降速度慢则需多加一些，以加速其反应，一般加 1.0%~1.2%。对一些 pH 值较高的树种（如大青杨），氯化铵加量大一些，使胶层 pH 值下降到固化所需值。原胶固化速度和游离甲醛含量对氯化铵加量影响很大，固化速度较快的树脂和手工装压情况下，氯化铵可少加一些，以免胶层提前固化，降低胶合强度；游离甲醛含量较多的树脂，氯化铵加量应小一些。在冬季和夏季氯化铵加量也不同，夏季炎热，胶液温度较高，氯化铵和游离甲醛反应速度快，加速 pH 值下降，氯化铵也应少加；冬季较冷，则氯化铵添加量应适当增加。总之，氯化铵加量应根据具体情况添加，不宜过多，也不能太少，应在实践中掌握。

由于酚醛树脂胶树脂活性较大，加热后很快就会形成网状结构，所以热压用胶一般不加固化剂，只是冷压时要加入苯磺酸或石油磺酸等固化剂。

(3) 填料

胶液中加入填料可以节约胶液的消耗量，增加胶液的初黏度，改善制品胶接性能。

胶黏剂成本在制品成本中占有相当比例，加入适量填料可以在不降低胶合强度的前提下降低胶黏剂成本。胶黏剂加入填料后其性能也可以得到改善：可以增加胶黏剂固体含量，提高黏度，防止胶液渗入木材太深，防止薄单板透胶，改善胶黏剂的预压性能；减少胶层收缩应力，使应力分布均匀，提高胶接强度，提高胶层耐老化性能；减少胶层脆性，适应由于温度变化引起的胶与木材热膨胀系数差异；降低游离甲醛含量，减少环境污染；可以延长活性期，改善作业条件等。

填料可按其化学组成和性能进行分类。

按化学组成填料可分为有机填料和无机填料。有机填料有面粉、木粉、豆粉、淀粉、果壳粉、木素和 α 羟甲基纤维素等。这类填料对改善胶层性能有很大作用。面粉填料可以增加胶液的初黏度，胶液工艺性能也很好，有利于涂胶，可提高预压效果，对胶合板质量影响小。但面粉使用时易结疙瘩，使用前需用水调开，且成本较高。木粉为木材砂磨得到的物质，为木材本身产物，宜于胶合，但木粉较轻，不易与胶液充分混合，常浮在胶液表面而影响其使用效果。氨基树脂固化以后还含有 10%~15% 水分，这些水不是化学结合水，可被木材吸收而引起胶层收缩，如加亲水填料可防止这类现象产生。无机填料有高岭土、白垩、石棉、石膏和玻璃粉等，这类填料对胶黏剂的黏度影响很小，但可以堵塞木材管孔防止单板透胶，减少胶层与木材受热线膨胀系数的差异。

还有一些填料，加入后还可改变胶液的某些性质。如树皮粉、胡桃壳粉、椰子壳粉等加入后可增加脲醛树脂胶的初黏性，缩短胶液成膜时间，减少胶层内应力，降低游离甲醛等作用。豆粉作填料不如面粉，但对胶液耐水性的影响小，胶合质量好。血粉可提高胶合强度，但会降低耐水性。

按性能填料又可分为活性填料与惰性填料。活性填料可以提高树脂胶合性能，强化胶层，提高弹性模量和改变其他性能，如淀粉、果壳、二氧化钛，但这些填料用量过多反而会降低胶的性能。惰性填料不会改变胶的性能，如白垩、高岭土等，主要是增加胶的体积。

粒度是填料的一个重要特性，不仅影响胶黏剂固化后的强度，而且决定填料在胶黏剂中能否均匀分散和沉淀。分散度高的填料表面积大，不易沉淀，易于分散，填料微粒尺寸一般在 $1 \sim 20 \mu m$ 范围内。有时粒度要大些，过细的填料会使胶变稠，降低流动性，给施胶带来困难。加入填料数量应很好掌握，用量合适时会加强大分子空间结构，使胶合强度提高，大多数填料会分散在聚合物大分子空隙间，与网状结构形成牢固结合。填料量过多时，填料微粒之间相互接触，使胶的黏度急剧增大，减少胶的活性，降低胶合强度。

一般所加入填料的化学性质为中性或接近中性，粒度在 200~400 目，密度适中，硬度较小，并能与水和树脂充分混合，水分蒸发后能固化为固体物质，填料还应能保持胶液的黏度，不过分延长胶液的固化时间，对胶合耐久性等方面的影响小，并且易制成粉末，价格低廉，原料供应充足。根据原胶状况确定填料加量，一般在 5%~30% 之间。添加时应考虑填料对胶液中树脂含量的影响，加入填料后，胶液的树脂含量一般应保持在 35% 以上。

(4) 改性剂

胶合板常用的脲醛树脂与酚醛树脂都是比较理想的胶种，但性能上都有某些不足，因此常在这些树脂胶黏剂中加入一些物质，如甲醛捕捉剂、增韧剂、防水剂等，以改善胶黏剂的某些性质。

在脲醛树脂胶中加入甲醛捕捉剂可降低甲醛释放量，改善生产环境。尿素、三聚氰胺、间苯二酚、栲胶、树皮粉等物质，都可和胶液中的游离甲醛结合，因此都可以作为甲醛结合剂使用，降低游离甲醛含量。

增韧剂作用是降低胶层脆性，增加韧性，改善胶层老化现象。增韧剂有聚乙烯醇、聚醋酸乙烯酯乳液等。

采用防水剂，如苯酚、间苯二酚、三聚氰胺、硫脲及单宁与尿素甲醛共缩聚，形成防水共聚体，可以提高脲醛树脂的耐热水性，扩大胶合板的应用范围。

(5) 其他助剂

发泡剂是一种表面活性物质，是用于泡沫胶添加剂。主要作用是降低胶液的表面张力，使空气易于在胶液中分散，形成持久稳定的泡沫，增大胶液体积，防止胶液过多渗到木材中，节省胶液，降低涂胶成本。发泡剂主要是血粉，一般加入量不大于树脂质量的 1%，加入 4 倍水浸泡 1h 后即可使用。

表面活性剂(如烷基磺酸钠等)可增大胶液分子的活动机能,改善胶液与单板表面的胶合性能,特别是对于一些表面灰尘多或胶液在其表面湿润性不好的单板,当其胶合时,在胶液里略加一点表面活性剂就可以大大提高胶合性能。

当胶液本身黏度过大或填料加入量大,使胶液黏度过大时,可加入适量水,用以调节胶液黏度,使其符合工艺要求。

5.1.2 调胶设备

5.1.2.1 调胶机

胶液调制是在调胶机中进行的。根据搅拌器转动方式把调胶机分成立式和卧式两种。立式调胶机搅拌器传动轴是垂直的,卧式的传动轴是水平的。我国大多数工厂使用立式调胶机。调胶机外壁由双层铁板组成,为防止腐蚀,内部可涂搪瓷等防腐材料(也可由不锈钢制成)。中间夹层可通入冷水或蒸汽进行温度调节。在中间有一个电动机驱动搅拌器,用以搅拌胶液。搅拌器转速要适宜,转速过快,易使空气混入胶液,使胶液产生泡沫;转速过慢,搅拌不均。一般转速在 20~60r/min。调胶机的容积可根据生产量来确定,一般调制一次应满足 1h 生产需要。

5.1.2.2 打泡机

如果使用泡沫胶,还需要有打泡机。打泡机与调胶机结构相似,只是搅拌器叶片多设在底部,且搅拌器转动速度快,一般在 200~300r/min。

5.1.3 胶黏剂调制工艺

进行调胶时应注意要严格按配方规定数量投料,称量胶的各组成部分,物料混合时应注意加料顺序,要有足够的搅拌时间使各种材料混合均匀,很好地分散,短时间内不沉淀。现举例说明几种常见胶种调制工艺。

(1)脲醛树脂胶

脲醛树脂胶调制应根据原树脂指标、生产环境温度及单板条件确定固化剂及其他添加剂加量。若使用固体物质做固化剂,应按一定比例加水调好(一般加 4 倍水),制成水溶液,每次使用前要搅拌均匀,不应有沉淀。一些添加剂(如面粉、血粉、树皮粉等)在使用前也应一定水按比例调好,使其充分吸收水分,以免在调胶过程中分散不均。各种物质添加量应按照调胶的方案准确计量。

将计量好的树脂加入调胶罐内,再把事先计量好的固化剂及其他助剂加入调胶罐内的树脂中,开始搅拌(一般为 10min),然后放置 10~15min,待稳定后进行检测,即可投入使用。

(2)酚醛树脂胶

酚醛树脂可不经调制直接用于涂胶热压,也可加入填充剂及其他改性物质调制后再使用。填充剂应根据调胶配方和树脂指标及单板条件确定其添加量,其他添加剂应根据胶合板用途考虑是否添加。加入填充剂主要是增加胶液的初黏度,改善预压效果。

胶的配方：酚醛树脂100份，白垩土7~12份，木粉3份，三聚氰胺0~2份，水2.5~5.0份。调胶机应装有星式搅拌器，转速140~150r/min。调胶时依次加入各组分，每次搅拌5~10min，加入各组分搅拌20min后即可使用。

(3) 蛋白类胶黏剂

胶合板生产中最早使用的胶黏剂就是血胶、豆胶等动、植物蛋白质类胶黏剂。20世纪50年代末，合成树脂胶黏剂以其优良的耐水性能和较高的生产效率开始逐渐应用于胶合板生产工业，并随之得到了迅速发展，最大限度地满足了胶合板工业快速发展的需求。然而，随着世界经济由工业化向生态型的转型，面对环保法规的日益严格和消费者环保意识的日益增强，胶合板生产企业需要重新考虑对环境没有污染且具有可再生性的生物质胶黏剂应用的可行性。

植物蛋白是大宗农产品加工的主要副产品，有丰富的来源和可再生性。其中，大豆蛋白以其丰富的来源、便宜的价格和由其制成的大豆蛋白胶黏剂在生产、运输、使用上的环保性与生产上的便利性(在单板含水率高达15%~20%时仍可胶合，可降低单板干燥能耗)，显示出较大的发展潜力。经过碱改性、脲改性、交联改性和表面活性剂改性等方法改性后，大豆蛋白胶黏剂的黏结强度、黏度、稳定性、耐水性等都比未改性的有所改善，有的甚至可以与商业用酚醛树脂胶黏剂媲美。

血球蛋白粉是新鲜动物血液经过抗凝处理后，将血浆从血液中分离出去，经过压缩和低温保存，然后采用瞬间高温喷雾干燥方法制成的一种褐色粉末状产品。分离提取后的血球蛋白经过瞬间高温喷雾干燥后，既保留了高品质动物血蛋白的有效成分，又杀灭了病毒和细菌，生产出来的产品具有可靠的生物安全性。血球蛋白粉具有蛋白质含量高、易于储存和运输等优点，在胶合板生产过程中可以做到根据生产需要随用随配，这为血球蛋白粉胶在胶合板工业中的应用创造了有利条件。

5.1.4 调制后的胶黏剂检测

在胶黏剂调制好以后要进行检测，下面以脲醛树脂胶黏剂为例加以说明。

5.1.4.1 检测指标

检测指标一般有：pH值、黏度、固化时间和适用期。

(1) pH值

脲醛树脂调胶后pH值在4.0~5.0之间为宜，pH值低时胶液适用期较短，pH值高时适用期较长，但固化时间也较长。胶液pH值可通过固化剂加量来调节，如果pH值过低时可多加一些新胶液或略加一点火碱液，pH值高时可添加固化剂。酚醛胶和血胶、豆胶可不检测此项指标。

(2) 黏度

胶液的黏度对涂胶工艺性及预压效果等有很大影响。不同的涂胶设备、生产工艺、单板树种和单板表面情况，对调胶后的黏度要求也不同。黏度低时，胶液易被单板吸收，渗透单板内部，造成胶合缺胶现象；黏度大时，涂胶困难，且施胶量会增多。

使用四辊涂胶机时胶液黏度可大一些，使用两辊涂胶机时黏度则不宜过大。对管孔粗大、表面粗糙度差的树种，黏度可稍大一些；反之，黏度应小一些。涂胶后单板需预压时，所用胶液的黏度可大一些(提高预压效果)，不需预压时，黏度可稍小一些。总之，生产中应根据具体情况确定胶液黏度，使其具有良好的工艺性。一般脲醛胶黏度在 0.8~1.4 Pa·s，酚醛胶黏度在 1.0~1.8 Pa·s。

调整胶黏度可以通过增减填料量和加水量来调节。一般黏度大时可适当增加一些水，黏度小时可多加一些填料。但同时还应考虑胶液固体含量，不可因调整黏度而使胶液固体含量过低，一般均应保持在 35% 以上。

(3) 固化时间

主要与固化剂加量有关，一般要求固化时间在 30~60s 范围内。固化时间过短，靠近压板的胶层在热压机没达到规定的压力下提前固化，从而降低胶合强度；固化时间过长，胶层固化所需时间长，降低热压机生产率，一般最长也不要超过60s。手工装板固化时间可取上限，机械装板固化时间可适当减短(以 30~45s 为宜)。

(4) 适用期

胶液适用期越长越好(要求在4h以上)，在生产中胶液的适用期不应小于现场使用(从涂胶组坯到热压完成)时间的2倍。适用期太短，胶液在没进入热压机前易产生固化，降低胶合强度，甚至会造成大批脱胶现象。胶液的适用期可用固化剂加量来调整，也可通过加尿素、六次甲基四胺等来调节。适用期受温度影响相当大，相同配方的胶液在低温时适用期长，在高温时则较短。

5.1.4.2 检测方法

pH 值一般可用精密试纸或比色计检测。但对颜色较深(如加了血粉)的胶液，其检测结果就很不准确，这时可用酸度计来检测。

黏度可用旋转式黏度计按标准测量，也可用涂-4 杯测定。

固化时间用外径 18mm 的试管称 2g 调好的胶液，把试管放入沸水中，并用搅拌棒不停搅拌，记录下从试管放入沸水中到胶液出现凝固的时间即为所测固化时间，重复测两次，取其平均值。

适用期用烧杯计量 50g 刚调好的胶液，并置于生产环境中，计算从加入固化剂(或调制好)后到胶液出现凝固的时间即为该胶的适用期。

5.2 单板施胶

单板施胶是将一定数量胶黏剂均匀地涂在单板上。施胶质量是影响胶合板胶合质量的重要原因之一，要求胶层厚度均匀连续，在一定范围内越薄越好。施胶方法有很多种，施胶的工艺和设备不同，施胶的方法也会有所不同。

5.2.1 施胶方法

单板施胶从胶黏剂状态上可分为干状施胶和液体施胶两大类。

5.2.1.1 干状施胶

干状施胶包括胶膜纸法和粉状施胶两种。

胶膜纸法是用硫酸盐浆制成的 $20\mu m$ 厚特制纸，经浸渍酚醛树脂胶、干燥、裁剪而制成胶膜纸，组坯时放在单板之间，热压时靠胶膜纸把单板黏合在一起。这种方法的特点是胶黏剂分布均匀，胶合质量高，但胶膜纸的制造成本高，目前仅用于某些航空胶合板等的生产。这种方法适用于连续化、自动化生产，在生产高级别胶合板方面具有好的发展前途。

粉状施胶是用喷粉器或抛撒辊，将粉状脲醛树脂胶均匀喷撒在单板表面，以达到胶合目的。

干状施胶法对单板的平整度要求高，在国内很少使用。

5.2.1.2 液体施胶

液体施胶使用的是液体胶液，依靠专用施胶设备把胶涂布在单板表面。根据使用设备的不同，液体施胶有以下几种方法：

(1) 辊筒涂胶法

辊筒涂胶法(简称辊涂法)是国内普遍应用的单板施胶法。辊涂法施胶是把附着在辊筒上的胶液涂在单板上。此法多为单板双面涂胶，尤其适用于窄单板条的涂胶。新型的四辊筒涂胶机也能用于单板贴面二次加工中的单面涂胶。辊涂法施胶根据辊筒的数量可分为双辊筒、三辊筒和四辊筒涂胶。

双辊筒涂胶机的工作原理如图5-1。它主要由上、下涂胶辊及胶槽等组成，下涂胶辊下部浸于胶槽内，上辊筒带由下辊筒传递胶液。单板从两辊中间通过时，靠相互接触把胶液涂在单板上下表面上。施胶量大小主要通过调节上、下辊筒之间的间隙和上胶辊的压力进行控制。单板越厚，辊筒对单板的压力越大，施胶量越小；反之，施胶量就越大。此外，单板长度不能大于辊筒周长，否则单板上就会出现缺胶现象。辊筒上沟纹形状和数量对施胶量也有影响，不同的胶种，辊筒采用不同的沟纹形状。一般胶槽内胶液高度为下辊筒直径的1/3为宜，过大或过小都影响施胶量。

双辊筒涂胶机优点是结构简单，使用、维护方便。缺点是工艺性较差，涂胶长度受涂胶辊直径限制且不均匀；施胶量也不易控制，单板易被碾坏，效率较低。

三辊筒涂胶机是在上涂胶辊或下涂胶辊旁增加一个挤胶辊，在涂胶时，施胶量由涂胶辊和挤胶辊的间隙大小决定。在上涂胶辊旁加挤胶辊的结构由胶泵通过管道供胶，利用涂胶辊和挤胶辊之间形成的凹隙贮存胶液。在下涂胶辊旁加挤胶辊的结构仍由胶槽供胶，但施胶量不受液面高度影响。

三辊筒涂胶，如图5-2(b)、(c)所示，虽然涂胶质量较好，但仅能控制单面施胶量，所以使用并不广泛。这两种设备现在已经很少使用，已被四辊筒涂胶机代替。

四辊筒涂胶机有两种布置方式。在图5-2的(d)中，上、下挤胶辊分别布置在涂胶辊的两侧，由胶泵通过管道分别供胶。下涂胶辊下面有清洗槽，为洗涤胶辊时排出污水用。在图5-2的(e)中，上、下挤胶辊均位于涂胶辊进料一侧，上涂胶辊由胶泵通过管

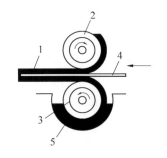

图 5-1　双辊筒涂胶机工作原理
1. 胶层　2. 上胶辊　3. 下胶辊
4. 单板　5. 胶槽

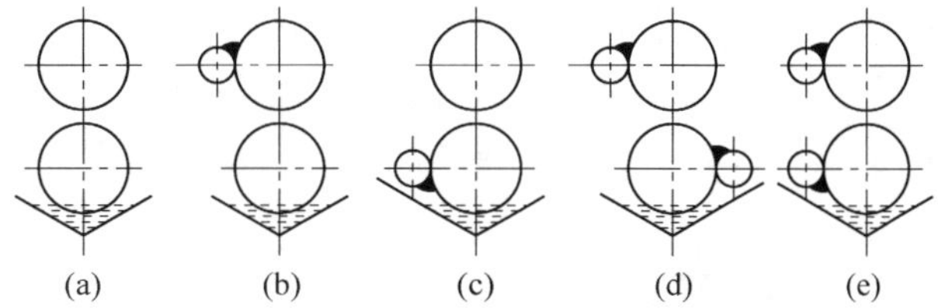

图 5-2　辊筒涂胶法施胶的类型及原理
(a)双辊筒　(b)、(c)三辊筒　(d)、(e)四辊筒

道供胶，下涂胶辊由下面的胶槽供胶。由于辊筒的排列和供胶方式不同，其作用也有所差别。前者涂胶均匀一致，可节省胶料，能够连续化生产。后者适用于生产率高的情况，可用于单板的单面涂胶。

四辊筒涂胶机在一定程度上克服了双辊筒涂胶机和三辊筒涂胶机的缺点，其工作原理如图 5-3 所示。四辊筒涂胶机是在上、下涂胶辊旁各增加一个挤胶辊，以分别控制单板上、下表面的施胶量。挤胶辊比涂胶辊的线速度低 15%~20%，起刮胶作用。挤胶辊与涂胶辊的间隙是可调的，用以控制施胶量，以保证上、下涂胶层均匀一致。涂胶辊下面有清洗槽，用于洗涤胶辊排出污水。由于四辊筒涂胶机上、下同时供胶，互不干涉，涂胶时不易产生跳动，解决了双辊涂胶不均匀和涂胶单板长度受胶辊直径限制的问题，所以是目前广泛应用的一种涂胶方式。

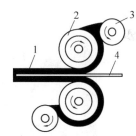

图 5-3　四辊筒涂胶机工作原理
1. 胶层　2. 涂胶辊
3. 挤胶辊　4. 单板

(2) 淋胶法施胶

淋胶法是一种高效率的单面施胶方法，如图 5-4 所示，其工作原理是：从淋胶头流出的胶液形成厚度均匀的胶幕，单板通过胶幕便在单板表面着上一层胶。淋到单板上的

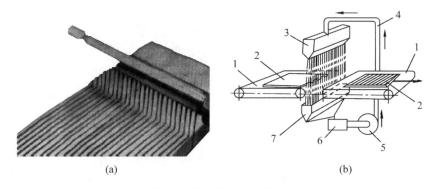

图 5-4　淋胶机及其工作原理
(a)淋胶机　(b)淋胶机工作原理
1. 输送带　2. 单板　3. 淋胶头　4. 输胶管　5. 胶泵　6. 沉降槽　7. 接胶槽

胶层厚度与胶的流量、黏度、材料表面张力和单板进料速度有关。改变胶液的流量及进料速度即可调节单板的胶层厚度。增加胶量、提高胶的黏度、降低单板进料速度都能使胶层增厚。胶液的流量主要由淋胶头的缝隙决定。胶的温度应略高于20℃，单板要平整，否则胶层厚度不均匀。这种方法是一种高效率的施胶方法，适用于厚单板的生产，更适用于涂料行业，易于组成连续化、自动化生产线，但对平面度和表面质量差的单板施胶效果不理想。

(3) 挤胶法施胶

挤胶机及其工作原理如图5-5所示，高黏度或泡沫状的胶液在压缩空气作用下，经挤胶孔挤出呈条状落下，落到在其下通过的单板表面。施过胶的单板大约一半的面积没有着胶，预压时胶液可扩展成完整的胶层，也可用表面上覆盖一层硅橡胶的辊筒把单板上的胶条碾平。胶条方向应与单板纤维方向垂直，以利于胶液向缺胶部分扩散。对于使用打泡的胶液，由于其体积增大，应增大挤胶孔径避免孔的堵塞，同时也可提高单板涂胶的均匀性。

挤胶法施胶的主要优点是节省胶料，但使用时要注意防止胶孔堵塞。

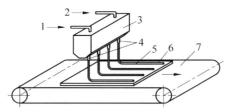

图5-5 挤胶机及其工作原理

1. 压缩空气进孔 2. 胶液进孔 3. 胶槽 4. 挤胶孔 5. 胶条 6. 单板 7. 运输带

(4) 喷胶法施胶

喷胶法有两种形式：普通喷胶法和压力喷胶法。

普通喷胶法是利用空气压力使胶液在喷头内雾化，然后喷出。这种方法胶料损失较大，胶合板工业很少采用，只是在人造板表面装饰喷涂时使用。

压力喷胶法是对胶液施以一定压力，使其从胶嘴中喷出，喷出的胶液应是旋转前进，易于分散。为便于施胶均匀，喷嘴直径应尽量小一些(0.3～0.5mm)，但容易堵塞，这就要求胶液尽可能清洁，黏度也不能太大。压力施胶法效率很高，胶的损失也比普通喷胶法小，但喷胶量难以控制。喷胶法的工作情形和淋胶法相似，也是在单板前进中进行施胶。

上述各种施胶方法的比较见表5-1，从表中可以看出，淋胶法和挤胶法有明显优越性，适于单板的连续化、自动化生产，但一次通过只能单面施胶。目前，在胶合板生产中辊筒式涂胶仍是单板主要的施胶方法。

表 5-1 各种施胶方法比较

指标	施胶方法				
	辊筒涂胶	淋胶	挤胶	普通喷胶	压力喷胶
生产率	中	高	中	高	高
施胶均匀性	中	高	高	中	中
胶量调节	能	能	能	能	较困难
胶液回收	能	受限制	能	不能	不能
黏度对胶层影响	能	能	不能	能	能
单板粗糙度影响	能	能	不能	不能	不能
胶液过滤	不用	不用	用	用	用
经济性	中	好	好	不好	好

5.2.2 施胶量

施胶量是指单位面积的单板施加的胶黏剂质量。一般以每平方米单板上施加的胶黏剂克数计算。单板施胶量可分单面施胶量和双面施胶量两种。在胶合板生产中,一般以双面施胶量表示。现在指的施胶量都是液态施胶量,科学的做法是根据胶液内干物质的含量折算成固态的,但这样较烦琐,所以通常都用液态施胶量。

施胶量直接影响胶合板质量。首先,施胶量过小,不容易使胶液从一张单板表面向另一张单板表面转移,无法形成连续胶层,易影响胶合强度,也易产生开胶;施胶量过大,胶层增厚,热压固化时内应力大,且相邻单板不能紧密地接触,同时影响胶合强度。其次,增加板坯水分含量,胶合板易透胶、鼓泡。第三,成本增加,不经济。因此施胶量要适当,应在满足胶合强度前提下尽可能减小施胶量。决定适合的施胶量要综合考虑下述因素:

(1)胶种不同,固含量不同,胶层的性能不同,施胶量也不同。固含量为 45%~48% 的酚醛树脂胶,施胶量为 $200 \sim 320 g/m^2$;固含量为 60%~65% 的脲醛树脂胶,施胶量为 $220 \sim 340 g/m^2$。

(2)树种不同,木材结构疏密不同,所需施胶量也不同。一般来说,木材结构较细的树种,胶液被木材吸收的数量较少,施胶量可小一些(如桦木);木材结构较粗松,胶液吸收数量较多,施胶量应大一些(如水曲柳)。在相同条件下,水曲柳单板施胶量比椴木单板施胶量要多 $30 \sim 50 g/m^2$(双面);而桦木单板则比椴木单板少 $30 \sim 50 g/m^2$(双面)。

(3)单板厚度不同,对胶液的吸收量不同。厚单板胶液渗入木材多,要在单板表面形成一定的胶层,就需要增大施胶量。单板表面越粗糙、背面裂隙越深,需要的施胶量越大。

5.2.3 施胶设备

(1)双辊筒涂胶机

双辊筒涂胶机的结构如图 5-6 所示,主要由机架、涂胶辊、胶槽及传动装置等

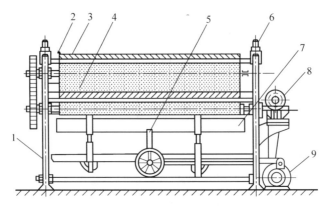

图 5-6 双辊筒涂胶机
1. 机架 2. 拉杆螺栓 3. 上涂胶辊 4. 下涂胶辊 5. 阀门 6. 调整螺栓
7. 胶槽 8. 减速箱 9. 电动机

组成。

机架 1 是由铸造件或型钢焊制而成。机架左右各一个，中间由拉杆螺栓 2 相连接，以保证其稳定性。机架用来支承涂胶辊、胶槽及传动装置等构件。

涂胶辊分为上涂胶辊 3 和下涂胶辊 4。涂胶辊采用铸铁或钢管制造。涂树脂胶的涂胶辊，外面覆有硬质橡胶，表面有沟纹。直径一般在 250～300mm 之间，不得超过 350mm，否则涂胶辊上的沟纹就带不上胶了。辊筒表面沟纹的形状有直螺纹形、各种方格形和横纹形，直螺纹形应用最多。涂合成树脂胶的施胶量为 200～400g/m²（双面）。直螺纹的沟纹数一般每 25mm 为 20 条，螺距 1.27mm，沟深 1mm。图 5-7 是包覆橡胶的直螺纹形涂胶辊的结构。

涂胶辊每 25mm 的沟纹数和沟纹深度对于施胶量有很大影响。沟纹越密、沟越浅，施胶量越小。涂胶辊的沟纹磨损后应及时进行检修。

胶槽 7 安装在下涂胶辊的下面，由钢板焊制而成。下涂胶辊部分浸没在胶

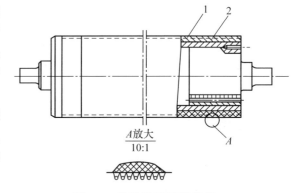

图 5-7 橡胶涂胶辊的结构
1. 硬橡胶层 2. 内部铁质辊筒

槽的胶液中，借以带起胶液，供给单板涂胶。在胶槽出口的槽壁上有一排可以自动回转的小辊筒，用以支持涂胶的单板保持水平，使其不致触及槽壁而刮去单板下面的胶液。

传动装置是由电动机 9 带动，通过减速箱 8 与下涂胶辊 4 相连接。下涂胶辊 4 到上涂胶辊 3 的传动，是通过上、下两涂胶辊轴端上的一对长齿齿轮（也有用链轮）来传递的。长齿齿轮的作用是便于移动上涂胶辊，调整涂胶辊之间的间隙时仍能保证正常的传动。调整涂胶辊之间的间隙，利用手轮通过螺杆与上涂胶辊的轴承相连接，旋转手轮即可使上涂胶辊上下移动，以适应单板厚度和施胶量的要求。

双辊筒涂胶机的优点是结构简单，价格便宜，维护保养和操作都很方便；缺点是单

板的施胶量要靠调整上、下涂胶辊之间的间隙来控制。如单板幅面大而间隙小就容易把单板压碎；单板长度不能大于涂胶辊的圆周长，否则单板后部分的上表面施胶量小或涂不上胶容易将胶中的泡沫带到单板上，影响胶合质量；一张单板涂胶完成后，需待涂胶辊回转一周后，才能送第二张单板，生产效率低；当涂胶的单板较厚时，会引起上涂胶辊上下跳动，容易损坏机件。

(2) 四辊筒涂胶机

四辊筒涂胶机的结构如图 5-8 所示，它主要由机架、上涂胶辊、下涂胶辊、上挤胶辊、下挤胶辊及调整机构、传动装置、清洗槽和供胶系统等组成。

① 机架

机架 12 分为左、右两部分，是由铸造件或钢板焊接而成的箱式结构，机架外侧安装有检修用的门。机床将传动系统封闭在左、右机架内。左、右机架由上、下横梁连接成整体，并用地脚螺栓固定在地基上。底板上装有双速电动机 11 及摆线针轮减速器 10。在机架上部有上胶辊升降机构。在机架前部有两个调节上挤胶辊的手轮及齿轮变速箱操纵手柄。在机架后部有两个调节下挤胶辊的手轮。

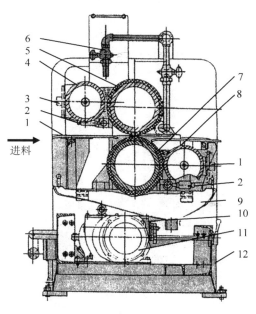

图 5-8 四辊筒涂胶机的结构
1. 工作台 2. 凸轮 3. 胶量调整装置 4. 上挤胶辊 5. 上涂胶辊 6. 胶液输送装置 7. 下涂胶辊 8. 下挤胶辊 9. 清洗槽 10. 减速器 11. 电动机 12. 机架

② 涂胶辊和挤胶辊

四辊筒涂胶机有两个涂胶辊 5、7 及两个挤胶辊 4、8。上、下涂胶辊在传送单板同时将胶涂在单板的两个表面。上、下涂胶辊的结构基本相同，在涂胶辊的薄壁圆筒上制有直螺纹，并包覆两层硬质橡胶。根据使用的胶种在涂胶辊表面加工出一定形状和尺寸的沟槽，它也是影响涂胶质量的一个重要因素。涂胶辊两端的轴颈安装在轴承内，下涂胶辊的轴承座固定在机架上，而上涂胶辊的轴承座则装在升降装置的滑板上。涂胶辊的一端装有链轮用来带动涂胶辊旋转，另一端装有齿轮用来带动挤胶辊运动。增大涂胶辊直径对提高涂胶均匀度及延长寿命是有利的，但是相应增加了机床的尺寸及重量，因此涂胶辊直径一般选 250~400mm。

挤胶辊的作用是控制施胶量，其结构与涂胶辊相似，但是在薄壁圆筒的表面上不包覆橡胶而镀硬铬并进行抛光。挤胶辊直径一般为 150~300mm。

③ 传动装置

上、下涂胶辊及挤胶辊由一台双速电动机 11 由摆线针轮减速器 10、二级变速滑移齿轮及链轮传动系统带动旋转。为便于调整上涂胶辊位置，设有自动张紧装置来张紧传动链条。

挤胶辊由涂胶辊轴上的齿轮经两个小齿轮及装在挤胶辊轴端的大齿轮驱动，这就使挤胶辊的线速度低于涂胶辊的线速度,起到刮胶作用。两个中间小齿轮,其中一个是固定的,另一个通过连杆和挤胶辊上的大齿轮相连,这样当改变挤胶辊位置时仍能保证正确的啮合。

④上涂胶辊升降装置

上、下涂胶辊的间隙要根据单板厚度进行调整,并使单板所受压力在 0.15~0.25MPa 之间。如图 5-9 所示,上涂胶辊 4 的轴承座装在左滑板 14 和右滑板 4 上,操纵手轮 1,通过两对蜗轮 8、蜗杆 3 及丝杠 6 带动左右滑板沿导轨上下运动,从而改变上、下涂胶辊间的间隙。涂胶辊对单板的压力通过调整螺母 12 改变弹簧 13 的压力来进行调节。

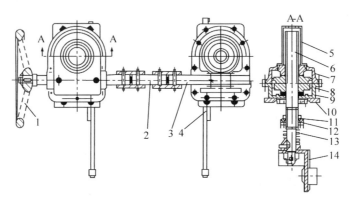

图 5-9 上涂胶辊升降装置
1. 手轮 2. 连杆 3. 蜗杆 4. 右滑板 5. 防护罩 6. 丝杠 7. 箱盖
8. 蜗轮 9. 轴承 10. 箱座 11. 螺母 12. 调整螺母 13. 弹簧 14. 左滑板

⑤挤胶辊调整装置

该装置(图 5-10)用来调整挤胶辊和涂胶辊间的间隙以控制施胶量。挤胶辊 7 的轴承座 6 安装在滑架 9 内,滑架用螺栓 10 固定在机架上。轴承座 6 通过手轮 1 的调节带动挤胶辊移动。挤胶辊的预紧力由弹簧 4 决定。旋转调节套 3 即可改变弹簧的压力,手轮上有刻度盘 11 指示调整量。当挤胶辊与涂胶辊挤靠过紧时,使挤胶辊超速过载,装在挤胶辊轴端部的超越离合器就产生打滑,避免了传动链条的破坏。

⑥其他装置

在设备的上方设有胶液输送装置,可以根据实际耗胶量的需要进行调整。胶液储存在涂胶辊和挤胶辊之间的凹槽里,为了防止胶液外溢,涂胶辊和挤胶辊的两端均装有挡

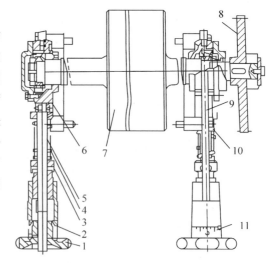

图 5-10 挤胶辊调整装置
1. 手轮 2. 轴承 3. 调节套 4. 弹簧 5. 丝杠
6. 轴承座 7. 挤胶辊 8. 齿轮 9. 滑架
10. 螺栓 11. 刻度盘

胶板并用弹簧压紧,可调节弹簧压紧装置来调整压紧程度。

图 5-8 中清洗槽 9 用钢板焊制而成,安装在下涂胶辊下方,做为洗涤胶辊后排除污水用。设备前面的横梁上装有安全开关棒,当设备发生故障时,碰一下就能立即停车,以保证安全。

还有一种挤胶辊均设在进板侧的四辊筒涂胶机,如图 5-11 所示。

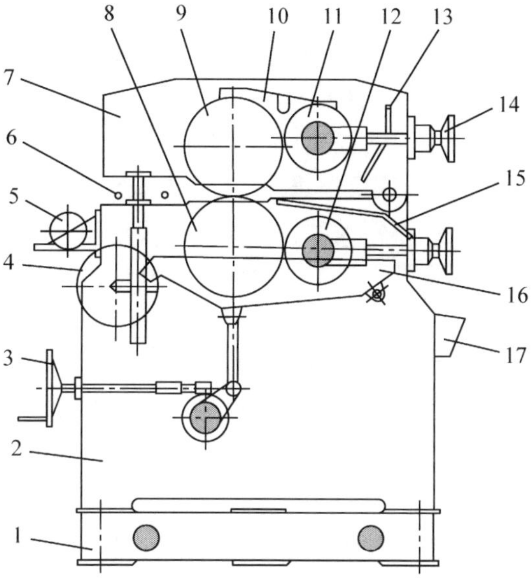

该机的四辊筒排列采用上、下对称式,下设铰接倾翻式胶槽。上下机架采用铰接方式开启,操作调整方便,升降上涂胶辊轻便灵活。胶液由胶泵通过输胶管注入上涂胶辊和上挤胶辊之间的胶料区,加满后自动通过两面挡胶板上的溢流孔流入胶槽内,当胶槽内的液面高度达到一定程度时,即可进行涂胶。这种涂胶机不但适用于单板双面涂胶,也能用于单板贴面的单面涂胶。

图 5-11 GSD 型四辊筒涂胶机
1. 底座 2. 下机架 3. 胶槽升降手轮 4. 上涂胶辊升降手轮 5. 出料辊 6. 调整机构 7. 上机架 8. 下涂胶辊筒 9. 上涂胶辊筒 10. 挡胶板 11. 上挤胶辊筒 12. 下挤胶辊筒 13. 安全罩 14. 挤胶辊调整手轮 15. 进料架 16. 胶槽 17. 电器箱

(3) 辊筒涂胶机的主要技术要求

涂胶机的性能不仅影响单板的胶合质量,还决定其用胶量,影响胶合板的成本,因此对辊筒式涂胶机提出以下主要技术要求:

第一,提高单板在整个幅面上的涂胶均匀性。其措施有:保证零部件制造及安装质量和精度,例如各涂胶辊和挤胶辊的工作表面对轴线的全跳动,上、下涂胶辊的平行度,各挤胶辊与涂胶辊间的平行度;可以适当增大涂胶辊的直径;根据胶种的不同,涂胶辊采用不同硬度的橡胶,而且辊筒表面沟槽采用不同形状和尺寸规格。

第二,单板的胶层厚度易于控制和调节。胶层厚度主要由挤压辊和涂胶辊的间隙决定,因此要保证该间隙的调整精度。调整精度控制在 1/100mm 左右,施胶量控制在 $105\sim430\text{g/m}^2$ 范围内。为适应不同的单板厚度,上、下涂胶辊的间距要可调。

第三,提高主要零部件的耐磨和防锈能力,提高设备的使用寿命;设置必要的安全保护装置如防护安全罩、超越离合器和紧急自停装置等;设备应便于进行操作与维护。

第四,提高生产效率。为适应不同单板和胶种的需要,涂胶机多采用双速电动机与变速机构相结合,以获得多种速度。目前,涂胶速度可高达 100m/min。

5.2.4 单板施胶产生缺陷的主要原因

(1) 施胶量不足

施胶量不足的主要原因有:涂胶辊或挤胶辊的压力过大,胶辊带胶量小;胶液太稀，胶辊带不上胶；胶中泡沫多；涂胶辊的沟纹不适当，沟纹宽度和深度不够；涂胶机胶槽液面低，胶辊浸入胶内的深度太小；胶辊清洗不净，沟纹被埋死等。

（2）涂胶不匀

双辊涂胶机涂胶单板长度大于涂胶辊的周长，使涂胶单板前、后的涂胶量不均；涂胶辊长期使用磨损不均匀，中间磨损过大，使单板的中间施胶量大、两边不足。开始涂胶时，如涂胶辊没有充分带胶就开始送单板涂胶会使涂胶不匀；如果涂胶单板后端胶液被胶槽边刮掉以及涂胶单板上有杂物等，也会导致涂胶不匀。

（3）施胶量过大

胶液黏度过大会导致施胶量增大；涂胶辊或挤胶辊的压力不足，使板面胶层太厚导致施加量过大；涂胶辊沟纹太宽、太深也会导致单板施加量过大。

（4）涂胶单板有条痕

胶辊不清洁，粘有一些多余物，或者单板表面有夹杂物，都会使涂胶后的单板表面产生条纹状划痕；橡胶涂胶辊局部有损坏，形成大的沟槽，也是涂胶单板有条纹的原因之一。

（5）涂胶单板被碾坏

涂胶辊压力过大或涂胶辊两端压力不均，都会使单板受力大的部位被碾坏；涂胶单板前边不是成直线进入涂胶辊，单板没有摆平就送入涂胶机，也会使单板受力不匀，出现被碾坏现象。此外，在使用两辊涂胶机时，当胶黏剂黏度过大时也容易出现这种情况。

5.2.5　对施胶工序的质量检验

每次开机正式涂胶前都要检查涂胶量，在发现胶辊不正常时也要检查涂胶量。通常是用称量法称出整张涂胶单板涂胶前后的质量，利用式(5-1)计算出实际涂胶量。实际涂胶量与工艺要求的涂胶量相比，如不在规定范围之内，需重新调整涂胶量。

$$G = \frac{M - M_0}{S} \tag{5-1}$$

式中：G —— 涂胶量(g/m^2)；

M —— 涂胶后单板的质量(g)；

M_0 —— 涂胶前单板的质量(g)；

S —— 涂胶单板的幅面积(m^2)。

检验涂胶量的均匀程度。用三张面积相等的小块涂胶单板，分别称其质量后使其分别经过涂胶辊的左、中、右部分，再分别称量涂胶后的三张单板质量，计算出三张单板的涂胶量，衡量涂胶的均匀程度。如涂胶不均匀，可视情况重新调整胶辊距离，直到均匀为止。

按工艺规定正确调胶，加入填料和固化剂的胶液要搅拌均匀，胶液温度适当，调胶应少调、勤调；根据生产胶合板的胶种、涂胶单板的树种和厚度、涂胶单板的旋切质量等确定涂胶量。

检查单板是否做好了清洁处理；对质量要求中的其他各项进行检查，对不符合要求的项目要立即纠正。

5.3 组坯与预压

5.3.1 组坯

单板施胶以后,根据胶合板的构成原则、产品厚度与层数组成板坯。然后经预压,即对陈化后的板坯进行短时间冷压,使板坯初步胶合成型,便于机械化生产。预压后的板坯要逐张检查,如发现缺陷要及时修复,这样可以提高胶合板生产一次合格率。

(1)表芯板厚度搭配

按照生产胶合板的层数和要求,把涂胶后的芯板与面板、长中板、背板搭配组成符合胶合板要求的板坯,这一过程称作组坯。每张胶合板面板和背板等级的搭配应符合胶合板标准的规定,芯板的缺陷只要在表板上不反映出来都是允许的。

板坯厚度是由胶合板厚度和热压过程中板坯压缩率的大小以及砂光余量决定。定单板厚度时可对计算值略加修正。因为算出的单板厚度值不一定正好符合旋切机上的厚度齿轮的搭配。计算方法如式(5-2):

$$\sum S_{单} = \frac{S_{成} + \Delta_1}{(100 - \Delta)\%} \tag{5-2}$$

式中:$S_{单}$——单板厚度(mm);

$S_{成}$——胶合板成品厚度(mm);

Δ——胶合板板坯厚度热压损耗率(%);

Δ_1——胶合板砂光(包括刮光)余量(mm)。

一般胶合板压缩率在8%~14%,根据不同树种和热压单位压力、热压温度、热压时间不同,胶合板压缩率也不同。一般软材、单位压力大和热压温度高、热压时间长,胶合板压缩率大;反之,则压缩率小。

胶合板的面板、背板和芯板的厚度,可以是等厚板,也可以是不等厚板。各层单板等厚,生产管理方便,产品的纵、横结构均匀,但浪费较好的表板材料,所以现在都不采用等厚结构,而采用"厚芯薄表"结构,对非结构用的普通胶合板各层比不作规定,而对作结构用的水泥模板规定了纵、横纹单板的厚度比。

胶合板板坯的厚度和表芯板厚度的搭配,根据成品厚度要求胶合过程的厚度压缩率和表面加工余量来定,单板干燥过程中的干缩余量不作考虑,因为胶合板成品尺寸允许有很大的厚度负偏差。

常用普通胶合板厚度为0.5~0.8mm,芯板厚度为1.5~2.0mm。各层单板厚度可在此范围内搭配。水泥模板的各层单板厚度

表5-2 几种胶合板产品的热压厚度压缩率

胶合板品种	板坯热压压缩率(%)
普通胶合板	5~15
混凝土模板用胶合板	8~10
航空胶合板	20~25
船舶胶合板	30~35
木材层积塑料	50

比有特别要求，考虑到产品结构均匀性，与表板同纤维方向的各层单板厚度之和不得小于板坯总厚度的40%，且不大于60%。

各种胶合板成品压缩率可参考表5-2。

(2) 组坯方法

组坯可分为机械化组坯或手工组坯。机械化组坯的前提是芯板要整张化，单板要平整，组坯生产线由施胶设备、传送设备和堆垛设备组成。我国胶合板生产以手工组坯为主。

手工组坯方法主要有以下两种：

① 正面取板组坯法

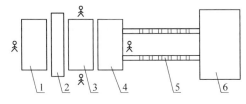

图5-12　正面组坯示意

1. 涂胶芯板板垛　2. 涂胶机　3. 预配板坯垛（底部带升降机）　4. 组坯板垛（底部带升降机）　5. 传动辊台　6. 预压机

从涂胶芯板板垛1上取下涂胶芯板，通过涂胶机2涂胶后，由预配板坯垛3两侧的工人将涂胶芯板置于组坯板垛4上，然后从预配板坯垛上取单板（面板、背板或长中板）放在涂胶芯板上，由组坯工摆正，依次反复到该组坯完毕。一般这种方法都用在有预压工序的生产上，也可用在没有预压工序的生产上。有预压时，组坯完的板垛4经传动辊台5送到预压机6上预压（图5-12）。也有的工厂把图5-12中的3作为组坯板垛，4作为预配板坯垛，组坯完后用吊料机把组坯板垛吊到预压机上（不需要传动辊台5）。这种方法操作简单，取板方便，单板不易破损，但所需设备较多，一般在大型工厂使用。

② 侧面取板组坯法

如图5-13所示。这种方法中的芯板涂胶后由组坯工接片把涂胶芯板放在组坯板垛3上，再由另一个组坯工从侧面预配板坯垛4上取单板放在组坯板垛上组坯，组坯板垛下是一小车，用于把组坯好的板垛拉到下一工序（如热压机）。这种方法所需人员少，设备简单，但从预配板坯垛上取单板不方便，一个人取单板易破损。一般用在并无预压生产工序的小厂中。

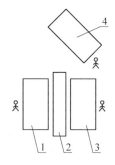

图5-13　侧面组坯示意

1. 涂胶芯板板垛（下面带有升降机）　2. 涂胶机　3. 组坯板垛　4. 预配板坯垛

用涂胶机施胶、组坯机械化生产线由贮放芯板垛的升降台和芯板自动进料系统，叠放面板和背板的送板车及面、背板自动进料系统，组坯台旁的中板自动供料系统以及具有自动升降机构的组坯台等几部分组成。

它的操作程序是：吸板箱从芯板板垛上吸起一张芯板，自动送进涂胶机前的进料辊筒，进料辊筒的速度与涂胶机辊筒的速度同步，并使芯板前端平整地进入涂胶机辊筒间，避免单板被挤破。接着，施胶芯板落在预先放好背板的组坯台上，在挡块的作用下，与背板一边靠齐。在芯板进料的同时，送板车两侧的面、背板自动进料系统工作，将面板传送到送板车下层，背板传送到送板车上层。送板车的上层结构是可以开合的栅状结构，它的作用是将面、背板重合，送板车由于气缸的推动作用可以沿轨道往返运行。面、背板叠合后，由送板车运送到组坯台上方，它的位置稍高于涂胶芯板。组坯台一侧的挡块由电气控制升降，当送板车接近时挡块下降，而低于背板，当面、背板通过后，挡块重新上升，因此在送板车抽回时，面、背板便被阻留在涂胶芯板上，这样，一次组坯过程就完成了。送板车回到原位，碰触限位开关，又进行第二次涂胶，面、背板进料叠合及组坯操作。所有操作都是按程序自动控制的。这是三层胶合板的组坯过程，多层板组坯时中板自动供料装置也加入程序操作。

(3) 对组坯工序的质量要求与检验

组坯时防止组坯单板叠层或离缝。特别是涂胶窄长芯板组坯时，应留合适的缝隙，防止因胶中含一定水分，使单板湿胀后易产生叠层；各层单板都不得沾有污物，均应做清洁处理。

组坯要有一直角的基准边，做到"一边一头齐"，防止单板错位。组坯整齐有利于胶合板锯边；表层单板应紧面向外，避免外露旋切裂隙；对于多层胶合板组坯时层数要准确，在每两组板坯的中间夹入单板条隔开，以便准确、迅速地上压，多层板的长中板在长度方向不允许用短芯板对接，但可用斜接机搭接的接长单板；窄条单板放在中间，防止搬动时窄条单板错动、歪斜造成叠层和离缝；对称层单板应该是相同树种或是材性相近的树种以及相同厚度和纹理方向的单板，避免胶合板产生过大翘曲。

5.3.2 预压

(1) 涂胶单板的陈化

涂胶后的板坯放置一段时间叫陈化。陈化目的是使胶中一部分水分蒸发或渗入单板，可降低胶层中水分，使胶黏剂黏度增高，聚合度加大，压合时有利于形成均匀连续的胶层，避免过多胶液渗入木材中，从而提高胶合强度。陈化时间不足，胶层水分过多，则达不到陈化目的；陈化时间过长，胶液干涸失去反应活性而降低胶合力或产生开胶缺胶。

陈化有开放陈化和闭合陈化。涂胶单板放置一段时间再组坯称为开放陈化，一般陈化时间为15~20min。这种方法可使涂胶单板充分膨胀，再组坯可减少叠芯或离缝缺陷。但这种方法占地面积大，胶液的适用期要长。涂胶单板不经放置而立即组坯，然后再放置一段时间，这种陈化称为闭合陈化，时间约为15min。

(2) 预压

预压是使胶合板板坯中各层单板相互黏合，以达到板坯坚挺、板面平整的效果。这样热压时用无垫板机械装板，装板容易，尤其适合小间隔的多层压机。

预压时，将涂胶后的板坯垛放入冷压机中加压。板坯垛高度由预压机而定，一般在1m左右，采用的板面压力为0.8~1.0MPa，预压时间为15~20min。检查预压效果要看各层单板层间黏合是否良好。黏合良好的板坯，掀开单板时可见到胶层有些微拉丝现象(注意涂胶时不能出现"拉丝")。

为获得良好的预压效果，要求胶黏剂初黏度大，否则单板不能很好黏合在一起。增加黏度的方法：一是调制胶的黏度，在胶中添加一定数量豆粉、小麦粉等增黏材料；二是在脲醛树脂制备过程中加一定量聚乙烯醇等，通常加工业用面粉。

预压机采用上压式，这样可方便安排板坯垛进出预压机。一次预压的板坯数量不宜过多，否则预压效果不好，每次预压的板坯总厚度以不超过 60cm 为宜。

本章小结

旋切后的单板经干燥、修补后进入胶合板生产的成型阶段，该阶段单板经施胶、组坯、预压，最后进入压机得到最终产品。施胶量、陈化情况以及预压结果关系到热压的工艺与产品质量，是胶合板生产中决定产品质量的重要环节。

思考题

1. 单板施胶的方法有哪些？
2. 简述影响施胶量的因素。
3. 单板施胶产生缺陷的主要原因有哪些？
4. 简述陈化与预压的目的。

补充阅读资料

几种胶黏剂的调胶配方

泡沫脲醛树脂胶的配方：脲醛树脂 100 份，血粉 0.5~1 份，氯化铵 0.2~1 份，水 2~4 份。血粉起发泡剂作用，使用前用其重量 4 倍的水浸泡 1h 以上。调胶时，先将树脂加到发泡机中，搅拌器的转速 250~300r/min，再加入血粉搅拌 5min，加入浓度为 20% 氯化铵再搅拌 5min，胶的体积增加 2~3 倍即可使用。此时胶的外观为不流动黏稠状，密度为 $0.3~0.4 g/cm^3$，活性期 3h。

预压脲醛树脂胶的配方：脲醛树脂 100 份，氯化铵 0.2~1 份，氨水 0~0.4 份，面粉 3~6 份，花生壳粉 6~9 份。调胶时，首先加入脲醛树脂，然后加入面粉搅拌 10~15min 至树脂中没有面团为止。也可以先用部分树脂将面粉搅成糊状，然后加入全部树脂搅匀。再加入花生壳粉搅拌 5min，最后加入浓度为 20% 氯化铵和氨水，一起搅拌 5min，放置 15min 后即可使用。

改性豆胶合成工艺：将豆粉、碱加入到反应釜中并快速搅拌，混合均匀，90℃ 处理 1h。然后将适量甲醛在一定时间内加入，继续保温 55min 后，加入适量苯酚、碱，并降温到 75℃ 处理 15min，最后加入剩余甲醛、碱，反应 90min。最后冷却到 30℃，放料保存。

血球蛋白粉胶调胶工艺：将 45g 血球蛋白粉加到 200mL 烧杯中，边搅拌边加入 55g 普通常温自来水，待血球蛋白粉全部溶解，再继续低速搅拌 5~10min，陈化 10min 后即可使用。

第 6 章

单板胶合

本章介绍了胶合板的胶合原理和胶合方法,分析了热压三要素(温度、压力和时间)的作用以及各要素对胶合质量的影响,列举了胶合板常见的胶合缺陷,介绍了胶合板的胶合设备以及其他胶合方法。

胶合板的胶合是指板坯在一定温度和压力的作用下,经过一段时间,使胶层完成固化的过程。在这一过程中蛋白胶逐渐凝固,树脂胶的分子逐渐缩聚,最后形成体状结构的大分子。

6.1 胶合原理

6.1.1 材料的表界面

材料的表界面现象很早就引起科学家的重视。早在 19 世纪中叶或更早的时候,科学家就注意到材料的界面区具有不同于本体相的特殊性质,表界面性质的变化对材料的许多行为有重要影响。1875~1878 年,著名科学家 Gibbs 首先用数理方法导出界面区物质的浓度一般不同于各本体相的浓度,就此奠定了表界面科学的理论基础。20 世纪初,液态表面张力的测定、气体在固体表面上的吸附量测定等表面测定技术,被应用到表面现象的研究中,许多科学家对黏附、摩擦、润滑、吸附等表面现象作了大量研究。1913~1942 年,美国科学家 Langmuir 对蒸发、凝聚、吸附、单分子膜等表界面现象的研究做出了杰出贡献,并以此荣获了 1932 年的诺贝尔奖,被誉为表面化学的先驱、新领域的开拓者。

20 世纪里的前 40 年,表面化学得到了迅速发展,大量研究成果被广泛应用于各生产领域,如食品、造纸、涂料、橡胶、建材、冶金和复合材料等行业,对这些行业的发展和技术改造起到了很大的作用。

20 世纪 50 年代,表面科学的发展相对比较缓慢。50 年代以后,由于电子工业和航天技术的发展,表面科学进展缓慢的局面才被打破。电子元件的微型化,航天部件的小型化,集成电路的发展,使得表面对体积的比值愈益增大,材料表面性能的影响愈显得重要。70 年代初,表面现象的研究进入了微观水平,表面科学得到了飞速发展,并作为一门独立的学科得到了公众的承认。

6.1.1.1 液体表面

液体表面原子或分子与内层情况不尽相同。众所周知,分子之间存在短程的相互作用力，成为范德华力。处在液体内部的分子受到周围同种分子的相互作用力，从统计平均来说这种分子间的引力是对称的，能够相互抵消。但处在液体表面的分子没有被同种分子所包围，在气液表面上的分子受到指向液相的液体分子吸引力，也受到指向气相的气体分子吸引力。由于气体分子的吸引力比液体分子的吸引力小得多，因此气液表面的分子受到指向液相并垂直于表面的引力。这种分子间的引力主要是范德华力，它与分子间距离的 7 次方成反比。所以表层分子所受临近分子的引力只限于第一、第二层分子，离开表面几个分子直径的距离，分子受到的力基本上就是对称的了。

从液体内部将一个分子移到表面上来要克服这种分子间引力而做功，从而使系统的自由焓增加；反之，表面层分子移入液体内部，系统自由焓会下降。因为系统的能量越低越稳定，故液体表面具有自动收缩的能力。液滴在无外力作用时呈球状就是这个道理。

假设在一边可以活动的金属丝框中有一层液膜，如图 6-1 所示。如果不在右边施加一个如图所示方向的外力 F，液膜就会收缩。这就表明，在沿液膜的切线方向上存在一个与外力 F 方向相反、大小相等且垂直于液膜边缘的作用力。实验表明，外力 F 与液膜边缘的长度成正比，比例常数与液体表面特性有关，以 σ 表示，称为表面张力，即

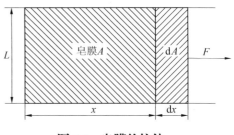

图 6-1 皂膜的拉伸

$$\sigma = \frac{F}{2L} \tag{6-1}$$

式中：L——液膜边缘长度(因液膜有两个表面，故取系数 2)(m)；

F——外力(N)。

式(6-1)表明，表面张力是单位长度上的作用力，单位是 N/m。它是反抗表面扩大的一种收缩力，它的作用是使一定体积的系统具有最小的表面积。

在图 6-1 中，设在 F 力的作用下金属丝移动了 dx 距离，则所做的功为：

$$dW = Fdx = \sigma \cdot 2L \cdot dx$$
$$\because \quad dA = 2L \cdot dx$$
$$\therefore \quad dW = \sigma \cdot dA$$
$$\sigma = dW/dA$$

所以，表面张力也可以理解为系统增加单位面积时所需要做的可逆功，单位为 J/m^2，是功的单位或能的单位，所以 σ 又可以理解为表面自由能，简称表面能。

6.1.1.2 固体表面

(1) 固体表面自由能

固体表面上的分子和原子与液体表面一样，受到的力是不平衡的，这就使固体表面具有表面自由能，简称表面能。固体的表面能也是产生 $1cm^2$ 新表面所需消耗的等温可

逆功。

（2）固体表面吸附性

固体表面具有吸附其他物质的能力。固体表面的分子或原子具有剩余的力场，对周围介质的分子、原子、离子具有吸引力。根据吸附力的本质，将固体的表面吸附作用分为物理吸附和化学吸附两种。物理吸附的作用力是范德华力，化学吸附的作用力则是化学键力。

6.1.1.3 润湿

由胶合理论可知，无论是机械接合、物理吸附还是化学键的形成都有一个分子（或原子）之间的距离问题，各种力只有在一定的距离之内才能产生作用，所以胶黏剂对胶合表面能够润湿（充分接触）是获得高胶合强度的必要条件。如果润湿不完全，有些地方不能很好接触就无法实现扩散、吸附等作用，就不能形成较高的胶合强度。

图 6-2 表现的是在固体表面滴上一滴液体后液体处于平衡时的状态，可用 Young 方程式表现其关系。

$$\sigma_{sL} + \sigma_{Lg}\cos\theta = \sigma_{sg} \quad (6-2)$$

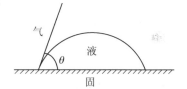

图 6-2 液体在固体表面的接触角

式中：σ_{sL}——固体和液体界面张力；

σ_{Lg}——液体表面张力；

σ_{sg}——固体表面张力；

θ——接触角。

Young 方程式是研究液—固润湿作用的基础。液体在固体表面润湿性能可用接触角 θ 的大小来衡量。

当 $\theta = 0°$ 时，固体表面完全被液体润湿；

$0° < \theta \leq 90°$ 时，液体对固体有较好的润湿性；

$90° < \theta < 180°$ 时，液体不能自行润湿固体表面；

$\theta = 180°$ 时，完全不润湿，液体在固体表面凝聚成小球。

6.1.1.4 胶合理论

在组成复合材料的两相中，一般总有一相以溶液或熔融的流动状态与另一相接触，然后经固化反应结合在一起，形成复合材料。在这个过程中，两相间是以怎样的机理互相作用的呢？这一直是人们所关心的问题。随着对复合材料的深入研究，人们已经提出了多种复合材料界面理论，每种理论都有一定的实验依据，能解释部分实验现象。但是，由于复合材料的复杂性，至今人们对界面的认识还很肤浅，还没有一种理论能够完善地解释各种界面现象。随着科学的发展和界面表征技术的进步，人们必将更全面、更深入地认识界面现象，界面理论也将进一步发展和完善。

（1）浸润性理论

浸润性理论是 1963 年由 Zisman 提出的。该理论认为，浸润是形成界面的基本条件之一，两组分如能完全浸润，树脂在高能表面的物理吸附所提供的黏结强度可以超过基体的内聚能。

表面不论多么光滑平整，从微观上看都是凹凸不平的。在形成复合材料的两相互相接触的过程中，如果浸润性差，那么两相接触的只是一些点，接触面会很有限。如果浸润性好，液面可扩展到另一相表面的凹坑之中，那么两相接触面积大，结合紧密，就会产生机械锚合作用，如图6-3所示。

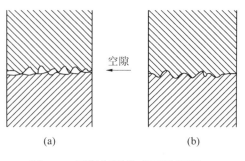

图6-3 树脂在固体表面的润湿
(a) 不浸润　(b) 浸润

毫无疑问，浸润性好有利于两相界面的接触，但浸润性不是界面黏结的唯一条件。

(2) 化学键理论

化学键理论认为要使两相之间实现有效黏结，两相的表面应含有能相互发生化学反应的活性基团，通过官能团的反映以化学键结合形成界面。如果两相之间不能进行化学反应，也可以通过偶联剂的媒介作用以化学键互相结合。如图6-4所示。

化学键理论是应用最广泛同时也是应用最成功的理论。但是，化学键理论也不是十全十美的理论，有些现象难以用化学键理论做出令人满意的解释。例如有些偶联剂不含有与基体树脂起反应的活性基团，却有较好的处理效果。

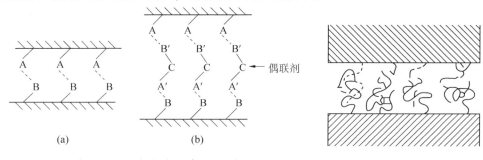

图6-4 两相间化学结合示意图
(a) 两相界面间发生化学反应
(b) 两相界面通过偶联剂以化学键结合

6-5 两相大分子间的渗透

(3) 扩散理论

扩散理论是由Borozncui等首先提出来的。该理论认为高聚物的相互间黏结是由表面上的大分子相互扩散所致。如图6-5所示。两相的分子链互相扩散、渗透、缠结，形成了界面层。扩散过程与分子链的分子量、柔性、温度、溶剂、增塑剂等有关。互相扩散实质上是界面间发生了互溶，黏结的两相之间界面消失，变成了一个过渡区域，因此对黏结强度提高有利。这种理论存在很大的局限性，如高聚物黏结剂与无机物之间显然就不存在界面扩散问题。

(4) 静电理论

静电理论认为，两相表面如果带有不同电荷，则相互接触时会发生电子转移而互相黏结。有人认为这种静电力是黏结强度的主要贡献者。但是，静电理论不能解释温度、湿度及其他各种因素对黏结强度的影响。

除了上述理论外，还有变形层理论、约束层理论、可逆水解理论、摩擦理论和酸碱作用理论等。

现在普遍认为，胶合是一个复杂的物理化学过程，材料胶合在一起是多种力作用的结果。胶合作用力包括机械力、分子间力(范德华力)和化学键力。机械力一般对胶合作用贡献不大，一些学者认为范德华力是胶合的主要作用力。根据理论计算，当两个理想平面距离到 1nm 时，范德华力使它们之间的引力可达 100～1000MPa；距离 0.3～0.4nm 时，引力可达 1000～10000MPa，这个数字远远超过目前最好的胶黏剂所能达到的强度。这是因为胶合时其他一些因素影响的结果：如胶黏剂或被胶合材料表面被污染；被黏物部分或大部分不能被胶黏剂润湿；胶黏剂固化时收缩应力；胶黏剂与被胶合物热胀冷缩差异引起的应力；接合处水分的影响，等等。

通过上述分析可见，胶黏剂与被胶合物之间可能发生机械连接、物理吸附、形成化学键、相互扩散，正是由于这些作用才产生了胶合力，其中分子-原子间普遍存在的范德华力贡献最大。但仅仅靠物理吸附形成的胶合满足不了应力集中和破坏环境的影响，因此界面上胶黏剂分子与被黏物之间的扩散或形成化学键(至少是氢键)是必要的。

6.1.1.5 胶合过程

为了便于浸润，胶黏剂一般是以液体状态涂于(或喷于)被黏结的材料表面。液体状态的胶黏剂几乎没有什么抗剪强度，因此，液体胶黏剂在浸润被黏物表面以后必须通过适当的方法将自己变成固体才能够承受力的作用。将液体的胶黏剂采取各种方法变成固态的过程称为固化。对于溶剂型胶黏剂、乳液型胶黏剂和热熔性胶黏剂，都可以通过物理的方法，如溶剂的蒸发、乳液的聚集和熔体的冷却等进行固化。对于热固型胶黏剂要通过化学方式使它聚合成高分子的固体。

在胶合制品中胶黏剂固化必须在一定温度、压力下保持一段时间。

(1) 加压

在胶合过程中，加压的目的是为了使胶黏剂在压力作用下产生流动，既有利于浸润，使胶层均匀、致密，也使得被胶合的表面尽量相互靠紧。另外，在压力作用下，存在于胶层中和界面上的气泡被挤出，减少了胶合界面上的薄弱点。

但是，生产中要根据产品品种、树种等方面的情况，选择适当的热压压力。压力太小，胶合强度差；压力太大，则会产生缺胶、透胶和木材过分压缩的现象。

(2) 加热

温度是胶黏剂固化的重要条件，温度升高，胶黏剂受到热量作用，内摩擦力开始减小，在 60～80℃时黏度下降到最小值，这样就能改善胶与原料之间的接触。这种流动时间很短，随着板坯内温度增加，几秒钟之后胶的内摩擦力迅速增加，最后胶黏剂全部固化。在内摩擦力开始减小时，胶黏剂的表面张力也减小，使邻近被胶合材料的表面容易变得湿润，胶液也容易从这一表面转移到另一表面。加热板坯使水和胶在汽化、扩散和毛细管作用下移动，在所有被胶合的材料表面熔化和扩散。更重要的是，有些化学反应必须在一定温度下才能进行。固化温度的高低往往又决定了固化反应完成的程度。

(3) 时间

时间在胶合过程中是必需的，无论是浸润、溶剂的挥发还是化学反应都必须有一定的时间，时间越长越充分。时间和温度有关，在一定条件下提高温度可以缩短时间，有些胶黏剂加入一定数量的其他成分后，固化时间可以大大缩短。

6.2 胶合方法

根据单板含水率大小和是否对板坯加热，胶合板胶合的方法有：湿单板热压法(简称湿热法)、干单板冷压法(简称干冷法)和干单板热压法(简称干热法)。

6.2.1 湿单板热压法

湿热法是将未经干燥而含水率在60%~120%的湿单板，经涂胶、陈化、组坯、热压和胶合板干燥等工序制得胶合板，是早年生产胶合板的一种方法。这种胶合板生产方法工艺简单，使用设备较少，占地面积小，使用的胶种主要是血胶，树种主要是软阔叶材。由于湿单板不能很好地修补与胶拼，因而木材利用率较低，产品质量不高。此外，由于胶合后的胶合板含水率高，须经干燥后使用，因此胶层内应力大，胶合强度受影响。热压后胶合板表面有干缩皲裂、胶合板容易翘曲变形的缺陷。由于上述原因，现在已很少采用湿热法，但国外有人试图恢复用湿板生产胶合板。为防止表板热压时产生裂口，在板材表面贴一层浸胶张。胶合板是用质量较差的湿单板和粉状胶黏剂制成的，成品不用砂光，表面质量较好，物理力学性能也很好，但是由于胶黏剂成本太高，推广有一定难度。

6.2.2 干单板冷压法

干冷法是将单板干燥至含水率为8%~12%的状态，然后涂胶、加压，在室温下使胶固化，或在50~60℃的环境中养护。使用的胶种主要有：豆胶、干酪素胶、脲醛树脂胶和酚醛树脂胶中的冷压胶。用这种方法生产，胶的固化周期长达4~8h，生产率低，而且胶合板的含水率往往达不到要求而需进一步干燥，耗胶量也较大。

这种方法生产的胶合板，板坯厚度不受限制，厚度对胶合时间也没有影响。对透气性较差的树种及厚度大的产品，干冷法更为适宜。这种方法多用于家具工厂、细木工门、单板贴面及小规模的胶合板生产。

6.2.3 干单板热压法

干热法是先将单板干燥至含水率为6%~12%的状态，在加热、加压的条件下使板坯内胶黏剂固化。使用这种方法生产效率高、产品质量好，但生产时板坯厚度应限制在25mm以下。干热法是胶合板生产的主要方法。

干热法生产时板坯内各层单板在一定压力下互相紧密接触，胶液在压力作用下也布展得更均匀。在加热的作用下，木材塑性变形增大，单板间接触更紧密；蛋白胶在加热作用下凝固，树脂胶受热缩聚，树脂分子由链状变化到立体交叉网状结构，这一过程是不可逆的。树脂固化后成为不溶于水的固体物质,同时形成牢固的胶着力。树脂胶的固化率要求达到80%~90%。

6.3 胶合工艺

采用干热法生产胶合板需着重考虑热压温度、热压压力和热压时间三要素的影响。最佳工艺条件应体现在产品胶合强度高、含水率适宜、木材压缩率小以及所用胶合时间短等几方面。

6.3.1 热压压力

热压压力在胶合过程中起的作用是使木材与胶层紧密接触,增大分子间作用力;使胶黏剂充分流展,均匀分布,并能部分渗入木材中,为胶合创造条件;使板坯密实化,达到规定的厚度。这里的热压压力指的是热压机通过压板施加在胶合板板坯单位面积上的最大工作压力。通常,生产中是通过表压力($P_表$)——热压机油缸内的压力,即热压机压力表数值来反映热压压力。它与热压压力的关系可用下式表示:

$$P_表 = \frac{P \cdot A}{\frac{\pi d^2}{4} \cdot n \cdot K} \tag{6-3}$$

式中:$P_表$——热压机上油压表的压力值(MPa);

P——根据工艺要求需施加在板坯上的最大单位压力(MPa);

A——板坯幅面大小(长×宽)(cm^2);

d——热压机油缸活塞直径(cm);

n——热压机油缸数;

K——压力损失系数(0.9~0.92)(板坯重、压板重和摩擦损耗)。

热压压力的大小取决于树种、胶种和对产品的不同要求(表6-1)。硬阔叶材比软阔叶材需要的压力略大一些,流动性较差的胶种比流动性较好的胶种压力也要略大一些。工程结构用胶合板如航空胶合板等对强度有较高要求,采用的单位压力较大;而用于装修的普通胶合板,对强度要求不高,为节约木材通常采用较低的单位压力。此外,板坯含水率、热压温度和施胶量等工艺参数对热压压力的确定有一定影响。含水率较高的板坯,塑性较好,需要的压力可以小一些。施胶量低时需要用较高的压力,才能使木材和胶黏剂间的界面很好接触。热压温度高,木材塑性好,所需压力可以小一些。但是如果热压板温度过高,导致板坯表层的胶黏剂迅速固化,反而会对压缩产生阻力,因而需考虑胶黏剂的固化速度,选择最佳的热压温度,使加压的阻力最小。

表6-1 各种胶合产品的单位压力

产品种类	单位压力(MPa)
普通胶合板	0.8~1.5
航空胶合板	2.0~2.5
船舶胶合板	3.5~4.0
木材层积塑料	15

在热压过程中热压压力应随时间而变化，以适应工艺要求，压力随时间的变化曲线称为热压曲线(图6-6)。压力变化大致分为以下三段：

第一段，压机闭合，升压。压力从零升至规定的最大工作压力。这一阶段从板坯装入压机就开始了，为了防止板坯在未受压力自由状态下胶层提前固化，所以这段时间应越短越好，对手工装卸板坯的十层热压机，从装板开始至压板闭合、完成升压的时间不应超过2min。当压机层数超过十五层时应采用机械装卸板。对一台三十层的压机，用机械装卸板装置，其装板、闭合和升压总时间约30s。

第二段，当压力升至规定的最大工作压力后保持一段时间，称为压机保压阶段。理论上在这一阶段压力是恒定的，但实际生产中这段压力是不断波动的。这是受热的板坯在压力作用下产生塑性变形引起压力下降并不断补压的结果。

第三段，热压完成，压力下降，称为降压段。在热压过程中，由于板坯受热，水分蒸发，大量水蒸气不易外逸而聚集在芯层，形成很大的内部蒸汽压力。当外加压力快速下降时，内部蒸汽压会迅速释放，极易导致板材出现"鼓泡"缺陷，为了防止这种缺陷的产生，降压要分段进行。对于三层胶合板一般分两段进行降压。第一段把压力从规定的最大工作压力降至平衡压力($P_平$)，即此时热压机压板施加在板坯表面的单位压力与板坯内的蒸汽压力相平衡。由对应的温度可查到蒸汽压力，也就知道了需施加在板坯上的单位压力。第二段把压力从平衡压力降至零。接着压板全部打开，降压完成。对于多层胶合板，降压要分多段进行。各段压力的控制以确保板材不出现鼓泡现象为准。

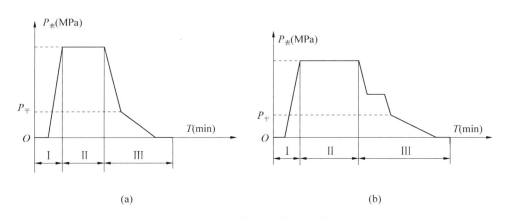

图6-6 普通胶合板热压曲线
(a)三层板 (b)多层板
Ⅰ.装板、压板闭合、升压 Ⅱ.保压 Ⅲ.降压、压板打开

6.3.2 热压温度

在热压过程中，热量经过热压机压板表面传递给板坯表层，然后再逐步传递到板坯中央，促使胶黏剂固化，增加木材塑性，促使木材密实，同时，促进板坯内水分蒸发，使板材最终达到适宜的含水率。

通常热压温度是指热压机压板的温度，且被视为恒热源。然而，实际上在板坯表层和芯层各点处的温度随着时间在不断变化，可用如图 6-7 所示的热压时板坯内温度特性曲线来描述，它直接影响到加热时间和生产率。由图可知，在热压机闭合瞬间，板坯表层温度即迅速上升，并很快趋于稳定；而在芯层的时间温度特性曲线中可以将总的热压时间（或热压过程）分为五段。

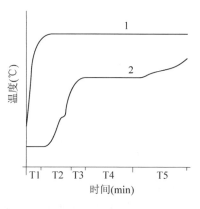

图 6-7　热压时板坯内温度特性曲线
1. 表层　2. 芯层

T1：加热时，靠近热压板的板坯表层温度迅速上升，芯层温度几乎没有变化。此阶段主要是通过热传导，将热压板上的热量传给表层单板，迅速加热表层。但由于木材本身是导热不良体，导热系数较小，即热量传递速度较慢，因而短时间内芯层温度不发生变化。

T2：板坯芯层温度迅速上升。这是由于在 T1 阶段受高温作用的表层单板中的水分蒸发而产生的大量水蒸气向板坯内部传递（少部分从四边逸出），大量热量以对流形式由表层向芯层传递，直至芯层水分开始蒸发。

T3：芯层温度缓慢上升。这是由于芯层蒸汽压力的不断上升，导致表芯层蒸汽压力差减小，蒸汽传递速度下降；表芯层温度的梯度下降而导致热量传递速度下降；最主要的是因为此时芯层温度已达到水的沸点，芯层单板所吸收的热量开始用于蒸发水分，故温度上升较慢。

T4：芯层保持恒温。大量水分开始蒸发，传递至芯层的大部分热量被用于蒸发水分，因而芯层保持恒温。此时，板坯内部水蒸气传递速度小于蒸汽从侧面逸出的速度，导致内部蒸汽压力下降，同时被蒸发水分的单板含水率下降，而导致含水率的梯度存在，致使更多的水分被蒸发，因而蒸汽压力的快速下降受到阻止，使芯层温度相对保持稳定。

T5：继续加热，芯层温度缓慢上升，高于沸点温度，并接近热压板温度，直至热压结束。这个阶段的热量传递以热传导为主，对流传热作用已不明显。

图 6-8 为九层胶合板各胶层的温度随时间变化的曲线。从图中可看出，越靠近中心层（第四层胶层），温度上升速度越慢。

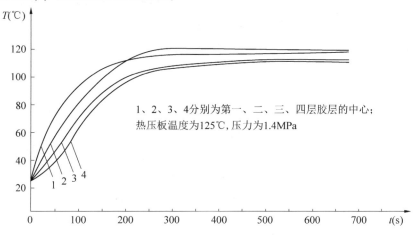

图 6-8　九层胶合板各胶层的温度变化曲线

从图 6-7 可以看出，采取相应措施，可以缩短板坯的热压时间，比如尽快使芯层达到恒温阶段(T4)，T2 的斜度尽量大些，T1 尽可能短些等。也就是说可以采取各种措施加快向芯层传递热量。影响热量传递速度的因素很多，例如热压板的温度高，对芯层的热量传递就快。增加对板坯的压力，也能缩短加压时间，因为压力大可以加速向芯层的热量传递。板坯含水率对芯层温度上升速度的影响也比较显著。然而，由于单板垂直纹理方向的水分或水蒸气的移动都较顺纹方向少，水蒸气向板坯内部移动或由内向外释放水蒸气相对都比较困难，因而，通过提高热压温度、热压压力和板坯含水率的方法来加速芯层温度的上升是不可取的，特别是对于层数较多的胶合板，生产上通常采用喷蒸、加频和微波加热等方法来缩短热压时间。这部分内容将在其他胶合方法中讨论。

选择热压温度应主要考虑胶黏剂的类型、树种、板坯含水率和板材厚度等因素。为了缩短热压时间，一般各胶种都采用高于胶层固化所需的温度。通常蛋白胶所用的热压温度为 95~120℃，脲醛树脂胶为 105~120℃，酚醛树脂胶为 130~150℃。在达到规定的胶合强度下，不宜选择较高的温度。温度越高，板内的水蒸气压力越高，而一层层单板阻碍了水蒸气的迁移，易产生鼓泡等工艺缺陷，又使板内温度在板堆放过程中难以释放，造成胶层热分解；从出材率角度，生产上希望胶合板有较少的塑性变形；对酸缓冲容量大的树种，如杨木，生产脲醛树脂胶胶合板时，热压温度高，鼓泡和分层现象尤为严重；对板厚度大和层数多的胶合板更不宜选用较高温度。考虑到上述原因，即使使用酚醛树脂胶生产胶合板，热压温度也不宜超过150℃。对排除水蒸气困难的针叶树材，例如含松脂量多的松木胶合板，也不能采用过高的温度。

6.3.3 热压时间

一个完整的热压周期可划分为以下七个阶段：

T_1：装板时间。板坯被送入压机，在整个装板时间内，整个压机都装上了板坯，这时板坯还没有受到压力的作用。

T_2：闭合时间。热压板从开始闭合到全部闭合，板坯上仍未受到压力。

T_3：升压时间。上下热压板都压紧板坯后，压力升到规定的最大工作压力。

T_4：保压时间。板坯被压紧，胶黏剂固化。这段时间占整个热压周期的大部分。

T_5：降压时间。胶黏剂固化后，压力下降到零。

T_6：张开时间。从压力为零到热压板完全张开的时间。

T_7：卸板时间。板材从压机中卸出。

其中，从 T_3 到 T_5 称为热压时间，即从压板完全闭合开始升压到压力降至零压板开始张开这段时间。一般说来，一个热压周期内的升压和保压时间是最有意义的，对胶合板性能的影响最大，如直接影响到胶合板的厚度控制、胶合强度等。除此以外，其他时间也有经济意义。任何部分时间的减少，都可以提高生产率和降低生产成本。

热压时间是为了使板坯中的胶黏剂具有较高的固化率，同时使木材具有一定塑性，达到板坯所要求的厚度，也避免板的工艺缺陷，如鼓泡等。热压时间的确定与胶层固化速度、板坯厚度及板坯中水分的排出速度等因素有关。装板与压板闭合时间应尽可能短，因此最好采用板坯预压和机械装卸板工艺。

胶层固化速度取决于胶层温度上升速度。板坯中心层离表层最远，温度的上升速度最慢。同时，由于木材逐渐被压实，中心层板坯内水分蒸发形成的蒸汽很难排出，停留在板坯中以蒸汽和过热水形式存在，因而使中心部位含水率相对较高，从而影响胶黏剂的固化速度。由于中心层边缘处的水蒸气易于逸出，会带走很多热量，导致这个部位的温度相对较低，胶的固化速度较慢。由此可见，确定热压时间时应考虑离压板最远胶层边缘部位加热所需时间。通常，压力保持时间视胶合板成品的厚度而定。对三层薄板，成品每厚1mm保压40s。五层以上的厚板，成品每厚1mm保压1min。

降压速度根据板坯厚度和胶种确定，涂胶量大，板坯含水率高，降压速度要慢；板坯厚度大，中心水分向外移动路线长、阻力大，降压速度也应慢，通常采用分段降压。第一段降压时，板坯中心的蒸汽和过热水受外界压力控制，因此降压速度可快些，约为10s；第二段降压要慎重，多层板的降压时间控制在40~80s内；第三段压板全部打开的速度是由油缸回油速度决定的，这时的降压速度快慢对胶合板质量已无影响。在压板打开时，板坯内水分以蒸汽形态大量逸出。这时是板坯排除水分的主要时期。在这个时期可使板坯含水率下降3%~6%。

为保证胶合质量、减少胶合板厚度偏差，建议热压时压机每个间隔时间压一张板坯，即"一张一压"的工艺。

6.3.4　板坯含水率

除了温度、压力和热压时间三要素外，板坯含水率也是非常重要的因素，它直接影响到热压后的产品质量，如胶合强度、鼓泡、分层、翘曲等。

板坯中的水分来自三个方面：一是单板中的水分。单板在干燥后，按照工艺要求，并不是绝干的，在物料中仍保持一定数量的水分，一般为8%~10%。二是液状胶黏剂中的水分。胶合板用的脲醛树脂胶一般固体含量为55%~60%。常用的酚醛胶固体含量约为40%，也即60%是水分。在很多情况下，过多的水分使板坯最终含水率升高。近来，发展了固体含量约为53%的酚醛胶，其实这些固体含量中并不完全是酚醛树脂，有一部分是填料，用来降低树脂中的水分；三是树脂胶固化时缩聚反应产生的水分。树脂胶进行缩聚反应要产生一部分水，据报道，脲醛胶增加固体树脂6%，能使板坯含水率增加0.9%。

热压板闭合时，板坯表面立即与热压板接触，板坯表面温度很快上升。热压开始时板坯内部是室温，随着热压时间延长，蒸汽很快向中心移动，芯层温度上升，板坯表层与芯层的温度梯度逐渐缩小，促使树脂很快固化。含水率梯度和温度梯度不但在板坯厚度上存在，同时在平面上也存在，也就是说在板坯的芯层和边部之间也有温度梯度。板坯长时间地放在压机中压制，温度梯度的差可逐渐减小。一旦板芯达到100℃时，脲醛树脂胶在30s内就能固化，酚醛胶固化时间要长些。板坯角部的芯层温度很难达到这种程度，除非板坯长期放在压机中。

在热压过程中，过高的含水率要延长热压时间，并容易导致板材出现鼓泡现象；而含水率过低，可能使板坯压缩困难，板材厚度达不到要求。图6-9为专家根据模糊推理对胶合板板坯含水率进行的评估，即将领域专家们的思想以定量的形式表达，这种方法

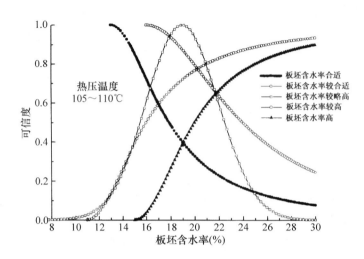

图 6-9 胶合板专家对胶合板板坯含水率的评估

一般用于当精确定量难以实现,以经验来决定生产的行动。由图可知,含水率在18%以下较适宜,当含水率超过23%时,生产就可能产生一定的问题。

板坯含水率受单板含水率、胶合板层数、单板厚度、涂胶量、树脂固体含量等因素的影响。板坯含水率计算方法如下:

(1) 算出单板和胶液中水的重量(Q_w)

单板中水的重量为:

$$\sum_{i=1}^{m} Q_i = \frac{1000 \cdot S_i \cdot F \cdot W_i \cdot r_i}{100 - W_i} \tag{6-4}$$

式中:$\sum_{i=1}^{m} Q_i$ ——单板中水的质量(g);

m ——胶合板层数;

S_i ——单板厚度(mm);

F ——胶合板板坯幅面面积(长×宽)(m^2);

W_i ——单板含水率(%);

r_i ——含水率为W_i时的单板密度(g/cm^3)。

胶液中水的重量为:

$$Q_j = \frac{q \cdot F \cdot (m-1) \cdot \left(1 - \dfrac{n}{\sum n}\right)}{2} \tag{6-5}$$

式中:Q_j ——胶液中水的质量(g);

q —— 双面涂胶量(g/m^2);

F —— 板坯幅面面积(长×宽)(m^2);

m —— 胶合板层数;

n —— 一张板坯用胶,胶内的干物质质量(g);

$\sum n$ —— 一张板坯所用的胶液质量(g)。

单板和胶液中水的重量为:

$$Q_w = \sum_{i=1}^{m} Q_i + Q_j \tag{6-6}$$

(2) 算出板坯中干物质的重量

绝干单板重量为:

$$\sum_{i=1}^{m} G_i = \frac{10^5 \cdot S_i \cdot F \cdot r_i}{100 - W_i} \tag{6-7}$$

式中:$\sum_{i=1}^{m} G_i$ —— 板坯中单板的绝干重(g);

m —— 胶合板层数;

S_i —— 单板厚度(mm);

F —— 单板幅面大小(长×宽)(m^2);

r_i —— 含水率为 W_i 时的单板密度(g/cm^3);

W_i —— 单板含水率(%)。

胶液中绝干物质重量为:

$$n(n = n_1 + n_2)$$

胶液中固体树脂重量为:

$$n_1 = q \cdot F \cdot (m-1) \cdot (1-R) - P/2 \tag{6-8}$$

式中:q —— 双面施胶量(g/m^2);

F —— 芯板幅面大小(m^2);

m —— 胶合板层数;

R —— 胶液中增黏剂、填充剂等所占的重量百分比(以小数表示);

P —— 胶液中树脂的固含量(以小数表示)。

胶液中增黏剂等物质的绝干重量为:

$$n_2 = \frac{q \cdot F \cdot (m-1) \cdot R}{2(1+W_R)} \tag{6-9}$$

式中:W_R —— 增黏剂、填充剂的绝对含水率(以小数表示)。

板坯中总的干物质重量为:

$$G_0 = \sum_{i=1}^{m} G_i + n$$

$$n = n_1 + n_2$$

(3)胶合板板坯含水率 W 为：

$$W = \frac{Q_w}{G_0} \times 100\% \tag{6-10}$$

6.3.5 木材压缩率

由于木材属弹塑性物质，在热湿作用下，木材逐渐被压缩，板坯厚度逐渐减小。在压力作用下板坯厚度的减少称为总压缩。卸压后能恢复的那部分压缩称为弹性压缩，另外一部分因塑性变形不能恢复称为残余压缩。卸压后残余压缩与板坯厚度之比，以百分率表示称为压缩率，可用下式表示：

$$\Delta = \frac{d_0 - d_1}{d_0} \times 100\% \tag{6-11}$$

式中：d_0——板坯厚度(mm)；

d_1——热压后板的厚度(mm)。

压缩率大小与树种、含水率变化、温度、压力和热压时间等因素有关。板坯压缩率情况如图6-10所示(实验条件：单板含水率5%～8%，板坯含水率22%～26%，单位压力2.0MPa，板坯厚度17.6mm，热压温度110～115℃)。一般软材单位压力大、热压温度高、热压时间长，板坯压缩率大；反之，则压缩率小。

在相同胶合条件下薄单板制成的胶合板比厚单板制成的压缩率要大一些。表层单板的压缩率高于芯层单板的压缩率，板坯厚度越大这种差别越明显。如果长时间在高温作用下，这种差别反而会减小。这是因为在温度作用下，整个厚度方向塑性趋于一致，所以当热压时间很长时，板坯厚度对压缩率的影响较小。

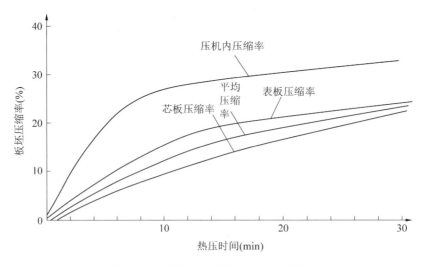

图6-10 胶合板板坯的压缩率(桦木)

6.3.6 不同胶种胶合板热压工艺

6.3.6.1 蛋白胶黏剂胶合板

用蛋白胶为胶黏剂制造胶合板时应注意这类胶的两个特点：一是蛋白胶的凝固温度较低，为75~90℃；二是胶的干物质含量较少，施胶后使板坯含水率提高很多。为了加速胶合过程，可选用略高于蛋白质凝固温度进行胶合，但温度过高会破坏胶层的形成。由于板坯水分较多，在工艺上采取一些相应措施使成品含水率达到要求范围。如板坯施胶后要有足够陈化时间，使部分水分蒸发和被单板吸收，胶层黏度增高便于胶合；降压时间较长或在没有压力情况下在压机中保温干燥一段时间；卸出压机后要将胶合板插在架子上，用风机吹风冷却，使板子继续蒸发水分等。其具体工艺条件是：豆胶胶合板热压温度为105~120℃，保压时间为14~15min，降压时间为2~2.5min，6mm以上厚胶合板在降压后干燥2~2.5min。血胶胶合板热压温度为95~120℃，保压时间为14~16min，降压时间为2min。

6.3.6.2 脲醛树脂胶胶合板

脲醛树脂胶是一种固化速度较快的胶种，要根据季节不同控制固化剂加入量，保证具有适宜的固化速度与活性期。陈化时间对胶合强度影响很大，要很好掌握。要防止装板时间过长引起靠近热压板的胶层提前固化。热压温度不易过高，否则会使胶层变脆和分解。卸压后胶合板要很好冷却以排出多余水分和降低板材的温度。如果板材温度高于80℃并长时间堆放，会引起胶合强度下降。脲醛树脂胶胶合板热压条件见表6-2。

表6-2 脲醛树脂胶胶合板热压条件

树种	胶合板层数	胶合板厚度（mm）	每格张数	热压工艺条件		
				压力（MPa）	温度（℃）	时间（min）
椴木 杨木	3	3	1	0.8~1.0	110~120	2
	3	3	2	1.0~1.2	110~120	5
	5	5	1	1.0~1.2	110~120	5
	5	5	2	1.0~1.2	110~120	11
	5	6	1	1.0~1.2	110~120	6
	5	6	2	1.0~1.2	110~120	13
	5	7	1	1.0~1.2	110~120	8
	5	8	1	1.0~1.2	105~110	9
	5	9	1	1.0~1.2	105~110	10
	7	12	1	1.0~1.2	105~110	14
	7	15	1	1.1~1.2	105~110	17
	7	16	1	1.1~1.2	105~110	18
	9	18	1	1.1~1.2	105~110	22
	11	20	1	1.1~1.2	105~110	23

(续)

树种	胶合板层数	胶合板厚度（mm）	每格张数	热压工艺条件		
				压力（MPa）	温度（℃）	时间（min）
马尾松	3	3	1	1.2	110~120	2
	3	3	2	1.3	110~120	5
	5	6	1	1.4	110~120	5
	5	6	2	1.4	110~120	10
	7	12	1	1.4	110~120	10

6.3.6.3 酚醛树脂胶胶合板

酚醛树脂胶胶合板生产一般采用水溶性酚醛树脂，树脂含量为45%~50%。涂胶后单板含水率较高，热压时很难形成良好的胶合，以往的生产工艺是将涂胶后的单板经干燥排除部分水分和挥发物，再进行热压胶合。但这种工艺多一道干燥工序，目前已不采用。现在生产上使用的酚醛树脂胶成膜性能有所改善，芯板可不进行干燥，但需要陈化使胶中的大部分水分蒸发形成干状膜再进行热压。通常酚醛树脂胶固化率达65%~70%时板材的干强度可达到最大值，固化率达80%~85%时湿强度可达到最大值。因此，有的资料认为树脂固化率达65%~70%时便可卸压，密堆起来靠胶合板潜热能使树脂固化率提高到85%以上，这样可提高热压机生产能力。酚醛树脂胶胶合板热压条件见表6-3。

表6-3　酚醛树脂胶胶合板热压条件

树种	层数	胶合板厚度（mm）	热压间隔张数	单位压力（MPa）	温度（℃）	时间（min）	
						保压	降压
椴木 杨木	3	3	1	1.2~1.3	130~140	3	1.0
	3	3	2	1.2~1.3	130~140	6	1.5
	5	5	1	1.2~1.3	130~140	5	1.0
	5	5	2	1.2~1.3	130~140	12	2.0
水曲柳 柳桉 荷木 其他硬阔叶材	3	3	1	1.4~1.5	130~140	3	1.0
	3	3	2	1.4~1.5	130~140	6	1.5
	5	5	1	1.4~1.5	130~140	5	1.0
	5	5	2	1.4~1.5	130~140	14	2.0
	7	9	1	1.4~1.5	130~140	9	2.0
	9	12	1	1.4~1.5	130~140	13	2.5
	9	19	1	1.4~1.5	130~140	20	3.5
	11	13	1	1.4~1.5	130~140	14	3.0
马尾松	3	3	4	1.3~1.4	130~135	14	
	5	6	1	1.3~1.4	130~135	7	
	7	12	1	1.3~1.4	130~135	14	
	9	16	1	1.3~1.4	130~135	18	

注：改性酚醛树脂胶，涂胶芯板经陈放，不经干燥。

6.4　胶合质量

6.4.1　影响胶合质量的主要因素

在胶合板生产中几乎每一道工序都在不同程度上影响着胶合板的胶合质量，为便于掌握，归纳如下几个方面。

6.4.1.1　胶黏剂质量

表现为胶黏剂的性能、各组分的配合和调胶工艺等几个方面。

现在胶合板生产几乎都采用合成树脂胶。使用胶黏剂时要注意用途，如生产不同用途的胶合板所用胶黏剂不一样。不论是酚醛树脂胶，还是脲醛树脂胶都应力求质量均匀稳定，否则，调胶后的黏度、酸碱度、活性期都会因不稳定而影响涂胶操作和胶合质量。

在设计调胶配方时，除了必须考虑符合胶合强度的要求外，还应兼顾经济原则。为了降低调胶配方的成本，往往在调胶时放入适量的填充剂（例如面粉、豆粉、木薯粉等）。良好的调胶配方需根据各企业的设备、工艺方法、技术条件和胶合板结构等诸多因素确定。

通常，调制的胶黏剂中树脂总含量（固体树脂重量与各物质重量的比例）以40%～50%为宜。树脂含量太高则成本高，树脂含量太低则胶合强度差。当涂胶芯板薄而且光滑时宜用固体含量高的胶，涂胶量可适当少些。如涂胶芯板厚而且粗糙时，则宜用低固体含量的胶，但涂胶量要大些。当单板含水率较高时，胶的固体含量应高些，反之，固体含量应适当低些。

脲醛树脂胶的调胶黏度一般控制在800～1400cP之间（以生产车间温度为准），酚醛树脂胶的调胶黏度宜控制在1000～1400cP之间。胶的黏度过低时，涂胶后胶液容易被单板吸收而渗入单板内部，从而造成胶合界面上缺胶，预压时的黏合性能不好，热压后得不到良好的胶合强度。胶的黏度太高时则涂胶操作困难，胶液涂布不易均匀，还使涂胶量增加，同样会影响胶合强度。胶黏度低还有一个缺点，就是对各种不同树种的适用性较差，只能适用于某些材质相似、酸度相近的树种，而无法同时应用于材与酸度差异较大的树种。以东北地区的原木树种为例，水曲柳、桦木和椴木三者之间的材质密度相差不大，其pH值也都在7以下，所以应用一般的低黏度胶能同时适合上述三种树种单板的胶合，但却无法同时应用于材质差异大的树种，如大青杨。大青杨的材质松软且含碱性较高，pH值在8以上，它的物理化学性质与上述三种树种有很大差异。当采用较低黏度的胶时，涂布在大青杨芯板上的胶很容易被吸入芯板内部，然后与碱性物质作用，使胶液的pH值无形中提高了不少，也相应延长了固化时间，这样即使延长预压时间也无法改善预压效果，甚至在热压以后也许还没有完成胶的固化。反之，如果使用较高黏度的胶可以同时适用于水曲柳、桦木、椴木及大青杨（或类似大青杨的其他树种），因为芯板涂过较高黏度胶液后被吸入单板内部的胶液较少，因此胶液仍能保持一定的

pH 值，也就能在预期的时间内固化，再加上黏性好，所以预压也能获得良好的效果。

胶的酸碱度可通过固化剂的添加量来调整，一般控制在 4.5~5.5 之间。pH 值较低时，调胶液的活性期较短，但可缩短热压时间。pH 值较高时，胶的活性期较长，但热压时间较长。调胶的各种物质混合均匀后到胶液固化为止所需时间称为活性期。活性期的长短与固化剂用量及环境温度等有关。相同配方的调胶液于低温时活性期较长，高温时则较短。活性期的长短应根据现场操作所需时间而定。通常活性期不可低于操作时间的两倍。活性期太短，胶液容易早期固化，热压胶合强度不良，甚至会出现大批量的脱胶现象。胶合板用脲醛树脂胶的活性期通常为 3~4h。

6.4.1.2 单板质量

单板质量尤其是其表面状态对胶合强度影响很大。单板质量要在木段准备和单板旋切及加工各工序中予以足够重视，要很好进行木材软化处理，控制好旋切条件使单板各项指标处于最佳值，同时应注意单板含水率与平整度。

在当前胶合板用材紧缺的情况下，无法保证用单一树种来进行生产，这样由于树种的变异使原木的材性有所变化，生产中就需要通过不断调整工艺来适应原料的变化，给生产带来一定的困难。要解决这个问题只能采用这样的方法，就是在尽可能的范围内，设法集中同一树种，连续在一段时间内使用，例如连续三至五天内都使用同一树种。如果一个企业有多个胶合板生产车间，每个车间可集中生产某一树种的产品。

木段的软化处理应严格按照工艺规程进行操作。控制好介质的升温速度，如果升温速度过快，则会因木段内外的温差过大而产生过大的应力进而引起木段开裂。木段开裂会影响单板质量和出材率。在保温阶段应根据木段的不同直径来控制保温时间。时间过长或过短都会影响到软化处理的质量。时间过短，木材的塑性差，旋切时单板背面拉应力大，容易造成过深的背面裂隙，同时切削阻力大，旋出的单板表面粗糙不平整。时间过长，则会因木材的塑性太好而使旋刀无法切断木纤维，容易使单板表面起毛。在软化处理结束时，木段应放在蒸煮池中随池冷却，这样可避免由于内外温度差异过大而造成木段开裂。

在旋切前要调整好旋刀和压尺的安装位置，旋刀的安装高度和初始切削后角要适当。应根据树种和单板厚度来调整刀门距离。此外需要注意，不要用大旋切机来旋切短木段，否则旋切机的卡轴会因根部受力过大而磨损，这将影响到旋切机精度。使用单卡轴旋切机时应根据木段直径和旋切机的构造来选用卡头，不能为追求减小木芯直径而用小卡头，因为木段直径较大时小卡头传递的驱动力矩不够，无法克服旋切阻力矩，也即无法保证旋切正常进行。在使用带压辊的旋切机时，要调整好压辊的压力，压力过大时会将木段压弯曲，这会影响到单板的厚度偏差，甚至使旋切无法正常进行。

6.4.1.3 胶合工艺

胶合前要注意掌握好施胶量与陈化两个环节。理论和实践都证明太高或太低的施胶量对胶合强度都没有好处。施胶量过大，胶层过厚，内应力增大，容易透胶，而且生产成本增加；施胶量过小，不利于胶液浸润，胶层会不完整。此外，涂胶时要使芯板表面胶液分布均匀，不能出现背部缺胶或背部胶液过多现象。单板质量及涂胶辊制造质量影响胶液分布的均匀性。零片单板涂胶时应把整个涂胶辊的长度方向都使用到，应避免只使用涂胶辊的某一段，否则长期如此会使涂胶辊背部磨损而影响涂胶质量。

对涂过胶的单板应控制其陈化时间。过短时间的陈放达不到陈放目的，在预压时也会因此而不能获得满意的预压效果。长时间的陈化则会使胶液渗入单板而造成表面缺胶。同时，由于涂胶单板陈放时的堆积热会导致胶层过早固化。陈化时间的长短应随气候合理变化，夏天短一些，冬季长一些。

热压时要控制好板坯含水率、热压温度、压力和时间等。温度主要由所使用的胶种来决定，压力由所用的树种、产品种类和胶合板的结构等决定，时间则由产品的厚度和胶种等决定。热压过程中一定要控制好降压的速度，特别是压制厚胶合板和高含水率板坯时，更要控制好降压速度，否则极易产生鼓泡问题。

此外采用新技术、新设备，如使用高效喷气式单板干燥机、芯板拼缝机、芯板整平设备等，实现涂胶、组坯、预压和热压连续作业，采用机械装卸板系统、快速闭合装置等，可准确控制工艺条件，使产品质量更有保证。

6.4.2　胶合过程常见缺陷分析

胶合板胶合过程中往往会出现一些缺陷，轻则增加了返工修理的麻烦，重则使胶合板降等甚至成为废品。以下列举几种常见的胶合缺陷，分析其产生原因，并提出相应的改进措施。

6.4.2.1　胶着力低，大面积开胶

主要原因有：胶黏剂的质量不好，如变质、水分过多；单板含水率过高，表面质量差；胶合条件没有控制好，如热压温度过低或部分温度不均匀，压力不足，热压时间过短而使胶层没有充分固化；陈化时间不足或过长也会使胶着力下降。

改进措施：一是更换胶黏剂，选用含水量少的配方或适当添加面粉、豆粉以吸收水分；二是改善单板质量，严格控制单板含水率；三是调整热压工艺，提高热压温度，延长热压时间，适当增大压力；四是定期检查设备，保证旋切机精度，检查热压板蒸汽通路及供汽情况。

6.4.2.2　鼓泡和局部脱胶

主要原因有：降压速度过快；单板含水率过高；热压时间不足或压板局部温度过低；涂胶时有空白点或夹杂物、黏污；松木单板透气性差，热压温度过高，松脂汽化，造成开胶。

改进措施：一是采用多段降压工艺，严格控制降压速度；二是降低单板含水率；三是提高胶浓度或减少涂胶量；四是对于松木一类透气性较差的树种，采用低于110℃的热压温度；五是适当延长热压时间；六是检查热压板蒸汽通路及供汽情况。

6.4.2.3 边角脱胶

主要原因有：陈化时间过长，边角胶已干涸；边角缺胶；大幅面压机压小幅面板时，各层装载位置偏移，造成加压不均；热压板翘曲变形；压板边角部温度过低。

改进措施：一是缩短陈化时间；二是注意涂胶操作；三是大压机不压小板，即使压小板也要使各层的受压位置对齐；四是压板翘曲变形小时可通过刨平热压板来修理；变形量大时需更换压板；五是检查热压板蒸汽通路及供汽情况。

6.4.2.4 芯板叠芯离缝

主要原因有：手工排芯，零片单板间膨胀间隙掌握不准确；装板或搬动时芯板错位；预压效果不好，单板间未能良好黏合；芯板边缘不平直；芯板边缘有荷叶边和裂口。

改进措施：一是实现芯板整张化或采用二次涂胶工艺；二是涂胶芯板开口陈化时间要适当；三是板坯实行先预压后装机，搬动板坯时保持平稳；四是掌握好预压时机；五是芯板采用整平工艺，先剪后干的芯板干燥后应齐边；六是提高芯板旋切质量和干燥质量。

6.4.2.5 板面透胶

主要原因有：胶液太稀，水分过多；涂胶量太大；单板背面裂隙太深；单板含水率太高；板坯陈化时间不足；热压时压力过大。

改进措施：一是检查胶液质量，提高胶液的树脂含量，选用含水量少的配方；二是降低涂胶量，更换磨损的涂胶辊；三是改进单板旋切质量，调整压尺位置，增加旋切压榨率；四是降低单板含水率；五是增加陈化时间，使胶液中一部分水分蒸发；六是减少热压压力，检查热压机压力表。

6.4.2.6 胶合板翘曲

主要原因有：组坯时不符合对称原则；组坯时面、背板正反方向不对；单板从有应力的木段中制得；热压板翘曲变形；胶合板堆放不平。

改进措施：一是组坯时应使对应层对称；二是组坯时面、背板均应正面朝外；三是旋切出的单板应经整平处理（柔化处理）；四是修理或更换压板；五是胶合板应平整堆放。

6.5 胶合设备

胶合板生产所用热压机多为多层热压机，其特点是生产效率高、厚度范围广、设备易于控制和调整。但其结构复杂庞大，需配备装卸系统和预压机，板厚公差大，热压周期长。热压机生产产量，主要取决于热压机层数和幅面。产品不同，其热压机的液压系统也不同，如胶合板生产中，热压机的公称压力可以选择低一些。加热介质利用热水加

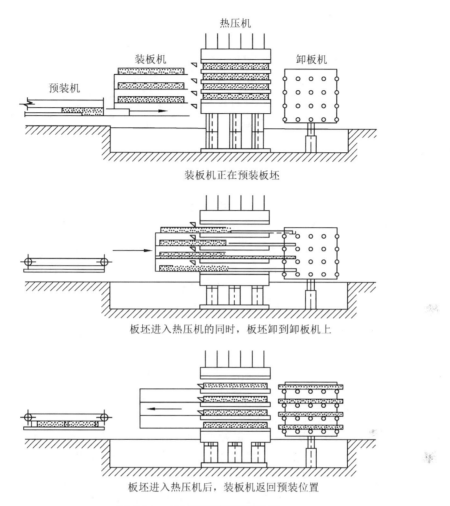

图 6-11　多层压机装卸板过程

热，但近年来越来越多地采用油加热，因为蒸汽加热很难保持整个压板板面所需的恒定高温，而用油作为载热体，压板热稳定性较好。

图 6-11 为多层压机装卸板过程。在原始工作位置，热压机压板全部开启，装板机顶层位于板坯输送机的水平面。当板坯经输送机送入装板机时，装板机上升一层，如此每装一层上升一层，当每层均装上板坯后，装板机将板坯一起送入热压机。然后热压机油缸通过下顶式运动将热压板全部闭合，对板坯进行热压。在热压的同时，装板机快速下降至顶层与板坯输送机的水平面，继续装上板坯。当热压结束时，压机开启，装板机刚好全部到位。装板机再次将板坯送入热压机的

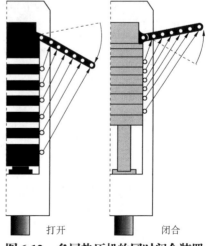

图 6-12　多层热压机的同时闭合装置

同时，将压好的板坯推出热压机，送入卸板机(或在卸板机上采用特殊方法将板坯拉出热压机)。热压机再次闭合，装板机快速下降，卸板机向下一层一层地运动，卸出所压制的板坯，以此周而复始的动作，形成连续自动化的生产。

为了使热压机中各层板坯热压条件一致，应采用同时闭合装置，见图6-12。同时闭合装置的关键问题是补偿热压板间板坯的厚度变化。这种厚度变化如不能补偿，则将在相应热压板的支撑装置中产生应力。这个应力通常可以通过油压装置补偿使之平衡。

6.6 其他胶合方法

常规热压过程中，热介质将热量传给与板坯相接触的传热体(热压板)，热量经过热压板板面传递给板坯表层，然后再逐步以接触传热的方式传递到板坯中央，促使胶黏剂固化。这种传热方式，所用设备简单，操作方便，投资少，是目前生产上使用最多的一种方式。但是由于木材是热的不良导体，采用这种接触传热方式，板坯内的热量传递速率较低，板坯中心温度上升到树脂胶固化温度需要较长时间，而且板坯越厚，需要的时间越长，从而导致热压周期较长，生产效率较低。因此，采用接触式加热生产厚板是不适宜的，尤其是以单板为单元的板坯，由于单板的层叠，使得水蒸气无法顺利地沿厚度方向向板坯内部移动，也就无法实现以对流传热的方式推动芯层温度的快速上升。因而，制造厚度较大的胶合板产品需采用其他热压方式，如喷蒸热压、高频热压等。

6.6.1 喷蒸热压

喷蒸热压技术最早可追溯到20世纪50年代的汽击法(steam shock)人造板热压工艺，应用该技术可以通过提高人造板板坯表层含水率的方法来缩短热压时间。随后，欧美等一些发达国家的科研人员在此基础上对人造板喷蒸热压工艺技术进行了系统研究，先后申请了多项有关喷蒸热压的发明专利，并在生产上得到推广应用。

喷蒸热压技术的原理是在热压过程中将高温蒸汽注入板坯中，使板坯内部温度快速升高至胶液的固化温度之上，加速胶液的固化，缩短热压周期。与常规热压相比，该法主要优点在于：

(1)热压时间缩短，一般为常规(热压板)热压时间的1/10~1/8，能大幅度提高生产效率；

(2)因加热几乎在整个板坯厚度上同时进行，故成板各层压缩率比较均匀；

(3)能耗少，喷蒸热压工艺属于直接加热法，热效率高，能量损失少，其热量消耗仅为常规热压方法的30%左右。喷蒸热压能使板坯表、芯层温度迅速提高，木材的塑性好，而且所采用的压力较低，一般为1.5~2.5MPa。液压系统消耗的电能少，仅为同等产量常规压机的1/10左右；

(4)采用喷蒸热压工艺，通过后抽真空的处理过程，可达到有效降低板坯中的游离甲醛释放量，更趋于符合产品绿色环保要求。

(5)产品厚度不受限制，常规热压法制厚板时产品质量难以保证，且生产效率也很低。而喷蒸热压法制板，成品厚度范围可达8~100mm，压制厚板时更显出其优越性。

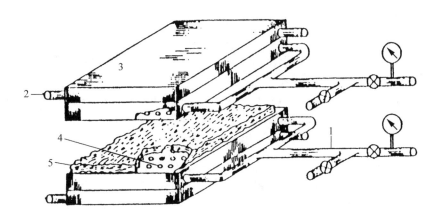

图 6-13 典型的喷蒸热压机结构
1. 蒸汽管 2. 加热管 3. 热板 4. 具有喷蒸功能垫板 5. 板坯

应用喷蒸热压技术的人造板热压机的喷蒸结构比较特殊,即将钻有按一定规律排列直径为 1~2mm 的蒸汽喷射孔的喷蒸板置于热压板上(可实现对板坯下表面的喷蒸)或压板侧面(可实现从侧面对板坯进行喷蒸)。图 6-13 为典型的喷蒸热压机结构。为了防止细小物料堵塞蒸汽喷射孔,压板上可垫有防腐蚀、防氧化的金属网垫;为了防止蒸汽泄漏,在金属网垫的边部装有密封用的橡皮条。当压机闭合、板坯压缩到一定密度后,压板上的蒸汽喷射孔向板坯内喷射具有一定温度和压力的饱和蒸汽,饱和蒸汽自板坯表面冲向芯层,使板坯整体温度迅速提高,促使板坯快速成型,以提高热压机的生产效率。喷蒸热压可以单面喷射饱和蒸汽,也可以双面同时喷射饱和蒸汽,还可以从四个侧面喷射饱和蒸汽。对于由单板层叠而成的板坯更适宜采用侧面喷蒸。喷射完饱和蒸汽后,应该立即对板坯进行抽真空处理,这样不仅可以部分回收板坯中的蒸汽,而且还可以降低板坯中的含水率。同时,对使用甲醛类胶黏剂的人造板还可明显降低板坯中的游离甲醛释放量。喷蒸热压的蒸汽压力和温度可以根据人造板的种类和所用胶黏剂的种类确定。

6.6.2 高频热压

高频加热法,属于高频介质加热法。该技术是近几十年发展起来的一门新技术,应用十分广泛,在木材加工行业主要应用于木材胶合和木材干燥等工艺。高频介质加热是一种直接式加热,电场能量直接作用于介质分子,加热是从介质内各处同时进行的。这种加热的突出优点是:加热迅速、均匀以及有选择性,应用于木材干燥、软化及胶合处理,不仅能显著缩短加热时间,而且也有利于提高木材制品的质量。

高频热压是指以施加了胶黏剂的木质单元作为介质,组坯后被两块作为极板的金属压板(铝板或不锈钢板)紧紧夹在中间形成一个电容,给两个金属板加上电压(1~20kV),在两极板中间产生一个电场,板坯中的水分子被极化排列,当外加电场以极高的频率(10~15MHz)变化时,水分子也被迫跟随外电场高速旋转和振动,使分子间产生剧烈的摩擦和碰撞,导致材料的介电损耗急剧增加而发热,从而促使胶黏剂快速固化胶合。

高频热压有以下三个特点：第一，采用高频热压制造人造板时，通电后板坯内外同时迅速加热，没有热量传导过程，也不存在板坯芯、表层的温度差异和胶黏剂固化速度的差异，因此，高频热压板坯内温度分布均匀，升温速度快并且容易控制。第二，高频热压是有选择性的，即板坯中含水率高的部分产生的热量多，含水率低的部分产生的热量少，能使含水率不均的板坯取得均匀的含水率并使温度趋于一致，加热时胶黏剂的固化速度一致，从而减少了成品的内部应力，使成品的稳定性提高。第三，运用高频热压技术，板坯内外温度同时上升并且升温迅速，使得板坯表芯层的胶黏剂在预定的热压时间内同时固化，这样既能避免表层的过度固化，又能克服芯层的不完全固化等缺陷，大幅提高了产品的胶合质量。运用高频热压技术工艺，热压时间仅为接触加热法的1/3～1/2，因此能有效地提高生产率，而且板坯厚度越大，高频加热的效果越明显。

高频热压的效果与高频电场的电压、频率和介质材料的损耗因数等有关。损耗因数即介质材料的物理性能，用来表示介质材料高频加热的难易程度。损耗因数大，高频加热效果好。损耗因数随木材的树种而变化。胶黏剂的损耗因数大于木材，故高频热压时，胶层加热比木材快。水的损耗因数大于木材，故含水率高的木材高频加热效果好，但过多的水分会吸收太多热量，从而使胶黏剂的固化受到影响。因此，板坯含水率以8%～13%为宜。当电压升高，频率增大时，高频热压效果明显提高。在生产过程中一般不调节频率，而是通过调整电压来改变高频发生器的工作状况，这种调整方式比较简便。

图 6-14 为高频加热压机，上部为可动压板，下部是固定压板，侧面为左右移动的高频电极板，中部为放置被加热的单板层积材板坯，在其上下分别设有垫板、模板，均为绝缘材料。在下部固定压板上配置有加热板坯进出的输送带，当板坯送入高频压机后，上压板则下降并施加压力至板坯上，高频极板一组或数组在板坯长度方向上可移动定时加热，重复移动几次可使板坯全长温度均匀。极板大小是根据加热体被加热板坯的断面尺寸和高频功率大小制作的，主要保证加热均匀。如图 6-14 所示的高频加热压机，上压板为 500mm×3900mm，下压板附输送带与上压板尺寸一样。

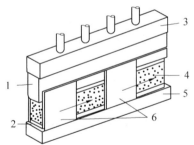

图 6-14 高频加热压机
1. 垫材　2. 下部模板　3. 上部可动压板　4. 板坯　5. 下部固定压板　6. 高频电极板（左右移动式）

加压方式系液压加压式，最大单位压力为 1.5MPa，压板最大间隔 1350mm，油缸最大位移 400mm，高频功率 30kW，高频频率 13.56MHz，极板尺寸 800mm×760mm（高×长），使用脲醛树脂胶或酚醛树脂胶，每次仅需 5～6min 就可得到充分胶合作用。

6.6.3　真空加压

胶合板热压采用真空加压胶合，一般不用通常的多层热压机，而是将板坯放在弹性膜与金属板中间，待密封后抽出中间空气，靠大气压力对板坯加压。由于压力很低，木材压缩一般不超过 0.5%，因此大大节约了木材。热压胶合时下边的金属板钻有小孔与大气相通，抽空橡胶膜与板坯之间空气造成负压对板坯加压。由于橡胶膜要经常受热，所以应当使用耐热的硅橡胶。对板坯加热的热量是靠金属板下部密闭空心压板通入高温载热体经金属板传递给板坯。金属板上的钻孔可以排出板坯中水分和挥发物。为保证胶合强度，单板含水率应在12%以下，施胶量180~200g/m²，使用脲醛树脂胶时加热温度为150℃。热压胶合时只能单张加压，压机辅助时间很短，如采用快速固化胶黏剂，产量也很高。这种胶合方法胶合强度可达2.0MPa，使用的树种可用排气性较好的桦木，也可用排气性不好的松木，不会产生鼓泡现象，因为在加压过程中通过金属板上钻孔可将板坯中水蒸气排出，同时也可以减少成品游离甲醛含量。真空加压法还可消除胶合板边角开胶的缺陷。真空加压设备可以制成多层压机形式，由许多上述加压构件组成，生产率会相应提高。

6.6.4 弯曲胶合

木材被人们用来制造大至建筑物小至工艺品等各种各样的制品。木制品无论是满足功能需要，还是满足审美要求，都需要加工成各种各样的造型，如窗框、家具、车辆构件、运动器材等。制造弯曲零部件的方法有锯割和加压弯曲两大类。采用锯割加工是将材料锯成弯曲形状毛料后，再进一步加工成弯曲的部件。由于大量的纤维被割断，因而零部件的强度低，涂饰质量差，出材率低，材料浪费严重。加压弯曲又称弯曲成型加工，是用加压的方法将方材或单板制成各种曲线型的零部件。弯曲胶合具有很多优点，如在加工过程中，没有废料损失；一般塑性加工要比普通木工机床加工简单、快速；弯曲胶合机械设备的投资比较低，功率消耗小，弯曲成型的零部件其强度和刚性大于锯切成型的零部件。因此，弯曲胶合对满足人们对制品造型和质量要求以及节省资源具有重要意义。

单板弯曲胶合是将一叠施过胶的单板按要求配成一定厚度的板坯，然后放在特定模具中加压弯曲、胶合和定型，制得曲面型零部件的加工过程。单板弯曲胶合零部件生产过程主要包括单板制备、施胶配坯、加压弯曲胶合成型、成型切削加工、涂饰和装配等工序。

(1) 单板制备

单板制备分旋切、刨切两种。单板的厚度根据零部件的形状、尺寸，即弯曲半径和方向来确定。通常家具零部件刨切薄木的厚度为0.3~1.0mm，旋切单板厚度为1~3mm；制造建筑构件时，单板厚度可达5mm。一定厚度的单板可弯曲的最小内圆半径按下列经验公式计算：含水率为5%时，$\gamma > 15t^2$；含水率为10%~15%时，$\gamma > 10t^2$（γ为弯曲半径，t为单板厚度）。一般应将单板干燥后的含水率控制在6%~12%之间，最大不能超过14%。施胶配坯单板弯曲胶合采用的胶黏剂主要为脲醛树脂胶、三聚氰胺改性脲醛树脂胶，胶种的选择取决于加工零部件的使用要求和工艺条件。一般脲醛树脂胶施胶量单面为120~200g/m²。单板的层数可根据单板厚度、弯曲胶合零部件厚度以及弯曲胶合板坯的压缩率来定。通常板坯的压缩率为8%~30%。各层单板的配置方向与弯曲胶合零部件使用时受力方向有关，有三种配置方式：一是平行配置。各层单板的纤维方向一致，适用于顺纤维方向受力的零部件；二是交叉配置。相邻层单板纤维方向相互垂直，适用于垂直板面承受压力的零部件；三是混合配置。一个零部件中既有平行配置又有交叉配置，适用于复杂形状的零部件。陈化有利于板坯内含水率的均匀，防止表层透胶，通常采用闭合陈化，时间为 5~15min。

(2) 弯曲胶合

这是制造曲面零部件的关键工序。板坯放置在模具中，在外力作用下产生弯曲变形，并使胶黏剂在单板变形状态下固化，制成曲面零部件。弯曲胶合时需要模具和压机，以对板坯加压变形，同时还须加热以加速胶黏剂固化，胶合热压工艺参数见表6-4。加热温度与胶种有关，脲醛树脂胶在110℃左右，酚醛树脂胶为135℃左右。为使胶压后曲面胶合零部件内部温度与应力进一步均匀，减小变形，从模具上卸下曲面零部件必须陈放 4~10 个昼夜后才能投入下道工序。

表6-4 曲面胶合热压工艺参数

胶压方式	单板树种	胶种	压力（MPa）	温度（℃）	加热时间	保压时间（min）
冷压	桦木	冷压脲醛树脂胶	0.08~0.2	20~30	20~24h	0
蒸汽加热	柳桉 水曲柳	脲醛树脂胶	0.08~0.15	100~120	0.75~1min/mm	10~15
		酚醛树脂胶	0.08~0.2	130~150		
高频介质加热	马尾松 意大利杨	脲醛树脂胶	0.1	100~115	7min	15
				110~125	8min	
电加热	柳桉 桦木	脲醛树脂胶	0.08~0.2	100~120	1min/mm	12

(3) 成型切削加工

对弯曲胶合后的成型坯料进行锯解、截头、裁边、砂磨、抛光、钻孔等，加工成尺寸、精度及粗糙度符合要求的零部件。

(4) 曲面成型胶合设备

曲面成型胶合零部件的形状、尺寸多种多样，制造时必须根据产品要求采用相应的模具、加压装置和加热方式。模具分类见表6-5。

表6-5 模具类型

种类	示意图	模具组成	用途
单向加压一副硬模		一个阴模和一个阳模	L形、Z形、V形零部件
多向加压一副硬模		一个阳模和分段组合阴模	V形、S形、H形零部件
多向加压封闭式硬模		一个封闭阴模和分段组合阳模	圆形、椭圆形、方圆形零部件

(续)

种类	示意图	模具组成	用途
多向加压封闭式硬模		一个阳模和分段组合封闭阴模	圆形、椭圆形、方圆形零部件
卷绕成型硬模		一个阳模和加压辊	圆形、椭圆形、方圆形零部件
橡胶袋软模		一个阳模和做阴模的橡胶袋	尺寸较大且形状复杂的弯曲零部件
弹性囊软模		一副硬模和弹性囊	形状复杂的零部件

模具设计的准则,一般是采用模具的阳模与阴模相配合,即采用相等圆弧段(等曲率),或是采用模具的凹模与凸模是同心圆弧段(不等曲率),按相等圆弧段原则设计制得模具任意一段,如图 6-15 所示。在加压弯曲胶合制品时,凸模与凹模之间的距离即制品的厚度。制品两侧的厚度不同于中线位置的厚度,通过计算可知,制品任意一点厚度(H)≤H_0(制品中线处厚度)。这就是说,如在胶合弯曲配坯时,各处均选用相同厚度的单板组成板坯,在加压弯曲过程中,板坯各处的压缩率不相等,越靠近圆弧边缘,压缩率越大。制品内会随密度不同而产生分布不均的应力,在卸压时如控制不当,将使制品产生严重缺陷。因此,用相等圆弧准则设计时,应根据制品的厚度、允许的 $H-H_0$ 等因素合理确定各圆弧段的长度。

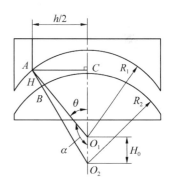

图 6-15 相等圆弧段设计分析

依据同心圆弧段原则设计模具任意抽取一段作分析如图 6-16(a)所示。两同心圆弧的距离即制品厚度。当制品厚度正好等于两同心圆的间距(两同心圆同心)时,制品各处的厚度相同,压缩率相等。然而,在实际生产中,很难使两个圆保持绝对同心,因为它受到板坯厚度、压力、温度、树种等多个因素的影响。当 $H=H_0$ 时,凸模、凹模两圆弧同心,制品各处厚度均匀,压缩率相同。当 $H_1<H_0$ 时,如图 6-16(b)所示,则

$$AO_2^2 = AO_1^2 + O_1O_2^2 - 2AO_1 \cdot O_1O_2 \cdot \cos\alpha$$
$$AO_2 = H + R_2$$
$$O_1O_2 = H_0 - H_1$$
$$AO_1 = R_1$$

即 $$H = \sqrt{R_1^2 + (H_0 - H_1)^2 - 2R_1(H_0 - H_1)\cos\alpha} - R_2 \tag{6-12}$$

其中:∵ $0° \leq \alpha \leq 90°$

∴ $H_1 \leq H \leq \sqrt{R_1^2 + (H_0 - H_1)^2} - R_2$

当 $\alpha = 0°$ 时，$H = H_1$ 为制品(中线)厚度最小处(值)；

当 $\alpha = 90°$ 时，$H = \sqrt{R_1^2 + (H_0 - H_1)^2} - R_2$ 为制品厚度最大处(值)。

式中：H——制品上任一点处的厚度；

R_1、R_2——凹、凸模半径；

H_1——制品中线厚度；

H_0——制品的设计厚度。

当 $H_1 > H_0$ 时，如图 6-16(c)所示，同相等圆弧段，当 $\alpha = 180°$ 时，$H_1 = H$ 为制品厚度最大处(值)。通过以上分析可以看出，只有采用同心圆弧段，在制品的厚度等于所用模具间的设计距离时，所得制品厚度才均匀，各处密度、压缩率才相等，应力分布才匀称，制品稳定性才好，并可降低压模压力，减少不必要的木材压缩损失，从而保证制品质量，弯曲胶合形状复杂的零部件时，可采用分段加压弯曲压模，同心圆弧段为模具曲面设计的基本准则。

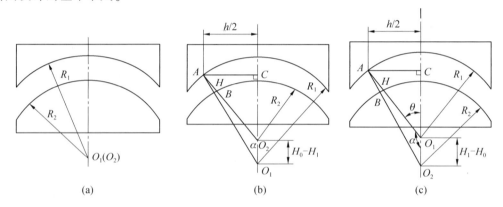

图 6-16　同心圆弧段设计分析
(a) $H_1 = H_0$　(b) $H_1 < H_0$　(c) $H_1 > H_0$

硬模一般用铝合金、钢、木材及木质材料制造，软模用耐热耐油橡胶制成。加压装置——压机分单向压机和多向压机两种。单向压机分单层压机和多层压机。单层压机为一般胶合用的立式冷压机，配一副硬模使用。多层压机的上下压板为一副阴阳模，中间的压板可以是兼作阴模和阳模成型压板，也可以平板两面分别装上阴模和阳模，如图 6-17 所示。

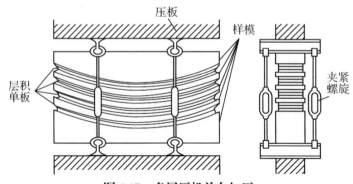

图 6-17　多层压机单向加压

多向压机的加压方向可以从上下和左右两侧加压或从更多方向加压。它配用分段组合模具,可制造形状复杂的曲面胶合件。在弯曲工件的全部表面上,施加均匀压力的最好方法是液压法,也可采用柔软的橡胶片或橡胶袋(图6-18)。

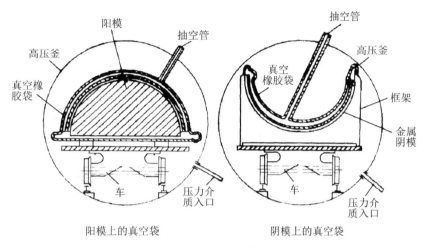

图6-18　在高压釜中用橡胶袋加压弯曲

在弯曲胶合时,通常采用热压成型。加热能加速胶液固化,保证弯曲胶合件的质量,各种加热方式及适用模具见表6-6。蒸汽加热应用普遍、操作方便、可靠,一般采用铝合金模、弯曲形状不受限制,成品的尺寸、形状精度较高,适于大批量生产;高频介质加热方式,加热速度快、效率高而且均匀,胶合质量好,通常与木模配合使用,适用于小批量、多品种生产;微波加热由于微波穿透能力强,只要将加工件放在箱体内进行微波辐射,即可加热胶合,不受曲面成型件的形状限制,可加热不等厚成型制品。使用微波频率为2450MHz,微波加热模具需用绝缘材料制造。

表6-6　加热方式及适用模具

加热类别	加热特征	加热方式	适用模具
接触加热	热量从板坯外部传到内层	蒸汽加热	铝合金模、钢模、橡胶袋、弹性囊
		低压电加热	木模、金属模
		热油加热	铝合金模、弹性囊
介质加热	热量由介质内部产生	高频加热	板坯两面需有电极板
		微波加热	由电工绝缘材料制造模具,不需电极板

本章小结

单板胶合是决定胶合板质量的重要工序。合理选择热压的三要素(温度、压力和时间)是保证胶合质量的关键。胶合板胶合缺陷主要可以从原料(包括木材和胶黏剂)质量、单板质量以及胶合工艺等方面找原因并寻求合理的改进措施。

思考题

1. 简述热压三要素(温度、压力和时间)在板坯热压中的作用及其对产品物理力学性能的影响。
2. 画出常见胶合板的热压曲线。
3. 试分析胶合板常见胶合缺陷产生的原因。

第 7 章

后期处理

用各种方法制得的胶合板都是毛边板，板面也很粗糙，为了使其幅面尺寸和板面粗糙度符合质量要求，热压以后的胶合板板坯必须进行裁边和砂光等加工处理，然后再依据国家规定的胶合板质量标准进行检验、分等、修补、盖印、包装出厂。本章主要介绍胶合板产品的裁边要求、裁边方法、裁边设备和裁边规程。

用各种方法制得的胶合板都是毛边板，板面也很粗糙，为了使其幅面尺寸和板面粗糙度符合质量要求，热压以后的胶合板板坯必须进行裁边和砂光等加工处理，然后再依据国家规定的胶合板质量标准进行检验、分等、修补、盖印、包装出厂。

7.1 裁边

裁边是指将热压好的毛板裁成规格板材，即将板材四个边的疏松部分去除，用锐利的切削工具把板材长宽尺寸加工至规定要求。裁边时，必须保证板材长宽对边平行，四角成直角。裁边的顺序是"先纵向后横向"，即先沿胶合板的长度方向纵向锯切，再沿胶合板的宽度方向横向锯切。裁下的边角废料量与胶合板的加工余量、幅面大小有关，胶合板幅面越大，裁边损耗率越小，一般为6%～9%。

7.1.1 裁边的尺寸和质量要求

7.1.1.1 裁边余量

单板生产时，为了保证胶合板幅面符合规定尺寸，一般要留有加工余量，经胶压后的胶合板都比规定尺寸略大一些，通过裁边这道工序，去掉加工余量。

裁边余量越小对木材利用率越有利，它与胶合板的幅面尺寸、板坯的组合技术、裁边技术、设备性能等有关。一般裁边余量为胶合板面积的10%或更少一些。操作技术比较熟练，机床精度比较高时，可压缩裁边余量。根据节约木材的原则，在一般情况下，裁下的板边宽度在25mm左右，常规幅面胶合板加工余量见表7-1。

表 7-1 胶合板裁边前后的规格尺寸

裁边前尺寸			裁边后尺寸			英制尺寸 (ft)
板长(mm)	板宽(mm)	面积(m²)	板长(mm)	板宽(mm)	面积(m²)	
1880	970	1.824	1830	915	1.674	6×3
2220	970	2.134	2135	915	1.954	7×3
2500	1270	3.175	2440	1220	2.977	8×4

注：1ft = 0.3048m。

7.1.1.2 裁边质量要求

裁边的质量要求一般有：裁边后的板材应四角方正，四边平直；板材边部应光滑、平直，无毛刺、无焦痕；板材尺寸裁边后应符合国家标准，在允许的公差范围，裁边余量为20～30mm，长宽偏差为±2.5mm，边缘直度公差为1mm/m，翘曲度 ≤0.5%～2%；裁切后的板材边部应平直密实，不允许出现松边、裂边、塌边、缺角或焦边现象；不许有因锯边机辊筒上粘有杂物而造成的板面压痕与污染；对于厚板锯切时要掌握好进板速度，胶合板越厚，锯边的进料速度越慢，减少板材焦边。

7.1.2 裁边常见质量缺陷及改进方法

在裁边生产过程中，经常会出现一些缺陷：

(1) 当进料机构履带或辊筒的两边压力不均或在裁边时，胶合板有一边夹锯会造成板边弧形，可通过调整进料机构压力或检查锯口、换锯片等方法进行改进。

(2) 裁边后板材两边不平行。这种缺陷一般是由于裁边前，胶合板的翘曲过大；锯片的位置固定不牢；以及锯片薄或直径过大造成的。通常可采取胶合板压平后再锯边；停机检查锯片的位置及时进行调整及更换锯片等方法加以改进。

(3) 出现夹锯或烧锯的现象。主要是由于裁边时进料速度太快，锯片锯齿拨料太窄，齿槽开得太小、太浅，锯片转速太慢、锯片直径小，两个锯片不平行，胶合板过厚、过硬，等等。可通过调整进料速度，换、修锯齿，调整切削速度、换锯片及防止皮带打滑，调整锯位，检查平行度及选用适当蒸煮软化工艺等措施进行改进。

(4) 胶合板裁边后锯口如斧劈状。锯口粗糙不平的原因有：锯片安装偏心；锯齿高度不同，不在同一圆周上；锯片本身不平整，翘曲，旋转时抖动；进料速度太快；锯齿切削刃不锋利；锯片有飞齿，拨料不正确等。解决方法有：检查锯片安装状态；检查锯片，锉齐齿尖，修理锯片；纠正锯齿拨料；降低进料速度；刃磨锯齿；改进拨料方式，等等。

(5) 胶合板板边出现毛刺或破碎。主要原因是：锯片锯齿已磨损不锋利；胶合板压得太紧；锯片拨料太大或有飞齿；胶合板含水率太低太干等。可采取重锉锯片，更换锋利锯片，调整压紧装置，检查锯片，检查胶合板含水率等方法解决或避免。

(6) 锯口歪斜弯曲。主要原因有：挡板安装不正确；锯片中部刚性差、抖动等。可通过纠正挡板位置以及换锯片，将锯片重新整平等措施解决。

(7) 跳跃式切割。主要是由于锯齿高度不同，不在同一圆周上。可通过锉齐锯齿和正确锉修锯齿等措施避免产生这一缺陷。

7.1.3 裁边的操作要求

裁边操作时，首先，检查圆锯片的锯齿，齿尖要在一个圆周上，偏差在0.1mm以下，以免切削时各齿受力不均，造成锯片破裂和产生振动。同时，锯齿要有良好的切削刃，不能有蓝变退火和齿尖扭转的情况。所有锯齿的齿形、齿距应相同。在开机前应检查靠山规尺、锯片和进料器的压紧力是否调整得当正确。其次，按成品规格调整锯片之间的距离，开机时先锯两张胶合板，检查板边质量和规格准确程度，并将一张反过来与另一张对合，检查板边是否平直，检查合格后再进行生产。每次换锯片时，也应照例进行检查，并要求操作人员调节锯切速度，速度过快会造成薄板边角破损，出现焦边，速度过慢会影响锯切产量。进料速度快则锯片转速相应提高。胶合板越厚，锯边的进料速度越慢；薄板适用高速切削，板边质量光洁。再次，注意裁边的顺序。裁边时，要求先锯纵边后锯横边。这是因为先锯纵边时，万一有偏差，可以在锯横边时矫正过来；反之，如果先锯横边，万一有偏差，则纵锯时非但无法矫正，而且偏差还会越来越大。因此，为了保证锯边质量，减少废次品，所有胶合板纵横裁边机都是先锯纵边，后锯横边。锯顺边时，须先检查板材正反面，看面、背板是否倾斜，以放在适当位置进行锯割。经常检查锯出胶合板的尺寸是否正确、有无崩边、缺肉与毛刺等缺陷，若有，则应及时换锯或调整，以确保胶合板边角完好。胶合板锯边时必须单张入锯，严禁多张入锯；上锯片时必须拧紧螺帽，不许有松动现象，以免由于锯片运动轨迹不一，造成胶合板尺寸不准或边部锯口不平直；锯切厚胶合板时要经常检查有无焦边，掌握进板速度。最后，掌握裁边的加工余量，操作人员工作认真规范，送板准确得当，减少裁边降等现象。送板入机时，人要站在正中，两手拿板对准锯口，平稳送入机内，等胶合板正直带入裁边机后，方可松手。锯纵边与锯横边操作人员要互相配合，发现配合不协调或锯切出现问题应迅速停机，以免连续损坏胶合板。

7.1.4 裁边的设备

7.1.4.1 裁边机的主要结构

裁边机主要由机座、锯架、进料装置等部分组成。

机座上有刻度板和滑道，便于调整尺寸，锯架固定在机座上，其中有一个锯架可以在滑道上移动。

一个锯架上安一个锯片，每台锯有两个锯架，其中一个固定不动，而另一个则可移动，以调节两锯片间的距离（即胶合板的长、宽）。

进料装置有辊筒式和履带式两种。进料装置可以上下调整以便转送不同厚度的胶合板。辊筒进料的上下进料辊应有最小的加工锥度，安装后调整到高度平行，这样可以避免产生弧形边。进料装置分上、下两部分，上面主要是压住胶合板，减少因胶合板接触锯片之后的弹起或振动造成锯路偏斜或歪曲；下面是使胶合板前进的装置，并做主运动，形式是辊筒或有挡块的链条、履带等。电动机带动链轮使链条或履带做回转运动，在链条上挡块间的距离为 1.5~1.7m，此距离可根据胶合板的宽度而定。一般都是在横锯上有挡块，两个锯架上的链条运动必须是等速的，两链条上挡块必须平行，这样锯出来的胶合板才能保证其对角线误差在允许公差范围内。

两台锯边机的安装位置一般是先纵锯后横锯，纵锯的进料装置无挡块，但在一侧有挡条。对于厚胶合板的裁边，最好采用履带式进料裁边机，因为辊筒进料对厚胶合板裁边容易产生振动，使锯口不平整。

7.1.4.2 锯片

裁边质量的优劣在很大程度上取决于切割刀具。除了必须保持刀具锋利外，更多的则是要选择合理的刀具材料和切削刃参数。

有齿刀具——主要指圆锯片，分单锯片和组合锯片两种类型，前者仅具有切割功能，后者除可切割齐边外，还具有将切割边条再度打碎回用的功能。打碎装置包括打碎铣刀结构和打碎锯片结构两种形式。

人造板生产中应用的圆锯片，按照其锯切的种类和锯齿的结构可分为以下几类：

第一类：纵切锯。平行于纤维方向切割的圆锯片。

第二类：横切锯。垂直于纤维方向切割的圆锯片。

第三类：混合型锯。既可以纵向切割，也可横向切割的圆锯片（图7-1）。

胶合板的层与层之间的纤维是互相垂直的，只有混合锯才能满足切割要求。裁边机一般采用镶有硬质合金的锯片，具有耐用、锯路整齐等优点，尤其适用于锯厚胶合板。裁边使用的圆锯片直径一般为150~300mm，不宜过大，因为锯片薄，直径过大会产生摆动，使边缘不平整；为保证锯口的粗糙度，要求锯片齿细密。根据齿形和锯片直径，齿数一般控制在60~100之间，齿距太大会造成边缘起毛。

选择裁边的圆锯片锯齿形状可参考下列几个因素：

切削前角 γ：γ 大则锯齿的坡度大，下锯轻快，容易切削，但锯齿变弱。

切削后角 α：α 过小，切削时排屑作用差，使齿背受到木材纤维的挤压，增加摩擦力，使齿端发热，而且也增加了切削力。反之，α 过大，则排屑作用好，但齿尖变弱。因此，在加工硬材时 α 可小些，加工软材时 α 应大些。

齿高 h 与齿距（相邻两齿齿端间的距离）t：二者之间应有一定的比例关系，它直接影响容屑槽的大小。锯齿槽过深时，容屑量虽大，但排屑量变小，易使锯屑堵塞于锯仓中而产生向心裂缝，而且齿顶的振动也加大。但锯齿槽也不能过浅，否则容屑量小，锯切困难，并影响锯片的平稳性。锯切硬材的锯齿槽可磨浅些，锯切软材时，锯齿槽则需磨深。

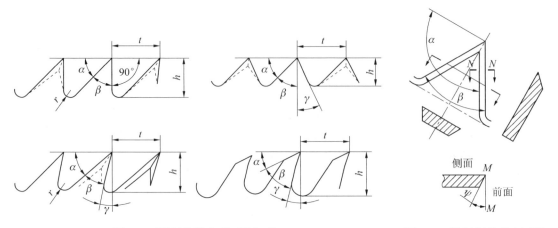

图7-1　圆锯片的齿形（混合型）　　　图7-2　横切锯的几何形状

齿数 Z：当圆锯片直径一定时，齿数多少决定锯齿的尺寸。齿数越多，各个齿的工作量越小，锯齿磨损越慢，锯路也光滑，但齿距小，锯切困难，增加了研磨齿的辅助工时。相反，锯齿越少，每个锯齿工作量增大，锯齿变弱，锯路粗糙，但容屑槽变大，锯切顺利，研磨锯齿的辅助工时少。因此一般在保证锯切顺利和锯路质量的条件下，齿数不宜太多。

斜磨角 φ：是锯齿前齿面或后齿面和锯身平面之间所夹锐角的余角，表示锯齿的斜磨程度。即图 7-2 中锯齿的法向剖面 NN 中，锯齿前面和锯齿侧面的法向剖面 MM 之间的夹角。研磨侧刃的目的在于改善锯齿的切削条件，其范围为 29°～40°。横锯齿的斜磨角 φ 为 25°～35°；纵锯齿锯切软材时斜磨角为 15°～20°，锯切硬材时斜磨角为 10°～15°。

容屑槽：也称锯仓。为了能更好地起到圆滑排屑作用，形成容屑槽的曲线应该是圆滑连接的曲线，并且齿底成为适当的圆角，既便于圆滑排屑，也利于巩固齿根，防止齿底因应力集中而产生裂缝。锯片镶齿时，根据锯片的齿数铣出镶齿槽，并在锯齿底开四条沟槽，补偿焊接镶片时以及锯切时由于发热而引起的外圆周边的伸长量，避免锯片翘曲。焊接的镶片冷却后，在研磨机上刃磨适宜的角度。

常用圆锯片齿形参数及应用范围见表 7-2。

表 7-2　圆锯片齿形参数及应用范围

性能		混 合 齿 型 锯 齿			
		1	2	3	4
角度值（°）	切削前角 γ	0	－30～－20	5～10	5～10
	研磨角 β	45～50	45～50	50	55～60
	切削后角 α	45～50	55～65	30～35	25～30
	切削角 δ	90	95～105	80～85	80～85
	斜磨角 φ	30	20	30	30
齿数		60、80、100	60、80、100	100	60、80、100
齿高 h		0.6～0.9t	0.6～0.9t	0.6～0.9t	0.6～0.9t
齿槽圆弧半径 r		0.1～0.15t	0.1～0.15t	0.1～0.15t	0.1～0.15t
应用范围		胶合板纵向裁边和软材胶合板纵横向裁边	胶合板横向裁边和硬材胶合板纵横向裁边	塑料贴面板裁边	胶合板纵向裁边和其他材料加工

注：t 为齿距。

7.1.4.3　裁边机

胶合板的裁边设备有单圆锯裁边机、双圆锯裁边机、三圆锯裁边机、四圆锯裁边机。而机械进料的双圆锯裁边机是目前胶合板生产采用最广泛的裁边设备（图 7-3）。通常是将两部裁边机以互成 90°组成纵、横裁边机组，前面有自动进板装置，后面有翻板堆垛装置，成为自动化的裁边机组。

纵、横裁边机组的生产率计算公式如下：

$$Q = \frac{T \cdot V \cdot K_1 \cdot K_2 \cdot n}{L} \tag{7-1}$$

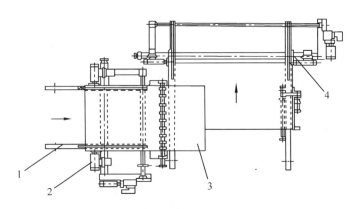

图7-3 纵横联合裁边机结构示意
1. 进料机构 2. 纵向齐边机 3. 板材 4. 横向齐边机

式中：Q——纵、横裁边机组的生产率(张/班)；
T——班工作时间，480min；
V——胶合板进料速度(m/min)；
K_1——机床利用率，0.8~0.85；
K_2——工作时间利用率，0.9~0.95；
L——胶合板长度(m)；
n——一次进板张数(自动进料 $n=1$)。

7.2 砂光

胶合板的表面有拼缝胶纸条、胶料污迹和毛刺沟痕，影响板面美观和涂饰装饰，所以在胶合板出厂前都需除去。胶合板的表面加工有刮光和砂光两种方法，刮光生产效率低、加工对象受限制，现多不采用。砂光是人造板工业中提高板材表面质量所采用的一种最基本方法。砂光是用锋利的砂粒作为切削工具对胶合板进行表面加工。该工序产生的废料是砂光粉，单板质量好时，砂光量小，砂光损耗率一般为2%~6%。现在用的宽带式砂光机，可完成以前需要刮光机和辊筒式砂光机完成的工作。

7.2.1 砂光的要求

对胶合板来说，要求表面砂光厚度偏差 ±0.3mm。胶合板公称厚度为3mm，砂光余量因板种、板厚、所用砂光方式不同而异。不同的热压机生产的产品也会形成不同的砂光余量要求。胶合板砂光余量为0.15~0.2mm，砂光时胶合板的温度不应超过40℃。

砂光规程是在给定条件下，保证达到最好表面质量和最高生产率的磨削参数的统称。对于选定的设备和树种来说，决定砂光规程的主要因素是砂带性能(首先是磨粒粒度)、加工材料的进料速度以及对材料施加的压力。其他如磨削速度、振动参数、胶合板含水率，相对于木材纤维方向的磨削方向等因素，虽然对磨削过程也有影响，但它们取决于现有的设备性能或工艺要求。

胶合板砂光的最佳磨削速度是 25~30m/s。

对于桦木胶合板的砂光，建议按顺序采用单晶刚玉、白刚玉和棕刚玉为基础的炭化硅砂带和电炉氧化铝砂带。在三辊筒砂光机上砂光胶合板时，砂布建议采用以下刚玉粒度的砂纸：

第一辊筒（粗砂）：40~50目；

第二辊筒（中砂）：60~80目；

第三辊筒（精砂）：80~100目。

用砂光机砂光胶合板时，根据砂架数目的不同，建议采用下列粒度的砂带：

砂架数目：2，4，6；

砂纸粒度：80~150目。

进料时可根据不同情况采用不同的速度，如用三辊筒砂光机砂光，以整幅单板为表面的胶合板时，进料速度为10~17m/min；以砂光拼接单板为表板的胶合板时，进料速度为8~12m/min；用宽带砂光机砂光胶合板时，进料速度为12~25m/min。

针叶材（落叶松、松木等）胶合板由于木材中树脂含量较多和木材节子硬度较大，因而砂光作业比较困难。最困难的是砂光松木胶合板。松木胶合板中所含不溶解于水的树脂会在砂光作业时裹住磨料。结果，砂带在磨损（磨粒变纯和脱落）之前就会由于磨粒不能接触木材而失去加工能力。从三辊筒砂光机的使用实践中得知，每安装一次砂纸仅能砂光幅面 1525mm×1525mm 的落叶松胶合板 300~400 张或松木胶合板 40~60 张，单位砂光长度相当于 1000~1200m 和 120~180m。

所谓单位砂光长度（m/m），是指砂光机纵轴方向每米长度砂带所砂光的表面长度米数。砂光表面的长度计算到砂带丧失实际磨削能力为止。辊筒砂光机的砂纸长度按辊筒圆周计算，宽带砂光机的砂带长度按砂带本身的长度计算。

磨粒涂覆密度为正常涂覆密度 50%~70% 的砂带，对加工针叶材胶合板尤其是松木胶合板最耐用。原因是各个磨粒之间和各群磨粒之间有较大的空隙可以容纳析出的树脂，所以不妨碍磨料与木材接触。

生产试验表明，单晶刚玉砂带砂磨落叶松胶合板的使用寿命相当于 5000m/m，砂磨松木胶合板的使用寿命相当于 1900m/m。

宽带砂光机使用 50% 磨粒的单晶刚玉砂带时，每换一次砂带可以加工 10000~15000m 落叶松胶合板或 5000m 以上的松木胶合板。砂光针叶树材胶合板，建议采用 32~50 目粒度的砂带。

7.2.2 砂光机

按材质砂带可分为布质砂带和纸质砂带两种。它是用特殊的方法将金刚石砂粒黏结在基材上而做成的一种磨削材料，砂带用目数表示其磨削特性。磨削分为三段，即粗砂、细砂和精砂，对于胶合板砂粒的目数分别为：粗砂 40~60 目，细砂 70~90 目，精砂 90~100 目。根据大量的数据统计，胶合板的磨削损失率为 10%~15%。

按砂头形式分，砂光机有辊筒式砂光机和宽带式砂光机两种。辊筒式砂光机因其加工余量小、生产效率低、调整困难和更换砂布麻烦等缺点，已被宽带式砂光机所取代。

砂光机的具体分类见表 7-3。

表 7-3 砂光机分类

分类方法	类型		特 点
按砂头形式分	辊筒式砂光机		1. 砂布缠绕在铸铁辊筒上，更换砂布较麻烦 2. 一次只能砂光板子一个表面 3. 进料速度慢，生产率低 4. 砂光质量不如宽带式砂光机
	宽带式砂光机		1. 砂带是密闭的环形砂带，套装在砂辊、张紧辊和轴向串动辊，更换方便 2. 砂光精度高 3. 进料速度快，生产率高 4. 磨削量大 5. 砂带使用寿命长
按砂光面数和砂带布置分	单面砂光机	辊筒式砂光机	参见辊筒式砂光机部分
		单面单带式宽带砂光机	一次只能砂光一个表面，其余特点同宽带式砂光机
	双面砂光机	双面单带式宽带砂光机	一次可砂光两个表面，能耗较低，价格便宜，但砂光精度和生产率不如多带式宽带式砂光机
		双面四砂双宽带式砂光机	上下各布置两个砂光带，一次可砂光两个表面，精度、生产率和能耗较高
		双面三砂带式宽带砂光机	上面一个砂带，下面两个砂带或相反布置，一次可砂光两个表面，精度、生产率和能耗较高

7.2.2.1 宽带砂光机

宽带式砂光机一般成组使用，一台单机砂带在上表面，另一台单机砂带在下表面，中间用运输机把它们连接在一起组成一个联合机组。也可以把上、下砂带同时装在一台机床上将胶合板上下两个面一次砂好。砂光机的砂带有 1~3 条，使用不同结构的机床，对胶合板可只砂光一面，也可两面同时砂光。通常国内市场销售的胶合板只砂正面。

单带式宽带砂光机的进料传送，是由交流电动机通过无级变速传动装置来实现的，进料速度可以在 20~90m/min 范围内变换。三带式宽带砂光机则采用直流电动机调速，进料速度可在 18~90m/min 范围内调节。

单带式宽带砂光机的技术性能：

最大工作宽度(mm)　　　　　　　　　　　　1450
最小加工长度(mm)　　　　　　　　　　　　750
最大加工厚度(mm)　　　　　　　　　　　　50
最小加工厚度(mm)　　　　　　　　　　　　3
砂带速度(计算值)(m/min)　　　　　　　　1450
砂带尺寸(宽×长)　　　　　　　　1280mm×2660mm

进料速度(m/min)		20~90
电动机功率(kW)	砂辊	30
	机架升降	0.5
	进料	2.2
	空气压缩机	3
	总功率	35.7
机床外形尺寸(长×宽×高)		1300mm×2350mm×1700mm

目前工厂多用宽带砂光机，其磨削量大、效率高，进料速度可达90m/min，切削速度可超过0.5mm/s，更换砂带容易，加工质量好。

双带式宽带砂光机有上带式和下带式之分，图7-4所示为上带式的工作原理示意图。它是由两条砂带、三块压板、压紧器、下工作台、机座和除尘系统组成。前部砂带用于粗磨、砂带粒度大，对材料压力大，砂带运动速度高、磨削量大。粗砂辊上覆以天然橡胶，并刻有45°的螺纹，使空气流通冷却砂带，保证在压力大、磨削量多的情况下顺利地进行工作。后边的砂带用于精磨，消除粗磨时留下的沟痕，砂带磨削时应做轴向摆动，砂带张紧和轴向摆动由气缸推动。

压板的作用是压紧工件，前压板可调，中、后压板是固定的，且在同一高度。前压板与中压板的高度差即为磨削量。调整以后粗砂辊的高度比中压板低0.05~0.20mm，这样粗砂辊接触工件后受挤，便可与中压板在同一高度。

根据工件厚度，工作台可做垂直调整，工作台上装有宽带进料机构，进料电机可调速，用以改变进料速度。

砂光机砂带宽度1330mm，长度2620mm，进料速度6~40m/min，砂带磨削速度分别为25m/min和18m/min，总功率50kW。

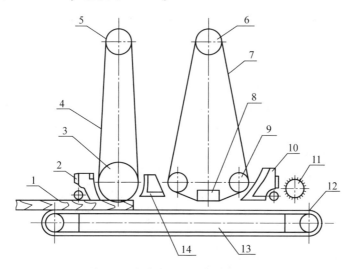

图7-4　宽带砂光机工作原理示意

1. 工件　2. 前压板　3. 粗砂辊　4. 粗砂带　5. 粗砂带张紧辊　6. 精砂带张紧辊　7. 精砂带
8. 磨垫　9. 精砂辊　10. 后压板　11. 刷辊　12. 进料皮带　13. 进料平台　14. 中压板

7.2.2.2 砂光常见缺陷及其改进方法

砂光过程常出现以下缺陷：砂光过的胶合板在进料端较厚，系接触轮太高所致；砂光胶合板在出料端较薄，是前压力杆太低所致；砂带被嵌塞太快、太多，是由于砂粒太细、磨削量太大；木材含油脂量高或木材太湿；除尘系统对木屑粉尘吸力不够以及胶合板表面的脏物及胶料多。

胶合板表面胶贴较薄单板（如刨切单板），砂磨时极易被砂穿。原因是：台面的调整未达到浮动状态，浮动位置调整过紧，压力杆太高及压力杆未予固定。在砂掉胶合板表面的胶纸带时，连同表板被砂穿是因为胶合板在胶压（或单板在拼缝）过程中，胶纸带压进单板很深，以致在砂磨时，砂纸首先砂磨表板，然后才能砂掉胶带纸。可通过修正或更换传送带，将传送带略为收紧或清除弹簧辊上黏附的杂物避免较薄单板被砂穿。

砂光表面出现波浪纹可采取措施：修正或更换传送带；将传送带略为收紧；清除黏附在弹簧辊上的杂物。

板面砂光不均系进料压辊太低造成，应稍稍提高进料压辊。发现机器本身跳动可用抬高辊筒，更换较硬的或刚性较好的压辊，校正机器基础，检查传动轴联轴节是否松动及更换砂带等措施修正。砂光后胶合板在厚度上出现斜势可通过检查校正台面水平度，调整锁紧装置，检查胶合板本身厚度有无斜势等方法解决。

注意砂带的砂粒中有无嵌入杂物，以避免胶合板表面留下痕迹；砂带有断裂现象时，可视其断裂程度适当减低砂磨时的压力。气垫系统失灵使砂带断裂时应立即停机换带，净化处理压缩空气。

7.3 检验分等

对成品胶合板要进行检验、分等，合格的产品在板背面加盖印章，按规定包装才能出厂。

7.3.1 检验和分等

检验、分等按国家有关标准 GB/T 9846—2004 进行。首先胶合板应满足含水率和胶合强度的要求，然后根据胶合板材的材质缺陷和加工缺陷进行分等。其中，含水率和胶合强度是破坏性检验，采用抽样检验、外观检验分等则应全数检验。

胶合板标准由胶合板分类，尺寸公差，普通胶合板通用技术条件，普通胶合板外观分等技术条件，普通胶合板检验规则，普通胶合板标志、标签和包装等标准组成。

对胶合板质量检验包括规定尺寸、外观等级和物理机械性能三个方面。

国家有关标准对胶合板厚度、幅面尺寸及其公差作了相应规定，要检查项目有厚度公差、长宽公差和翘曲度三个方面。

胶合板分等主要依据其外观质量，逐张进行检查。按照表板为阔叶材、针叶材和热带阔叶材分别规定了每个等级的胶合板允许的材质和加工缺陷数量和范围。胶合板材质缺陷有：每平方米节子的大小和个数、虫眼、排钉孔的孔洞大小和个数、变色面积、裂缝尺寸、腐朽和其他一些材质缺陷。胶合板加工缺陷有：表板与芯板叠层和离缝、鼓泡、透胶、表板压痕、表板砂透、毛刺沟痕等。

物理机械性能检测每班都要进行，要抽出一定比例胶合板进行破坏性实验。通过实验确定其含水率高低和胶合强度大小，如不符合要求便为不合格胶合板，成为次品。

对成批拨交的胶合板的检验也按上述三个方面进行。对抽样比例和方法，国家标准做了相应规定。胶合板检验按一次抽样法进行，如三个方面检验均合格则判定为合格，否则为不合格或降等。

7.3.2 胶合板修补

胶合板的修补是指胶合板经过检验、分等后，对胶合板在生产过程中形成的缺陷或单板修补时没有消除的遗留缺陷进行修理。也可利用光学扫描仪识别和定位单板缺陷，采用相应设备进行修补。修补的目的，是通过消除超过标准的缺陷来提高胶合板的等级率或使胶合板表面便于二次加工。

常见胶合板缺陷及修补方法主要包括以下内容：

(1) 裂缝、脱落节孔

窄小的用腻子填补，缝宽处用木条填补，并用胶黏剂黏合后进行砂(刨)光。小孔洞用腻子填充，大一些的进行挖补，用端面铣刀铣削缺陷部件，割制相同颜色的单板补片，涂胶嵌补，压紧补片使之黏合牢固，将挖补部位擦拭干净。

(2) 边、角脱胶

用树脂胶或与胶合板所用的相同的胶，用小刀填入，加压使之胶合粘牢，将修补部位清理干净。

(3) 胶层脱胶鼓泡

将鼓泡中部位或将脱胶的单板扳弯，用小刀小心割开一个口子，填入少量树脂胶用冷压或热压粘牢。

(4) 缺陷孔洞

清除缺陷内的污垢和胶料，填入腻子，或填入相同颜色单板块，涂上涂料，待其固化，将填补部位清理干净。

(5) 板面局部不光

用手工或电动刨子刨光或用砂纸打磨。

用腻子修补缺陷是较好的办法，因为制作腻子容易，价格低廉，操作简单。用工时少。

涂腻子有利用小铲的手工方法，也有机械方法。修补局部缺陷时用手工方法。为二次加工做准备而修平胶合板表面时，宜用机械方法涂腻子。涂腻子的专用机床基本上有两种类型：辊筒刮刀式和辊筒式。要保证涂腻子质量，涂腻子后胶合板要经过干燥和砂光。

本章小结

为了使热压后胶合板成品的幅面尺寸和板面粗糙度符合质量要求，热压以后的胶合板板坯必须进行裁边和砂光等加工处理，并依据国家规定的胶合板质量标准进行检验、分等、修补、盖印、包装出厂，完成胶合板生产的全部工艺过程。

思考题

1. 如何评价胶合板的裁边质量？
2. 简述裁边的操作要求及注意事项。
3. 简述胶合板的砂光规程。

补充阅读资料

常用裁边设备的技术参数

江苏省常熟林业机械厂生产的纵向裁边机(LJJ901.2.00)和横向裁边机(LJJ901.5.00)技术参数如下：

LJJ901.2.00 纵向裁边机：锯切尺寸 915～1220mm；锯切最大厚度 25mm；锯片直径 305mm；锯片数 2 片；锯片转数 7000r/min；锯片进料速度 25～70m/min；锯片电动机功率 5.5kW；进料电动机功率 4kW；升降电动机功率 0.75kW。

LJJ901.5.00 横向裁边机：锯切尺寸 1830～2440mm；锯切最大厚度 25mm；锯片直径 305mm；锯片数 2 片；锯片转数 7000r/min；锯片进料速度 25～70m/min；锯片电动机功率 5.5kW；进料电动机功率 4kW；升降电动机功率 0.75kW。

第 8 章

其他单板类人造板

本章介绍了竹材胶合板、单板层积材、平行单板条层积材、集成材、细木工板以及木材层积塑料等的定义、分类、性能、用途以及生产工艺等。

8.1 竹材胶合板

竹材胶合板是指竹材人造板中生产最多、性能最稳定和应用最广的一类竹材人造板，按照其构成单元的形状不同而分为竹编胶合板、竹帘胶合板和竹材胶合板等品种。

8.1.1 竹编胶合板

8.1.1.1 定义与用途

竹编胶合板又称竹席胶合板，是指以竹材为原料，经劈篾、编席、干燥、施胶、热压等工序而制成的一种竹材人造板。竹编胶合板是我国出现最早的竹材人造板品种。

竹编胶合板按照耐气候和耐水性能，可分为Ⅰ类竹编胶合板和Ⅱ类竹编胶合板。Ⅰ类竹编胶合板，即耐气候竹编胶合板，它是以酚醛树脂胶或其他性能相当的胶黏剂胶合而成，具有耐煮沸或蒸汽处理和耐气候性能，一般在室外使用，可用作混凝土模板、车厢底板、活动房屋外墙板等。Ⅱ类竹编胶合板，即耐水竹编胶合板，它是以脲醛树脂胶或其他性能相当的胶黏剂胶合而成，一般在室内使用，可用作室内家具、天花板或一次性包装板等。

竹编胶合板按照厚度，可分为薄型竹编胶合板和厚型竹编胶合板。厚度小于或等于 6mm 的板材，称为薄型竹编胶合板，可用作天花板、家具、包装箱板等。厚度大于 6mm 的板材，称为厚型竹编胶合板，可用作混凝土模板、车厢底板。

8.1.1.2 性能特点

竹编胶合板的外观特征是其板面有明显的竹席纹理。若表层竹席的竹篾通过刮光、漂白和染色处理，再精细编织成一定纹理，则这种竹编胶合板相当美观和具有装饰效果。由于竹席涂胶量大，热压后板面形成有胶膜保护层，因而具有一定的耐水、耐腐蚀和耐磨损的性能。竹编胶合板强度高、弹性好，板材纵向和横向物理力学性能差异小，是竹编胶合板区别于其他竹材人造板的内在特征。我国竹编胶合板国家标准（GB/T 13123—2003）规定的含水率、静曲强度、弹性模量等各项物理力学性能指标见表 8-1。

表 8-1 竹编胶合板的物理力学性能指标

项 目	单位	薄型		厚型	
		Ⅰ类	Ⅱ类	Ⅰ类	Ⅱ类
含水率	%	≤15		≤15	
静曲强度	MPa	≥70	≥60	≥60	≥50
弹性模量	MPa	≥5000		≥5000	
冲击韧性	kJ/m²	≥50		≥50	
水煮-干燥处理后静曲强度	MPa	≥30		≥30	
水浸-干燥处理后静曲强度	MPa	≥30		≥30	

注：覆面竹编胶合板，应符合相应结构的物理力学性能。

8.1.1.3 制造工艺

(1) 工艺流程

竹编胶合板的工艺流程见图 8-1。

图 8-1 竹编胶合板的工艺流程图

(2) 制造工艺

①原料选择

竹编胶合板所用的竹材，应选用劈篾性能较好、节间较长的竹材，如毛竹、慈竹、淡竹、麻竹等，且竹材的竹龄应不低于 3 年。一般来说，竹材的含水率高时易于剖竹和劈篾，因而应选用新鲜、含水率高的竹材为原料。

②制篾

竹篾的制作包括截断、去节、剖竹、劈篾等工序。截断就是根据产品的规格要求，将竹材锯成一定长度的竹段，同时留约 100mm 的加工余量。竹材截断后先去除外节，再将竹段剖分成一定宽度的竹条，剖竹要尽量宽窄均匀一致。去外节时应尽量做到干净、平整、无凹凸现象，内节可在竹段剖分后一并去除。去节、剖竹可用手工，也可以用去节机和剖竹机进行。剖竹后，再用篾刀或剖篾机，从竹材的弦向将竹条劈成竹篾，这个过程称作劈篾或启篾。劈篾时，通常先去除竹黄层，再进行一劈二、二劈四等分劈篾。竹青层的篾片称为青篾，其余统称黄篾，青篾柔韧结实，黄篾硬脆。青篾的厚度一般为 0.3~0.5mm；黄篾的厚度一般为 0.8~1.2mm，宽度为 10~15mm。

③编席

编席是指将加工好的竹篾，按照一定的编织方法，编织成具有一定幅面的竹席。编席时，将纵、横方向相互垂直的竹篾，通过相互间"挑"和"压"的交织构成竹席(图 8-2)。

竹席编织时，纵向竹篾称纬篾，横向竹篾称经篾。经篾与纬篾既相互垂直又交叉重叠，并能通过"挑"、"压"而交织成竹席，其方式有"挑一压一"、"挑二压二"、"挑三压三"等，生产上多采用"挑二压二"方式编织竹席。"挑几压几"的意思是挑起几根竹篾，压下几根竹篾。竹席的编织应紧密、平整，表面无霉点，篾色一致，无泥土或其他污物。

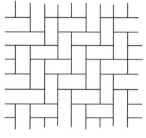

图 8-2　竹席示意图

目前，竹席的编织主要为手工编织。生产厂家所用竹席，主要来源于收购农民手工编织的竹席，其厚度、宽度及含水率等差别较大，往往质量不易保证。因此，要提高竹编胶合板质量，最好是成立专业化车间或加工基地，在工厂参与管理下加工。

④竹席干燥

竹席编成后，含水率较高，仍有25%～40%；此外，竹席大都为单张加工，原料来源各异，其含水率有差异且不均匀，故需对竹席进行干燥处理。目前，除少数厂家采用网带式干燥机干燥外，大多数采用自然干燥的方法。干燥后竹席含水率的高低与热压时间、热压工艺及胶合质量都有密切关系，适宜的终含水率一般为6%～12%。若用脲醛树脂，含水率可偏高一点，用酚醛树脂则较低一点好。

⑤涂（浸）胶

竹编胶合板要求全部竹席双面施胶，这与竹材胶合板只对偶数层竹片进行双面施胶不一样。竹席施胶的方式有涂胶和浸胶两种，由于竹席是由竹篾纵横交叉编织而成，因而两种施胶方式各有利弊。

涂胶可以采用手工或涂胶机进行，它可适用于脲醛树脂胶和酚醛树脂胶。由于竹席表面粗糙不平、竹材的湿润性能较差，因此，竹席涂胶量比木单板的涂胶量要大。

而竹席的浸胶方式只适用于酚醛树脂胶，浸胶可以避免因涂胶而造成的竹篾交叉重叠处的缺胶现象，但浸胶会给竹席带来过多的水分，常需进行第二次干燥（通常称为预干）。

⑥陈化与预干

为了使胶能充分浸润竹席，提高胶合质量，同时蒸发胶黏剂所带入的部分水分，涂胶后的竹席应放置一段时间后再组坯，或组坯后放置一段时间再热压。陈化时间与胶液的黏度、室温有关，若黏度大、气温低，则陈化时间长一些，反之，则短一些，一般陈化时间为20～60min。

对于浸渍酚醛树脂胶的竹席，可陈化数小时（实质是自然干燥），但不宜超过24h。为提高生产效率和质量，也可用人工干燥的方法进行预干，干燥介质的温度不宜超过80℃，终含水率控制在10%～14%范围内即可。

⑦组坯

竹席由竹篾经纬交织而成，其纵横方向性能相近，因此，组坯不一定要按奇数层原则，偶数层结构也可以。组坯时，应注意一条长边和一条短边要对齐，即"一边一头齐"，以方便后续的裁边加工。

⑧热压

竹编胶合板的热压温度可根据胶种不同来确定，热压压力可根据板坯表面平整度在一定范围内变化，表面越不平整，所需压力越大。热压的时间与板材的层数有关。具体热压工艺参数见表8-2。

表8-2 竹编胶合板的热压工艺参数

胶种	温度(℃)	压力(MPa)	时间(min)			
			2层板	3层板	4层板	5层板
脲醛树脂胶	110~120	2.5~4.0	3~4	4~5	5~7	6~7
酚醛树脂胶	140~150	2.5~4.0	3~4	5~7	8~12	10~15

由于竹材的湿润性能较差，如果在热压开始时就采用比较高的热压压力，有可能会将部分胶液挤出来，从而影响胶合强度。因此，热压开始时，可采用较低的压力使胶液流展并挤入竹篾缝隙中去，待胶液的流动性降低后再升高压力，并保压一定时间使胶黏剂固化后再卸板。为此，竹编胶合板生产中常采用两段(或多段)升压，两段(或三段)降压的热压曲线，如图8-3和图8-4所示。

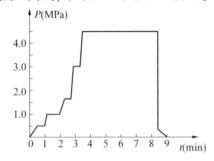

图8-3 竹编胶合板多段升压曲线　　图8-4 竹编胶合板两段降压曲线

8.1.2 竹帘胶合板

8.1.2.1 定义与用途

竹帘胶合板是指将竹篾平行排列，用棉线、麻线、混纺线或热熔胶线等按一定方式编织而成的类似于百叶窗的竹帘，再经干燥、施胶、热压等工序制成的一种竹材人造板。在竹帘胶合板的生产中，由于竹帘篾片之间的间隙较大，常在其上下表面各铺一层竹席，故它也可称为竹席-竹帘胶合板。目前生产厂家最多、产量最大、用途最广的是覆膜(塑)竹帘胶合板，它是以竹帘为芯层的主要材料，竹席或木单板为内层，酚醛树脂胶浸渍胶膜纸为表层，采用一次覆塑工艺而制成的一种竹帘胶合板。

竹帘胶合板按竹帘的厚度不同，可分为"湖南式"和"浙江式"。"湖南式"采用较薄的竹帘，一般厚度为0.8~1.4mm，产品外观酷似竹编胶合板，与Ⅰ类厚型竹编胶合板的用途相同，即可用作混凝土模板、车厢底板等，其中覆膜(塑)竹帘胶合板占绝大多数。"浙江式"采用较厚的竹帘，一般厚度为2~3mm，产品主要用作表面要求不高、只需表面基本平整的普通混凝土模板。当前，市场销售的竹帘胶合板多数为"湖南式"竹帘胶合板。

8.1.2.2 性能特点

竹帘胶合板与竹编胶合板相比,具有耗胶量少、板面平整度高、物理力学性能优良等优点。此外,覆膜(塑)竹帘胶合板的耐磨性能、循环使用次数等大大高于木材模板,很适合高层建筑、桥梁、大坝等工程建筑的应用。竹帘胶合板的物理力学性能见表8-3。

表8-3 竹帘胶合板的物理力学性能

名称	无接头板材		有接头板材		备注
	试件数	平均值	试件数	平均值	
密度(g/cm³)	16	0.85	4	0.85	接头部位强度为无接头部位强度的84%
含水率(%)		10		10	
静曲强度(MPa)	16	121.2	4	101.8	
弹性模量(MPa)	16	11200	4	12500	
冲击强度(J/cm³)	16	13.6	4	8.7	

8.1.2.3 制造工艺

由于市场销售的竹帘胶合板多数为"湖南式"竹帘胶合板,因此,这里仅对该板种的制造工艺进行阐述。

(1) 工艺流程

根据生产规模的大小,竹帘胶合板可以分为连续化和非连续化两类生产工艺流程(图8-5和图8-6),而覆膜(塑)竹帘胶合板是以胶膜纸作表层的一类竹帘胶合板,因而其制造工序又有所不同(图8-7)。连续化生产工艺流程适用于大型或中型竹帘胶合板生产企业,而非连续化生产工艺流程适用于小型竹帘胶合板生产企业。但是,目前许多工厂都采用收购竹农分散加工的整幅竹帘为原料组织生产,其工艺流程更简单,仅从竹帘干燥开始就可以生产,因此,实际情况是非连续化生产工艺流程的应用最广泛。

图8-5 竹帘胶合板的连续化生产工艺流程图

图8-6 竹帘胶合板的非连续化生产工艺流程图

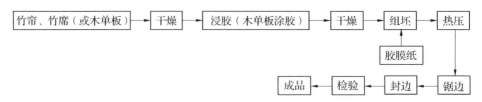

图 8-7　覆膜(塑)竹帘胶合板的生产工艺流程图

(2) 制造工艺

①竹帘(席)的编织与种类

竹帘胶合板所用竹席的编织与种类与竹编胶合板相同。

竹帘的编织通常是将一定数量的竹篾平行排列，用棉线、麻线、混纺线或热熔胶线等作为经线，按一定方式编织成一个整体，这个整体可称为"竹单板"，这种"竹单板"因其形式类似于百叶窗帘，因此又叫作竹帘。竹帘编织的方式有手工编织、机械编织和手工与机械联合编织三种，其中手工编织是目前使用最普通，也是最简单的一种竹帘编织方法。这主要是由于目前竹帘胶合板生产企业多采用收购竹农手工编织的整幅竹帘进厂，然后再进行加工制板的方式，因此编织机应用较少。但随着设备的日趋完善和工艺技术的不断进步，手工编织必将被机械编织所代替。

竹帘按照竹篾纤维方向在板坯中的位置可分为纵向竹帘(一般称为长竹帘)和横向竹帘(一般称为短竹帘)两种。为了保证竹帘的质量和强度，要求纵向竹帘在编织时要有 7~9 道经线，横向竹帘要有 4~5 道经线，而且竹帘中最外面的两道经线距离竹帘两端的距离为 200mm 左右。

纵向竹帘的竹篾纤维方向与产品的长度方向一致，竹篾的长度即为纵向竹帘的长度，由产品的长度决定；纵向竹帘的宽度由产品的宽度和干缩余量来决定，竹帘长度和宽度均留有 80~100mm 的裁边余量。如生产幅面为 2440mm×1220mm(长×宽)的竹帘胶合板，纵向竹帘的幅面尺寸应为 2540mm×1420mm(长×宽)。

横向竹帘的竹篾纤维方向与产品的宽度方向一致，竹篾的长度即为横向竹帘的宽度，由产品的宽度与裁边余量决定；横向竹帘的长度由产品的长度来确定，并留有 200~220mm 的裁边余量和干缩余量。如生产幅面为 2440mm×1220mm(长×宽)的竹帘胶合板，横向竹帘的幅面尺寸应为 2660mm×1320mm(长×宽)。

可以看出湿竹帘在宽度方向上，纵向竹帘比横向竹帘大 100mm，而在长度方向上，横向竹帘比纵向竹帘大 120mm。这主要是因为竹材纵向的干缩率远小于横向，因此在湿竹帘编织时要留有足够的干缩余量，才能保证湿竹帘在通过干燥干缩后仍然具有所需的幅面尺寸。

②竹帘(席)干燥

竹帘和竹席编织好后，仍有较高的含水率，必须经过干燥才能满足胶合工艺要求。由于竹篾材质比较均匀、宽度小而厚度薄，因而湿竹帘和竹席可采用高温快速干燥工艺，干燥时一般多采用喷气式网带干燥机进行连续干燥，干燥温度为 150~180℃，干燥时间为 10~15min。当然湿竹帘和竹席也可采用干燥窑进行周期式低温干燥，干燥时竹帘(席)卷堆码在干燥窑内,或成卷放置在可移动的专用多层干燥架上进行干燥,干燥温度为80~90℃,干燥时间约为24h。竹帘和竹席干燥后的含水率应控制在8%~10%范围内。

③竹帘(席)施胶

竹帘和竹席一般采用浸渍水溶性酚醛树脂胶的方式进行施胶。浸胶时,竹帘和竹席卷装入浸胶框中,然后由单梁吊或行车将浸胶框垂直吊入浸胶槽中,浸渍一定时间后,再将浸胶框从浸胶槽中吊出,并垂直放置在滴胶架上,使多余的胶液在重力下顺竹篾纤维方向滴除,并使滴除的胶液回流到浸胶槽中。

浸胶槽中的胶液是由固体含量为45%~50%水溶性酚醛树脂胶经过加水稀释后制成的,其固体含量为23%~25%。当前,竹帘胶合板厂普遍采用2122型水溶性酚醛树脂胶,浸胶时间为3~5min,竹帘的上胶量应达到7%~10%,竹席的上胶量应达到10%左右。

④浸胶竹帘(席)的干燥

竹帘和竹席浸胶后含水率会重新升高,一般可达到30%~40%,如果不经干燥就直接进行组坯、热压,将会对胶合工艺和产品质量造成极为不利的影响,故必须进行二次干燥。为了避免在干燥过程中胶产生预固化现象,必须将干燥温度控制在95℃以内。如果采用喷气式网带干燥机进行连续干燥,干燥温度为90~95℃,干燥时间为12~18min。如果采用干燥窑进行周期式干燥,竹帘通常是成卷形式,竹席则以2~3张为一叠,窑干温度为60~70℃,干燥时间为5~8h。浸胶竹帘干燥后的含水率控制在12%~15%,竹席干燥后的含水率控制在15%~20%。

⑤覆面胶膜纸的制造

为了提高竹帘胶合板表面的平整度、耐磨性、耐水性、光泽度和粗糙度等性能,在其板面覆贴酚醛树脂胶浸渍胶膜纸制成覆膜(塑)竹帘胶合板,而胶膜纸质量的好坏对产品的上述性能有着直接的影响,它是生产高质量的覆膜(塑)竹帘胶合板的重要条件。

竹帘胶合板覆面的胶膜纸原纸,一般是定量为80~100g/m²的牛皮纸,若采用100~120g/m²呈红褐色的钛白装饰纸则更好。含钛白粉的原纸覆盖能力强,可以覆盖内层竹席(或木单板)的缺陷,而红褐色与酚醛树脂胶的颜色相近,可以加深板面的颜色,有利于消除板面的色差。原纸浸渍所用胶液大多为水溶性酚醛树脂胶(也可用三聚氰胺树脂胶),其固体含量为33%~35%,黏度约12~15秒(涂-4杯)。胶膜纸的质量要求为:上胶量70%~80%,挥发分含量为10%~20%,表面不允许有胶泡和白花。

⑥组坯

普通竹帘胶合板组坯时除上下表层各有一张竹席外,其余全为竹帘。目前,在生产中板坯通常采用对称的大三层结构,各大层相互垂直,而同一大层内的竹帘则相互平行。

覆膜(塑)竹帘胶合板组坯时芯层主要为竹帘,通常也采用对称的大三层结构,芯层占板厚的比例约为85%,它主要提供产品的力学强度;在竹帘上面铺上竹席或木单板作为内层,它可以起到覆盖竹帘沟槽、提高板材表面平整度的作用;在竹席或木单板的表面铺上酚醛树脂胶浸渍胶膜纸作为表层,既可以提高板面的耐磨性、耐水性,又可以提高板面的光泽度和粗糙度等性能，达到高强度混凝土模板的使用要求。

⑦热压

普通酚醛树脂胶竹帘胶合板的热压温度为 135~145℃，单位压力是先高压后低压，使压力由 4.0MPa 缓慢降到 3.0MPa。热压初期采用短时间高压，使板坯表层密实平整，绝大部分热压时间采用较低的压力，以控制板材的密度和厚度。热压时间按成品板厚度 2.0~2.5min/mm 进行计时。

覆膜（塑）竹帘胶合板，板坯两表面均有胶膜纸，并采用一步法胶合成覆膜板，称为一次覆塑工艺，其热压工艺的最大特点是采用"冷—热—冷"工艺，此工艺又称为"冷进冷出"工艺。其具体含义为：板坯进入热压机时，热压板处于"冷"的状态，其温度一般为 45~55℃，然后升温升压和保温保压，热压温度一般为 135~145℃，单位压力为 2.5~3.5MPa，保压保温时间为 1.5~1.8min/mm；卸压前在保持压力下向热压机内通冷却水，将热压板的温度降低到 45~55℃，使板坯在"冷"的状态下卸出热压机。

虽然这种工艺的热压周期长，例如 12mm 厚的覆膜（塑）竹帘胶合板，其热压周期长达 45min 左右，而且蒸汽和冷却水的消耗量也较大，但是它能保证板材的板面平整、形状稳定性，并且能有效防止"鼓泡"现象的产生，因而产品质量好。

⑧封边

竹帘胶合板主要用作混凝土模板，为了防止水分从板边渗入板内而降低产品的物理力学性能，常在裁边后就进行封边处理。封边处理时，先刮腻子填塞孔隙，待腻子干燥后进行砂磨，然后再刷涂或喷涂防水涂料。

8.1.3 竹材胶合板

8.1.3.1 定义与用途

竹材胶合板又称竹片胶合板，它是一种以"高温软化-展平"核心工艺为主要特征制成的竹片，按照胶合板的构成原则，将竹片干燥、涂胶、组坯、热压而成的一种竹材人造板。

竹材胶合板主要用作车厢底板。但由于人造板压机及竹材本身的限制，竹材胶合板的长度往往达不到车厢底板长度的要求，故压制的竹材胶合板需进行接长，在长度方向上进行对接接长一般是不允许的，而采用铣斜面热压接长是很好的工艺方法。目前，竹材胶合板已在我国解放牌、东风牌、跃进牌等载货汽车的车厢底板、客车车厢底板和铁路平车底板等上得到广泛应用。

此外，在竹材胶合板上下表面涂上酚醛树脂胶，经热压固化形成坚硬的保护层后，它可直接作为普通混凝土模板使用；也可以以竹材胶合板为基材，经定厚处理后，在其上下表面分别覆上木单板和浸渍纸，组坯热压而成"高强覆膜竹材胶合板模板"，它是一种性能优良的混凝土模板。

8.1.3.2 性能特点

竹材胶合板与其他竹材人造板相比，具有板面平整、强度高、尺寸稳定性好、厚度偏差较小等特点。车厢底板和混凝土模板用竹材胶合板的物理力学性能，见表8-4和表8-5。

表8-4 各类车厢底板用竹材胶合板的物理力学性能

试验项目	规格	指标值
含水率(%)	—	≤10
胶层剪切强度(MPa)	—	≥2.5
静曲强度(MPa)	板厚≤15mm	≥100
	板厚>15mm	≥90

注：①经接长的竹材胶合板，接缝处的静曲强度不得小于表中规定值的70%；
②测定方法按 LY/T 1055—2002 中 5.3 的规定进行。

表8-5 混凝土模板用竹材胶合板的物理力学性能

项目			单位	70型	60型	50型
含水率			%	5~14		
静曲强度	干状	纵向	MPa	≥90	≥70	≥50
		横向		≥50	≥40	≥25
	湿状	纵向		≥70	≥55	≥40
		横向		≥45	≥35	≥20
弹性模量	干状	纵向	MPa	≥7.0×10³	≥6.0×10³	≥5.0×10³
		横向		≥4.0×10³	≥3.5×10³	≥2.5×10³
	湿状	纵向		≥6.0×10³	≥5.0×10³	≥4.0×10³
		横向		≥3.5×10³	≥3.0×10³	≥2.0×10³
胶合性能			—	无完全脱离		
吸水厚度膨胀率			%	≤8		

注：①纵向指平行于板长方向，横向指垂直于板长方向；
②测定方法按 LY/T 1574—2000 中 5.3 的规定进行。

8.1.3.3 制造工艺

(1) 工艺流程

竹材胶合板的生产工艺流程见图8-8。

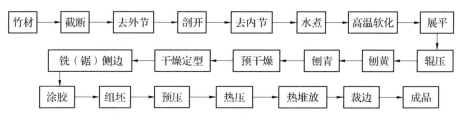

图8-8 竹材胶合板的生产工艺流程

(2) 制造工艺

① 原料要求

竹材胶合板所用的竹材应选用竹龄 4 年以上的竹子。由于采用软化-展平工艺，竹片需经刨青刨黄加工，故一般需选用胸径 9cm 以上的毛竹（楠竹）和其他直径较大的竹子，如桂竹、巨竹、麻竹、龙竹等。

由于竹子砍伐有一定的季节性，为保证竹材胶合板生产均衡，工厂一般应有一定量的竹材贮存。在对竹材进行加工前，应保证竹材不得有虫蛀、腐朽等缺陷。

② 备料

根据产品规格，在留足加工余量的前提下将竹材截成一定长度的竹段，通常留加工余量 50~60mm。截断原则为"从下至上，截弯取直"，即先截去竹材根部刀砍形成的歪斜端头，从根部到梢部依次截断。竹材弯度较大时，多截锯短竹段，力求锯成的竹段通直或弯度较小。竹材截断一般用圆锯机。为了提高后续加工质量，需去除竹段外表面的竹节，使竹段表面平整，可采用手工或专用去外节机去除。竹段展平前需剖分成 2~3 块，采用专用的剖竹机进行剖分。竹段剖分成弧形竹片后，需去除节隔（也称内节）使竹块内壁平滑，采用专用的去内节机除去内节。

③ 软化-展平

软化-展平是竹材胶合板的核心工艺，将弧形竹片软化展平后形成平面状的竹片，要求展开的裂缝多且深度浅、宽度小。为了便于弧形竹片软化和展平，需增加竹片的含水率，常采用水煮的方法来实现，即将竹片放入 70~90℃ 的热水中浸泡 3h 以上，若能将水加热至沸腾则更好。经水煮后的竹片，取出后呈蜡黄色且手感发黏为合格。

竹片水煮后采用高温加热进行软化，增加竹片的塑性以便于展平。软化温度控制在 180~250℃，软化时间为 4~5min。软化合格的竹片温度一般为 140~150℃，在外观上竹青面发黄并出现油珠滴。

竹片的展平应在高温软化后立即进行。首先用单层平压机强行压平弧形竹片，展平的单位压力为 0.5~0.8MPa。由于弧形竹片展开后的厚薄不一，平压并不能使竹片成为较好的平面状，因而在平压之后再送入辊压展平机进行辊压，线压力为 300~500N。如果竹片的横断面弧弦高小于 5~8mm，也可不经展平就直接辊压。

④ 竹片刨削加工

展平后的竹片需去除表面的竹青和竹黄，并加工成一定的厚度。展平后的竹片应趁热进行刨削，以利用其余温下的塑性，降低加工中的功耗、噪声与刀具磨损。刨削采用压刨机，由于竹材硬度高，刚性大，表面光滑，故进料、刀轴、刀具及工作台面等应适当进行改造。刨削后的竹青与竹黄应完全去掉，以免影响胶合。

⑤ 竹片干燥与加工

刨削后的竹片含水率一般高达 30%~50%，必须经过干燥。而展平竹片的干燥有两个难题：一是竹片是在高温高湿状态下被强行压平的，在自然状态下干燥必然会产生弹性恢复；二是展平的竹片一般较厚并且含水率较高，短时间干燥不易达到含水率要求。因此，需要先干燥到一定含水率，再经定型干燥，才能进行后期加工。

竹片干燥过程首先是预干燥，常用周期式干燥窑，竹片在干燥窑内预干 10~12h，使其含水率达到12%~15%。之后，将竹片放入专用的竹片干燥定型机中进行间歇式加压干燥，经干燥定型后，竹片的含水率达8%~12%。

由于竹段剖开产生的撕裂和干燥过程中的不均匀干缩，干燥后竹片的两侧是凹凸不平的，因此，对干燥定型后的竹片进行铣(锯)侧边，使其边间整齐。

⑥涂胶与组坯

竹片成型后的厚度一般在3~8mm，采用普通辊筒涂胶机涂胶。对于室内用的竹材胶合板，可使用脲醛树脂胶黏剂或其他性能相当的胶黏剂；对于用作各类车厢底板和混凝土模板的竹材胶合板，则用酚醛树脂胶黏剂。竹片的双面涂胶量为300~350g/m²。

竹材胶合板的竹片组坯原则与木材胶合板相同，但组坯时要做到：表板竹片的竹青面朝外，竹黄面朝内；中心层芯层的每张竹片的竹青面、竹黄面的朝向应依次交替排列；相邻竹片的大小头也应依次交替排列。

⑦预压与热压

竹片的预压在预压机中进行。因竹片的刚性、弹性及硬度较普通木单板大，故预压压力较大，一般采用0.8~1.0MPa；预压时间一般以90~120min为宜，如果预压时间长一些，效果更佳，但不宜超过24h。

普通竹片胶合板热压工艺与木材胶合板热压工艺的作用原理、工艺过程等相差不大，只是参数有所变化。当用酚醛树脂胶黏剂时，通常热压温度为130~145℃，单位压力为3.0~3.5MPa，热压时间约为1.1min/mm。

为了防止"鼓泡"现象的产生，在热压的后期通常采用三段降压工艺：第一段由"工作压力"降到"平衡压力"，第二段由"平衡压力"降到零，第三段由零到热压板完成开张。

⑧板材接长与表面处理

竹材胶合板主要用作车厢底板，要求板材长度与车厢底板一致，而压制的板材较短，故需进行接长。考虑到接头强度、接头加工工艺与设备的难易程度，认为采用铣斜面热压接长的工艺方法较好，该工艺包括端头铣斜面、斜面涂胶、斜面搭接和热压接长等工序。

此外，为了提高车厢底板表面的耐水、耐腐蚀、抗老化性能和尺寸稳定性等，需要在竹材胶合板的上下两表面涂刷酚醛树脂胶，并使之热压固化而形成牢固的树脂保护层。同时，为了增加车厢底板与装载货物之间的摩擦力，防止货物的滑移，在热压固化表面树脂之前，在竹材胶合板的正面加覆一张铁丝网，送入热压机，在板面压出一定形状和深度的网痕。该工艺的热压温度为130~140℃，单位压力为2.5~3.0MPa，热压时间为4~5min。

8.2 单板层积材

8.2.1 定义

单板层积材(laminated veneer lumber，简称LVL)，是指多层整幅(或经拼接的)厚单板按顺纹为主组坯胶合而成的板方材。由于基本为顺纹组坯，故又称平行胶合板；因为近似胶合木的性能，故也称为单板胶合木。现多称为单板层积材。

随着人造板消费需求的逐年扩大，基于优质大径材的单板型产品如胶合板的资源缺口也逐渐扩大。单板层积材可以利用小径木、弯曲木、短原木生产，出材率可达60%~70%，真正实现劣材优用、小材大用。因此，单板层积材的开发和利用对于提高中小径级和材质较次木材的利用率及其使用价值具有重要意义。单板层积材作为一种重要的木质工程材料，在北美、日本等地发展较为迅速。

8.2.2 性能特点及用途

单板层积材具有轻质高强、力学性能稳定、尺寸规格灵活等特点，是一种高性能、生态环保的新型建筑复合材料。单板层积材的性能主要体现在以下五个方面。

(1) 强度

单板层积材强重比优于钢材，因为锯材中普遍存在的树节、虫孔、交叉孔、裂缝、斜纹等天然缺陷被随机分布在单板之间，使其具有强度均匀的工程特性，许用设计应力高，尺寸稳定性好。单板层积材的纵向静曲强度和弹性模量可分别达到100MPa和10GPa。

(2) 规格

单板层积材是一种新型结构板材，由于其特殊的生产方法，尺寸可以不受原木大小或单板规格的限制，幅面尺寸可以任意调节，不受限制，规格尺寸范围广，因此可以满足大跨距梁和车辆及船舶的需求。

(3) 尺寸稳定性

单板层积材强度均匀、尺寸稳定，耐久性好。

(4) 阻燃性

由于木材热解过程的时间性和单板层积材的胶合结构，作为结构材的单板层积材耐火性比钢材好。日本对美式木结构房屋进行的火灾试验表明，单板层积材的抗火灾能力不低于2h，而重量较轻的钢结构会在遇火后1h内丧失支撑能力。

(5) 经济性

单板层积材的经济性集中地表现在小材大用、劣材优用的增值效应，它可以利用小径木、弯曲木、短原木生产，出材率可达60%~70%。

单板层积材可根据制品用途进行单板组坯，也可方便地对单板进行处理，使制品具有防腐、防虫、防火等特性。其缺点在于制品的成本取决于胶黏剂的种类和用量。表8-6对单板层积材与普通胶合板的部分性能和特点进行了比较。

单板层积材由于其规格、强度、性能等方面的独到优势，具有非常广泛的应用范围，按其用途可分为非结构用和结构用两种。其中结构用单板层积材又分为小规格结构材和大规格结构材。非结构用单板层积材主要用于家具制造，做高档家具台面的芯材或框架；小规格结构材主要用作门窗构架、内部墙壁支柱和门窗框、楼梯等建筑部件；大规格结构材可广泛用于建筑托梁、屋顶衍架、工字梁等构件、家庭住宅的屋顶、结构框架和地板系统中，也可做车船材、枕木等。图8-9为单板层积材的部分用途。

表 8-6 单板层积材和普通胶合板的比较

性能和特点	单板层积材	普通胶合板
原料要求	低	高（尤其是面板用原料）
单板厚度(mm)	2.0~5.0	0.5~3.0
单板接长	需要	不需要
热压压力(MPa)	1.4~1.8	0.8~1.0
产品密度	高	低
强度方向性	纵向高于横向	纵横向基本一致

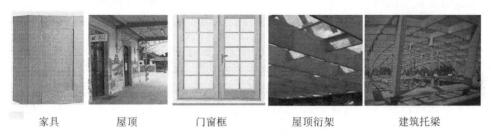

家具　　　屋顶　　　门窗框　　　屋顶衍架　　　建筑托梁

图 8-9 单板层积材的部分用途

8.2.3 制造工艺

单板层积材的制造方法和胶合板非常相似。这两种工艺中的单板制造过程几乎完全相同，最大的差别在于组坯、热压和产品的后期处理等方面。单板层积材的生产工艺流程见图 8-10。

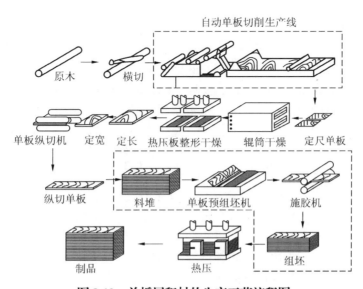

图 8-10 单板层积材的生产工艺流程图

单板层积材的主要生产工艺简述如下：

(1) 备料

制造单板层积材所用原料多以中小径级、低等级的针、阔叶材为主，径级一般为 8~24cm。如日本以落叶松为主，美国主要用俄勒冈松，我国主要以速生人工林(如意杨、速生杉木)为主。由上述树种制造的单板层积材具有良好的物理性能，接近甚至优于其天然生长的相应树种的成材等级性能。

为了获得高质量的单板层积材，提高单板层积材的出材率，原木需经锯截、热处理、剥皮和定中心等一系列和胶合板生产相类似的工序。

原木的锯截不仅要满足旋切机所需要的木段长度，而且要注意到木材的合理利用。考虑到单板层积材质量和对刀具的影响，使用针叶材和高密度的阔叶材，如落叶松、速生杉木等树种时，则需要对原木进行蒸煮或浸渍等处理，使木段软化，增加其可塑性。

单板层积材在木段上原为圆弧形，旋切时被拉平，并相继反向弯曲，结果产生压应力，背面产生拉应力。单板层积材厚度越大，木段直径越小，则这种应力越大。当拉应力大于木材横纹抗拉强度时，背面形成裂缝，降低单板强度，造成单板表面粗糙。因此，一般采用控制和降低木材弹性模量的办法，如提高木材本身的温度和增加含水率，使弹性变形减小，塑性变形增加。另外，原木的水热处理又可使节子硬度下降，旋刀损伤减小，同时还可使部分树脂与浸提物去除，因而有利于单板层积材的干燥和胶合。原木的水热处理与胶合板制造相同。

由于木段并不是严格的圆柱体，所以在正式旋切之前，还必须将木段进行旋圆处理，以保证旋切时获得连续的带状单板。木段旋圆后，应准确选定木段在旋切机上的回转中心，保证单板层积材的最大获得率。圆木定中心，通常有机械、激光以及人工等方法。

(2) 单板制造

单板制造是生产单板层积材的一个重要工序，单板质量直接关系到成品性能。日本有关学者曾进行过相关研究，他们通过改变旋切条件如倾角、切削量等，观察对单板质量的影响。研究发现在80°倾角切削单板时，背面裂隙要比50°倾角的少，且前者制取单板加工单板层积材的弹性模量较大。由于原木有早晚材、心边材之分，在株间又有成熟材和幼龄材之分，同时加工成单板，将其混合使用时，因为其材质不同，不仅单板质量不同，同时会造成制品材性的不均匀、不稳定，影响其强度性能。例如意杨原木，心材含水率为50%~70%，在干燥、压制时，由压力造成的单板压溃程度较轻；相反，边材含水率高达130%~150%，单板加工时压溃现象较为严重，对成品板质量带来不利影响。另外，人工速生材中，幼龄材占的比例较大，幼龄材本身材质较差，比如我国南方速生杉木，节子多、材性极脆，单板质量不够理想。有学者做过仅含心材、边材及心边材适当比例混合的三种单板层积材试验，通过强度性能测定发现，仅含边材的单板层积材，其弯曲强度和抗拉强度均好于其他两种情况，混合材单板层积材又优于仅含心材的单板层积材。

(3) 干燥

旋切后的单板含水率较高,不能满足胶合工艺的要求,必须进行干燥。在影响单板层积材生产能力的因素中,单板干燥是最重要的工序之一,一般对干燥的要求是在不影响单板质量的前提下,有较高的生产能力。

单板干燥的终含水率与干燥时间、干燥方式、胶合质量以及单板质量有关。由于单板层积材的单板厚度比胶合板的单板厚得多,如果完全采用胶合板生产中的辊筒式干燥或网带式干燥,不仅达不到干燥的质量要求,而且周期很长。单板干燥采用喷气式干燥是可以的,但当单板厚度过大时,干燥慢、易开裂,而且干缩大。因此,美国、日本等国多采用热板式整形干燥,既保证干燥效果,又能减少单板的干缩和损耗,而且提高单板的平整度。表8-7所列的是在单板厚度相同的情况下,采用两种不同干燥方式,干燥所需时间和最终单板含水率的比较。从表中可看出,采用热板干燥可在较短时间内使单板达到要求的含水率。

表8-7 喷气式干燥和热板干燥的比较

干燥方法	单板厚度4.5mm		单板厚度9.0mm	
	干燥时间(min)	终含水率(%)	干燥时间(min)	终含水率(%)
喷气式干燥	10	21.6	50	20.6
热板干燥	9	2.2	26	5.4

在单板层积材生产的原料中特别是幼龄材、心材加工所得的单板,干燥时的破裂、弯曲、溃陷等缺陷,对后续工序的自动化操作造成一定障碍,采用热板干燥对防止单板上述缺陷有显著效果,并可提高单板干燥效率。但整个干燥过程中,都用热板干燥,则会造成设备投资较大,所以仅在易产生弯曲的后半段使用,在前段干燥中,可用辊筒式干燥机或网带式干燥机。通常认为较为理想的还是辊筒干燥作为预干燥,将单板含水率降至25%~30%,再由热板干燥,使单板含水率达5%左右。热板干燥时,为使水蒸气顺利排除,应在干燥期间多次打开压板,或在热板与单板间放置排气垫网,以利水汽排出。

热压板干燥时,因单板表面直接与高温金属热板接触,水分能快速被去除,但可能会随水分降低影响胶合性能。Hittmerer对9种阔叶材进行了试验,观察热板干燥后,引起的颜色变化、表面开裂、皱裂等情况,并将其与普通人工干燥的单板同时进行胶合试验,检测胶合剪切强度,其结果是热板干燥比普通人工干燥平均降低约20%。这说明胶合力降低并不全是由破裂引起的,极有可能是木材本身性能的降低而造成的。

此外,干燥后的单板,在吸湿后还会产生膨胀,辊筒干燥的单板,吸湿后其厚度方向与宽度方向大致相同,但热板干燥的单板,宽度方向会显著减少,说明这种干燥形成永久变形。关于热板干燥压力大小的控制,一般当压力较大时,干燥速度可提高;但压力加大,单板厚度压缩率也会增加。以南方松为例,压力在0.3~0.4MPa时,对单板厚度减少影响不显著,当压力超过0.5MPa时,则变化显著。

(4) 纵向接长

制造单板层积材通常使用厚单板,因而通常采用辊筒式、网带式和热板式等几种类型的干燥机，迫使对湿单板采用先剪切后干燥的工艺流程。干燥后的干单板经纵横齐边处理。

人工林木段直径均不大，截成 8 英尺（1 英尺 = 0.3048 米）木段出材率较小，所以截成 4 英尺木段采用斜接方法代替 8 英尺单板，我国胶合板企业广泛采用此法生产长芯板。单板层积材生产中单板接长的方法有对接、搭接、斜接和指接。图 8-11 为单板的接长方式。

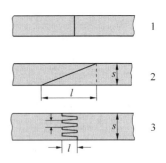

图 8-11 单板三种接长形式
1. 对接　2. 斜接　3. 指接

斜接的单板在斜接过程中始终保持在夹具中，以确保好的胶合质量和直边。斜接和指接因其强度好、接口侧面外观漂亮而被普遍采用。为了达到一定胶合强度，斜接的斜面长度与单板厚度，应达到一定倍数关系，通常用斜率 i 表示。

$$i = \tan \alpha = \frac{d}{l} \tag{8-1}$$

式中：α——单面铣削倾角（°）；
　　　d——单板厚度（mm）；
　　　l——单板斜接的斜面长度（mm）。

在一般使用条件下，单板斜接时斜率为 1∶6 至 1∶12，在重要使用场合时可高达 1∶20 至 1∶25，过高斜率在斜接加工时比较困难。

斜接加工可以将单板放在圆锯上，此时锯片须倾斜安装，或者使工作台面倾斜，也可采用楔形垫板，使单板倾斜放置来进行锯切。此外，也可利用压刨或铣床进行加工，但需有专用的样模夹具。

（5）施胶

施胶是指将一定数量的胶黏剂均匀施加到单板上的一道工序。板坯胶合后，要求在相互胶合的单板间形成一个厚度均匀的连续胶层，胶层越薄越好，因此施胶质量也是影响胶合质量的重要因素之一。单板层积材施胶工艺技术与普通胶合板生产基本相同，仅是涂胶量要高些，因此目前单板层积材生产中需要开发价格低、固化速度快的胶种，解决单板层积材由于厚度大而带来胶料固化困难的问题。现在常用的胶种有脲醛树脂胶、酚醛树脂胶、间苯二酚树脂胶或苯酚改性的间苯二酚树脂胶、三聚氰胺脲醛树脂和醋酸乙烯脲醛树脂等。

施胶方法很多，根据不同的工艺安排可采用不同的施胶方法。干状施胶，由于成本较高，不易被接受，目前一般采用液体施胶。根据使用设备，施胶方法可分为辊筒涂胶、淋胶、喷胶和挤胶等。辊筒涂胶有双辊筒和四辊筒涂胶机等多种形式，可保证施胶均匀和稳定，但此法仍属接触涂胶方法，是目前采用的主要方法。后三种方法适用于大规模连续化生产，是配合组坯连续化、自动化所采用的新型施胶方法。

施胶量是影响胶合质量的重要因素，涂胶量过多，胶层厚度必然增加，不仅不能提高胶合强度，反而会提高成本。然而施胶量过少，单板表面不能被胶液湿润，加之单板层积材旋制单板厚度较大和背面裂隙较为严重，不能形成均匀胶层，则会出现缺胶而影响胶合质量，所以应在保证胶合强度的前提下尽量减少施胶量。施胶量与胶种、胶液黏度、单板厚度与质量、胶合工艺以及涂胶后的陈化时间等因素有关,一般单板层积材涂胶量在 200~250g/cm²(单面)。

(6) 组坯

单板层积材的铺装不管是结构型还是非结构型,均与胶合板不同,主要体现在四个方面:一是单板层积材的单板必须讲究正反面,铺装时必须背对背,面对面,以解决单板层积材的变形问题;二是单板的强度应做适当分选,强度高的单板放在表层,强度低的单板放在芯层,以保证单板层积材的整体性能;三是单板层积材组坯为顺纹组坯,单板沿纵向顺纹接长;四是单板斜接的接头要依次按照一定间隔错开,保证其强度的均匀分布。

组成板坯的厚度(S)通常根据成品厚度和加压过程中板坯压缩率的大小计算,可按下式计算。

$$板坯厚度 S = \frac{100(S_h + C)}{100 - \Delta} \tag{8-2}$$

式中:S_h——单板层积材厚度(mm);

Δ——板坯压缩率(%);

C——单板层积材表面加工余量(mm)。

根据树种、材性,特别是单板层积材性能和用途要求,板坯压缩率一般在 10%~15%范围。

单板层积材的单板是顺纹组坯,但是旋切单板的长度一般不会超过 2.5m,要想满足一定结构长度要求的单板层积材,单板已接长或在组坯时,要进行各种纵接。接合方式不同则结合力大小也不一样,在组坯中如何正确分布对制品性能的影响很大。

采用中低密度的树种木材生产的单板层积材,用作室外建筑构件、地板及车厢底板时,会出现表面硬度和强度低,尺寸稳定性和耐腐、耐候性能差等问题。因此,利用玻璃纤维、碳纤维布增强单板层积材强度,或者采用单板浸渍树脂的方法,来生产表面硬度高、尺寸稳定性好、具有一定耐腐、耐候性能的强化单板层积材,已成为近年来的新趋势。

(7) 热压

单板层积材厚度一般可达 50~60mm,因而它的胶合工艺有其特殊性。目前,胶合工艺可分为冷压和热压。

冷压法通常利用价格较高的苯酚改性的间苯二酚树脂胶,利用干燥单板的余热就可使胶料固化。此法虽流程简单、设备投资少,但所用胶种使生产成本较高,另外冷压时间长,生产率较低。

热压法制造单板层积材有连续法(又称一次加热加压法)和分段加热加压法。分段加热加压法又有两种方式:一种是纯热压法;另一种是热压加冷压法,即第一段以数层涂有酚醛树脂胶的单板组坯热压胶合,第二段再将第一段制得的单板层积材(如 18mm 厚)二张通过间苯二酚胶冷压胶合,制得 36mm 厚的单板层积材制品。

因为单板层积材较厚,要想使芯层的胶完全固化需要的热压时间较长,用普通压机制造六层36mm厚的单板层积材,热压周期长达20min,为了解决这个问题,国内外研究开发出分步热压的方法,即先热压芯层两张单板,然后在压好板材的两面各贴一张涂胶单板经热压成四层单板层积材,如此方法可压出多层的单板层积材,由于胶层离热压板的距离始终为一张单板厚,传热快,胶合时间缩短,这种工艺是将多台单层热压机串联起来进行连续热压。如每层需2min,若压制六层厚单板层积材分3次总的热压时间仅为6min。国外有些国家如日本习惯高频加热胶合工艺,用高频热压机,在单位压力1.4MPa下压制100mm厚的单板层积材时间仅为7min,所以采用高频热压厚规格单板层积材是很适宜的。

由于单板层积材比较厚,芯层的胶完全固化需要较长的时间。热压时可采用高频加热、微波加热或喷蒸热压等方法加速芯层胶黏剂的固化。

单板层积材也可采用连续压机进行生产,但是和通常所说的连续压机有所区别。日本使用的连续压机实际上是由3台4m长的热压机串联而成,第一台用高频加热,使板坯芯层在短时间内达到规定的温度,后两台则用蒸汽或热油加热。板坯在热压机内压制数分钟后打开压机,板坯前进2m,然后再闭合加压,板坯从压机入口至压机出口要开启六次。单板层积材长度上尺寸不受限制,但生产效率不高,为适应此热压工艺,胶黏剂还需要进行适当改性。

除上述压制工艺外,还可利用普通的胶合板生产技术压制单板层积材,然后利用指接技术,根据需要将尺寸接长。

热压曲线现都采用微机编程控制,有些还装备监控热压过程中产品厚度的变化,并据此调整热压机的压力,这样即可保证产品的最终厚度。

(8) 后期处理

用各种方法制得的单板层积材都是毛边板,板面较粗糙,为了使其规格尺寸和板面粗糙度满足使用要求,胶压后制得的单板层积材要进行后期处理,包括冷却、规格锯裁、砂光等工序。由连续压机出口的单板层积材板带,首先经横截锯裁切成适当的长度,再由多锯片圆锯机纵向锯解成适当的宽度,用堆板机堆放;由普通压机压制的单板层积材毛板可直接经裁边,待砂光后做板材使用;或用多锯片圆锯机锯解,然后依据规定的标准进行检验、分等及入库。

综上所述,单板层积材与胶合板生产过程相似,其主要区别是:单板层积材用的单板旋切厚度较大,一般均在3mm以上,单板沿顺纹方向组坯胶合;而胶合板则是以单板纹理相互垂直为原则组坯的。单板层积材主要是以代替锯材为目标的产品,强调的是产品的纵向力学性能的增强,突出的是木材的各向异性;而胶合板则是对天然木材各向异性的改造,强调的是各向同性。

8.3 平行单板条层积材

8.3.1 定义

平行单板条层积材(Parallel Strand Lumber,简称PSL),是旋切单板经干燥后剪切成单板条，再经浸胶、干燥、组坯、热压而成的一种木质板方材。平行单板条层积材采用小径级原木、生产单板层积材或胶合板的剩余窄小单板等做原料，单板条涂饰胶黏剂，按轴向排列方式连续送入成型槽进行规格铺装，铺装成型的板坯再持续送入具有微波处理功能的压机，经四面挤压制成大幅面的板材，最后锯解成符合规格尺寸要求的木质板方材。平行单板条层积材的研制开发为有效利用低质小径木，生产高质量人造材，替代实体木材开辟了一条途径。

平行单板条层积材可利用小径原木或低等级单板，生产出高强度、大规格结构材，产品具有质量均匀、尺寸稳定等优点。我国关于平行单板条层积材的研究开始于1990年，虽然起步较晚，但发展速度很快，在生产工艺和物理力学性能方面都进行了探索性的研究。由于技术不完善，目前还没有工业化生产的实例。

8.3.2 性能特点及用途

平行单板条层积材在生产过程中剔除节子等天然缺陷，并采用纵向单板条平行铺装的方法，可预控单板条含水率并使之保持稳定，因此生产的平行单板条层积材产品具有质量均匀、尺寸稳定性好、产品纹理一致，无钝棱、翘曲、扭曲和开裂现象，不产生边角废料，其强度和耐久性均比天然木材好，强度均匀性介于单板层积材和平行大片刨花层积材。

平行单板条层积材的各种材性指标的变异性随板材密度、厚度和单板条的长度的变化而变化。以弹性模量、静曲强度以及顺纹抗压强度为测试项，对工艺因素影响下的力学强度进行可靠性分析，得出平行单板条层积材安全系数为：弹性模量 2.400～5.149；静曲强度 3.229～8.401；顺纹抗压强度 1.131～1.54。

由于单板条的随机铺装，单板条中的天然缺陷如节子、斜纹和幼龄材等分散在板坯中，使平行单板条层积材的力学性能更加均匀稳定。平行单板条层积材可生产大规模规格尺寸的产品，长度可达 20m，断面最大可达 20cm×40cm（或 20cm×45cm），可以进行任何形式的机械加工，而且可以同天然木材一样进行染色。平行单板条层积材板面美观，纹理类似木材，加工性能好，可作为装饰及结构用材。使用平行单板条层积材可替代实木用作梁、柱和过梁等（图8-12）。

图8-12 平行单板条层积材在建筑物上的应用

8.3.3 制造工艺

平行单板条层积材的制造工艺（如涂胶、组坯、热压和产品的后期处理等）和单板层积材非常相似，差别在于原料的制造单元形态不同，平行单板条层积材采用单板条，而单板层积材则采用单板。平行单板条层积材的生产工艺流程见图8-13。

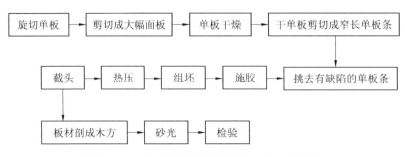

图8-13 平行单板条层积材的生产工艺流程

平行单板条层积材的主要生产工艺为：

(1) 备料

制造平行单板条层积材的原料以中小径级、低等级的针、阔叶材为主，也可以采用生产单板层积材或胶合板的废弃碎单板、单板条、木芯剩余窄小单板做原料。可以根据不同使用性能要求选择原料，以达到充分、高效、综合利用原料的目的。

(2) 窄长单板条的制造

用于制造平行单板条层积材的单板条，一般剪切成宽度范围在15~20mm的单板条。挑去有缺陷的单板条，并且将单板条中的节子等缺陷去掉。

由单板制单板条时，可以采用"先干后剪"的方法，也可以采用"先剪后干"的方法。"先干后剪"方法会给单板条的剪切带来很大困难，而且单板条剪切切口不齐；"先剪后干"方法的问题在于单板条干燥后容易扭转翘曲，给铺装带来困难。因此干燥时应控制适宜的干燥速度和温度，降低扭转翘曲程度。

(3) 施胶

单板条涂饰胶黏剂，可采用涂胶、淋胶和浸胶的方式。非结构型平行单板条层积材的施胶方式可以采用辊涂方式，但是结构型平行单板条层积材宜采用淋胶方式。涂胶量为$160~200g/m^2$（双面）。目前，单板条主要采用涂胶法进行生产。这种施胶方法需要专用涂胶机对每一根窄单板条进行均匀涂胶，其生产效率难以满足工业化大生产的需要。

此外，单板条还可以采用浸胶方式进行施胶。单板条含水率与单板条对胶液的吸收有很大关系。含水率越低，单板条容纳胶液能力越强，单板条内毛细管越细，对胶液吸附力越强，内部传导越快，在同等条件下，吸收的胶量越多。因此，生产中必须控制好浸胶前单板条的含水率。

生产平行单板条层积材常用的胶种有：脲醛树脂胶、酚醛树脂胶、三聚氰胺胶、间苯二酚树脂胶或异氰酸酯胶。不同的胶黏剂其生产成本和胶合性能都存在差异，因此应根据产品的使用性能和环境选择胶黏剂。

(4) 组坯

单板条经过涂胶后，按轴向排列方式连续送入成型槽进行规格铺装。平行单板条层积材的各种材性指标的变异性均随铺装方式由平行定向变为小于或等于30°而增大,当铺装方式趋向于定向抛洒铺装时,各项材性指标的变异性又有所减小,但仍高于平行铺装。铺装方式对板材力学性能的变异性影响尤为明显,对顺纹抗压强度的变异性影响最小。小于或等于30°的铺装方式对各项材性的变异性影响较其他两种铺装方式都要大。

(5) 热压

热压是指借助热量和压力的联合作用,使板坯中的单板条紧密接触,热固性树脂胶充分固化,胶合成具有预定厚度、密度和性能的板材。

以脲醛树脂胶黏剂制造杨木单板条层积材(板厚15mm)的热压工艺参数为:

热压温度　　　　　　　　　　　　　　　145℃
热压时间　　　　　　　　　　　　　　　20min
热压压力　　　　　　　　　　　　　　　6.76 MPa

采用杨木作为平行单板条层积材的原材料时,由于杨木本身密度低,故杨木平行单板条层积材的压缩率大。板材密度过低,达不到强度要求;密度过高,需要较高的热压压力,纤维损伤严重,而且吸水厚度膨胀率上升。建议板材的密度以不超过 0.65 g/cm^3 为宜。

由于平行单板条层积材比较厚,芯层的胶完全固化需要较长时间。热压时同样可采用高频加热、微波加热或喷蒸热压等方法加速芯层胶黏剂的固化。

采用微波加热生产平行单板条层积材时,铺装成型的板坯持续送入具有微波处理功能的压机,经四面挤压制成大幅面的平行单板条层积材。制造平行单板条层积材的温度一般为 145~150℃,压力在 4.0~6.8MPa,热压时间 1.5~2.0min/mm。

采用喷蒸热压生产平行单板条层积材可以缩短热压时间,极大地提高生产效率。在热压机的压板表面上钻有直径为3mm左右且按一定规律排列的蒸汽喷射孔,边部用橡皮密封,以防止蒸汽泄漏。当压机闭合、板坯被压缩后,通过压板上的蒸汽喷射孔向板坯内喷射具有一定温度和压力的水蒸气,水蒸气从板坯表面冲向芯层,使板坯芯层温度迅速提高,促使胶黏剂快速固化。此外,也可以从侧面进行喷蒸。

(6) 板材剖成木方

将压制而成的板材按要求锯解成规格尺寸的木方。由于单板条的随机铺装,单板条中的天然缺陷如节子、斜纹和幼龄材等分散在板坯中,使平行单板条层积材的力学性能更加均匀稳定。

8.4 集成材

8.4.1 定义

集成材(glued laminated timber,简称 Glulam),是指将纤维方向基本平行的板材、小方材等在长度、宽度和厚度方向上集成胶合而成的材料。小方材的树种、数量、尺寸、形状、结构和厚度等可以变化。结构用集成材单块小方材,厚度一般不超过51mm,常为25mm 或50mm。

"集成材"原系汉字形式的日语名称，曾译为层积材；为与单板层积材区分，也曾译为板材层积材或厚板层积材。国内第一家生产这种材料的工厂采用了"集成材"这一名称，随后建立的工厂也沿用了这个名称，为了便于这种产品的生产和流通，故常采用"集成材"这个名称，又称胶合木。集成材与木质工字梁、单板层积材同为三种主要的工程成材产品，在欧洲、北美和日本、俄罗斯等国发展迅速，广泛用于建筑、家具和装修行业。

8.4.2 性能特点及用途

集成材主要用于建筑业，如用于直径为176mm、高52m的圆屋顶建筑；有的建筑物采用曲线集成材梁，跨距超过60m。除此以外，集成材也广泛用于非结构用材及装饰用材。集成材的性能特点有：

第一，集成材由实体木材的短小料制造成符合要求的规格尺寸和形状，做到小材大用、劣材优用。

第二，集成材用料在胶合前剔除节子、腐朽等木材缺陷，这样可制造出缺陷少的材料。配板时，即使仍有木材缺陷也可将木材缺陷分散。

第三，集成材保留了天然木材的材质感，外表美观。

第四，集成材的原料经过充分干燥，即使大截面、长尺寸材，其各部分的含水率仍均一，与实体木材相比，开裂、变形小。

第五，在抗拉和抗压等物理力学性能方面和材料质量均匀化方面优于实体木材，并且可按层板的强弱配置，提高其强度性能，试验表明其强度性能为实体木材的1.5倍。

第六，按需要集成材可以制造成通直形状、弯曲形状。制造成弯曲形状的集成材，作为木结构构件来说是理想的材料。按相应强度要求可以制造成沿长度方向截面渐变结构，也可以制造成"工"字型、空心方形等截面集成材。

第七，胶合前，可以预先将板材进行药物处理，即使长、大材料，其内部也能有足够的药剂，使材料具有优良的防腐性、防火性和防虫性。

第八，由于用途不同，要求集成材具有足够的胶合性能和耐久性，因此，集成材加工需具备良好的技术、设备及良好的质量管理和产品检验。

第九，与实体木材相比，集成材出材率低，产品的成本高。

集成材没有改变木材的结构和特点，它仍和木材一样是一种天然基材，但从物理力学性能来看，在抗拉和抗压强度方面都优于实体木材，在材料质量的均匀化方面也优于实体木材。因此，集成材可以代替实体木材应用于各种相应的领域。

(1) 非结构用集成材的用途

非结构用集成材主要作为家具和室内装修用材。在家具方面，集成材以集成板材、集成方材和集成弯曲材的形式应用到家具制造业。集成板材应用于桌类的面板、柜类的旁板、顶底板等大幅面部件，柜类隔板、底板和抽屉底板等不外露的部件及抽屉面板、侧板、底板、柜类小门等小幅面部件。集成方材应用于桌椅类的支架、柜类脚架等方形或旋制成圆形截面部件。集成弯曲材应用于椅类支架、扶手、靠背、沙发、茶几等弯曲部件。在室内装修方面的应用，集成材以集成板材和集成方材的形式作为室内装修的材料。集成板材用于楼梯侧板、踏步板、地板及墙壁装饰板等材料。集成方材用于室内门、窗、柜的横梁、立柱、装饰柱、楼梯扶手及装饰条等材料。

(2) 结构用集成材的用途

集成材是随着建筑业对长、大结构构件的需求量大增而发展起来的，主要用于体育馆、音乐厅、厂房、仓库等建筑物的木结构梁(图8-14)，其中三铰拱梁应用最为普遍，这是在以前的木结构中无法实现的，而集成材用简单的手段即可实现，提供了合理的结构材料。大部分集成材结构为以上弦和立柱为一体的拱形，可均匀地承受水平荷载。因此，集成材是消除以前木结构中各种弊端的结构形式。集成材作为建筑构件，最重要的特点是尽管构件截面大，而且是可燃材料，但在火灾中倒塌的危险性极小，避难时间长，使建筑物内部的机械或物品不致因建筑物倒塌而损坏。集成材用于桥梁的承载构件、车箱底部的承载梁，可以承受反复冲击荷载。

图 8-14　集成材在建筑中的用途

8.4.3　制造工艺

集成材的生产工艺流程如图 8-15 所示。

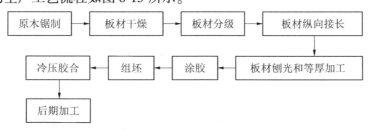

图 8-15　集成材的生产工艺流程图

集成材的主要生产工艺为：

(1) 原木锯制

依照生产集成材的基本要求制定原木锯剖方案。一般结构用集成材常用普通下锯法，对装饰用集成材一般用径切下锯法。锯得的板材在干燥堆垛之前应以板厚、树种等分别堆放干燥。

(2) 板材干燥

为了保证集成材的胶合质量，板材干燥后的含水率必须控制在 7%～15% 的范围内。

(3) 板材分级

结构用集成材在使用时,在外力作用下它产生内力——压应力、拉应力、剪应力,这些内力将由组成的各层板材所承受,而且距集成材中性层的距离不同,其内力大小也不同,为了充分发挥每块板材的作用,在组坯前应把每块板材按力学性能或表面质量进行分级。分级方法有木材机械应力分级和目测分级两大类。

①机械应力分级

当板材受外力而发生变形时,把板材每隔150mm记录下其变形值,求得变形和弯曲弹性模量(f-E)之间相关系数。

加拿大板材分级依"加拿大木材标准分级规则"进行,利用板材应力分级机,将板材分成14个级别(f-E分类),并直接给出允许值,如1800f-1.6E级,允许值为:静曲强度(MOR)12.4MPa,弹性模量(MOE)11000MPa。在正常载荷下的允许应力值见表8-8,不同树种的顺纹剪切和垂直纤维方向抗压强度见表8-9。

表8-8 对板厚38mm各种宽度下机械应力分级允许应力值(MPa)

级别	静曲强度	弹性模量	平行纤维方向抗拉强度		平行纤维方向抗压强度
			89~184mm	>184mm	
1200f-1.2E	8.3	8300	4.1	—	6.5
1450f-1.3E	10.0	9000	5.5	—	7.9
1500f-1.4E	10.3	9600	6.2	—	8.3
1650f-1.5E*	11.4	10300	7.0	—	9.1
1800f-1.6E*	12.4	11000	8.1	—	10.0
1950f-1.7E	13.4	11700	9.5	—	10.7
2100f-1.8E*	14.5	12400	10.8	—	11.7
2250f-1.9E	15.5	13100	12.1	—	12.4
2400f-2.0E*	16.5	13800	13.3	—	13.3
2550f-2.1E	17.6	14500	14.1	—	14.1
900f-1.2E	6.2	8300	2.4	2.4	5.0
1200f-1.5E	8.3	10300	4.1	4.1	6.5
1350f-1.8E	9.3	12400	5.2	5.2	7.4
1800f-2.1E	12.4	14500	8.1	8.1	10.0

表8-9 不同树种的顺纹剪切和垂直纤维方向的抗压强度(MPa)

树种	顺纹剪切强度	垂直纤维方向的抗压强度
花旗松、西部落叶松	0.62	3.17
西部铁杉	0.50	1.61
沿海树种	0.42	1.61
云杉、火炬松	0.46	1.67
西部冷杉	0.49	1.92
北方树种(上述所有树种)	0.42	1.61
北部杨木	0.43	1.23

②目测分级

分级工根据看到板材上节子性质和大小、斜纹理等缺陷的大小和位置来判断板材的强度并进行分级。

(4) 板材纵向接长

做装饰用集成材，必须把板材或小方材中的节子等缺陷锯掉，然后在长度方向上接长；同理，结构用材的板材内缺陷严重影响强度，也应截去而接长。接长时的基本要求是接头处强度不低于无节子材的90%以上，在纵向接长时宜采用指接或斜面接合。表8-10 为纵向接长时的特征表。

表8-10 集合材纵向接长时的特征

特 征	平面斜接	指接	
		非结构用	结构用
优缺点	木材损失多，接合后表面不平，加工精度难保证，很少应用	木材损失较少，接合后表面较好，加工精度较好，广泛采用	
齿形特征	斜接平面倾斜率 $\frac{1}{10} \sim \frac{1}{12}$	短钝 用于型料、门窗框、侧板、招牌、门梃、槛	长尖 用于层积梁，板材厚5cm、宽30cm

(5) 表面刨光

经分等和配料将锯材按集成材技术要求锯成毛料。干燥后的毛料会存在变形、尺寸公差和表面粗糙不平问题，因而必须进行表面刨平，即基准面加工。平面基准面加工常采用手工或机械进料的平刨机。每次加工量为 1.5~2.5mm，若超过3mm 将会降低加工质量。其厚度加工误差应小于 0.5mm，表面波长小于 5mm，端头撕裂小于 30mm。通过表面刨平，胶合可节省25%的胶黏剂。

(6) 涂胶

集成材胶合用胶黏剂种类很多。作为结构材使用常为酚醛树脂胶、间苯二酚树脂胶。其他脲醛树脂胶和改性乳白胶常用于室内用材。这些胶黏剂内各组分在使用时应均匀混合，并且保持温度在18℃以上。

涂胶可采用机械涂胶，常为辊筒涂胶机，结构类似于胶合板涂胶机，但辊筒长度较短，因为板材宽度较小。涂胶量一般在 300~500g/m²。

(7) 组坯

板材涂胶后，马上按集成材设计组坯方案依次堆放在一起。等级高的板材应放在集成材的表面。

为了提高集成材的强度，可以在集成材的表层采用高强度的板材或在抗拉区增放碳纤维。

(8) 胶合

由于集成材长度、厚度尺寸较大，形态可以是直线和曲线，一般不能用类似热压机胶合，而主要采用夹具夹住冷压。依夹具的分布位置可分为立式加压夹具装置和卧式加压夹具装置。大多数夹住的集成材是在不加热状态下保持数小时甚至一夜，让胶黏剂固化达到足够胶合强度时，再卸压。

(9) 加速胶合过程

由于冷压受天气变化而不能控制胶合质量，同时冷压时间过长影响生产率，因此要采用一定的方法加速胶合过程。加速胶合方法主要有热空气法、喷蒸汽法、辐射法和高频加热法等。

热空气法和喷蒸汽法，其工作原理基本相似，在集成材加压夹具装置外用防水防气帆布罩住并留有对流空间，然后用移动式蒸汽管或固定式蒸汽管按要求喷出蒸汽，通过对流传热给加压段集成材加热；热空气法是使空气通过固定的加热器加热后，再加热加压集成材，使其加热升温。

辐射法是利用一系列发热灯管照射被加压集成材侧面胶缝，使其加热升温。虽然辐射波有一定的穿透力，但深度仍很小。集成材板坯的内部温度升高，仅借板坯表面和内部温度差产生的热扩散，因而加热时间也很长。

高频加热法是借集成材板坯在高频交变的电场下使板坯内极性分子振荡，相互间产生摩擦热的内部加热法，因而升温较快，可大大缩短胶黏剂固化时间。可以采用高频热压机实现高频加热。

(10) 后期加工

集成材胶压完后，要经过后期加工，工序包括：表面和四边刨平；端头截去；表面嵌填和修补；表面砂光；刷防水涂料和打印包装入库。

8.5 细木工板

8.5.1 定义与用途

细木工板(block board)，是指在由木条组成的实体芯板或空心方格状芯板的两面，覆盖一层或两层单板或胶合板胶合而制成的一种特殊结构胶合板。

由于细木工板具有尺寸稳定性好、板面美观、强度高、质轻、生产成本低等诸多优点，因而在许多领域得到了广泛应用。目前，细木工板广泛用于制作家具、缝纫机台板、室内装饰装修的材料、建筑的壁板和门板，以及作装配式房屋、临时建筑、活动车间的屋面板和墙壁板等，近年来还用作地面毛地板的铺设等。

8.5.2 性能特点

实心细木工板与实木拼板相比，具有结构稳定、不易变形、板面美观，上下覆以单板或胶合板后强度高等特点；空心细木工板具有质轻、抗弯强度高、尺寸稳定性好等特点。

我国细木工板国家标准(GB/T 5849—2006)对细木工板的含水率、横向静曲强度、胶合强度、甲醛释放量等性能指标进行了规定,见表 8-11、表 8-12 和表 8-13。

表 8-11 含水率、横向静曲强度等性能要求

项 目		单位	指标值
含水率		%	6.0~14.0
横向静曲强度	平均值	MPa	≥15.0
	最小值	MPa	≥12.0
浸渍剥离性能		mm	试件每个胶层上的每一边剥离长度均不超过25mm
表面胶合强度		MPa	≥0.60

表 8-12 胶合强度要求　　　　　　　　　　　　　　　　　　MPa

树 种	指标值
椴木、杨木、拟赤杨、泡桐、柳桉、杉木、奥克榄、白梧桐、异翅香、海棠木	≥0.70
水曲柳、荷木、枫香、槭木、榆木、柞木、阿必通、克隆、山樟	≥0.80
桦木	≥1.00
马尾松、云南松、落叶松、云杉、辐射松	≥0.80

表 8-13 室内用细木工板的甲醛释放限量值　　　　　　　　　　　mg/L

级别标志	限量值	使用范围
E_0	≤0.5	可直接用于室内
E_1	≤1.5	可直接用于室内
E_2	≤5.0	经饰面处理后达到 E_1 级方可用于室内

8.5.3 制造工艺

由于细木工板按芯板结构不同可分为实心细木工板和空心细木工板,按芯条之间是否胶拼又可分为胶拼细木工板和不胶拼细木工板,因此,不同种类的细木工板的制造工艺又有所差别。

但不论何种细木工板,总的说来,其制造工艺过程均可以分为单板制造、芯板制造以及细木工板的胶合与加工三大部分。其中,单板的制造方法与胶合板相同,故这里仅介绍芯板制造以及细木工板的胶合与加工。

8.5.3.1 实心细木工板制造

实心细木工板是以实体芯板制作的细木工板。实体芯板是由木条(也称芯条)在长度和宽度方向上拼接或不拼接而制成的板状材料,芯板的厚度占细木工板总厚度的60%~80%,因而芯条的质量与加工工艺对成品的质量有很重要的影响。

(1) 芯板要求

①芯条树种

芯条的材种最好选用材质较软、结构均匀、干缩变形小、干缩差异较小的树种。一般多选用针叶材或软阔叶材等树种。常用的树种有松木、杉木、杨木、泡桐、云杉、桦木、椴木、榆木等。此外，同一张细木工板上芯条的树种要求一致，不同材种或物理力学性能不相近的树种，不能用在同一块细木工板中。

②含水率

芯条必须经过干燥，芯条的含水率一般控制在8%~12%。南方相对湿度大，含水率可高一些，但不应超过15%；北方相对湿度小，空气干燥，含水率可小一些，一般控制在6%~12%为宜。含水率一般根据当地平稳含水率而定。此外，在同一张芯板中，芯条之间的含水率应尽量均匀一致。

③芯条尺寸

细木工板表面的平整度与芯条尺寸的大小密切相关。在加工精度不变的条件下，芯条尺寸越小，细木工板表面的波纹度越小，但木材利用率、芯条加工效率等也会相应降低。适宜的芯条尺寸是制造高质量细木板的重要条件之一。细木工板国家标准（GB/T 5849—2006）要求芯条的长度不得小于100mm，芯条的宽度与厚度之比不大于3.5。对于芯条的厚度，当芯板不胶拼时，其厚度等于芯板厚度；若胶拼时，则其厚度应等于芯板厚度加上芯板刨平或砂光的加工余量。

④缝隙

在芯板的制造过程中，芯条之间常常存在缝隙。细木工板国家标准（GB/T 5849—2006）对缝隙进行了如下规定：沿板长度方向，相邻两排芯条的两个端接缝的距离不小于50mm；芯条侧面缝隙不超过1mm；芯条端面缝隙不超过3mm。

(2) 芯板结构

实心细木工板常用的芯板结构，有图8-16中所示的几种形式。

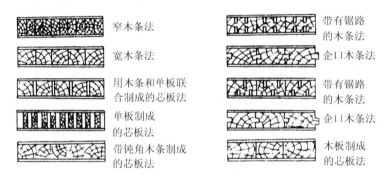

图8-16 实心细木工板的芯板结构

目前，在实际生产和市场销售的细木工板产品中，其芯板结构多以宽木条法的形式为主，也有用企口木条法形式的。

(3) 芯板制造方法

芯板的制造方法一般有联合中板法、胶拼木条法和不胶拼芯板法三种，其中后两种

①联合中板法

用冷固化胶黏剂先将板材胶合成木方,压力为 0.9~1.0MPa,加压后放置 6~10h,注意组坯时相邻层板材的年轮应对称分布。胶压后,将木方锯割成胶拼的板材,并在 45~50℃ 下干燥,再横拼成所需要的芯板宽度,其工艺流程见图 8-17。该法制成的芯板质量高,但耗胶多,并且所用原料为板材,成本较高。

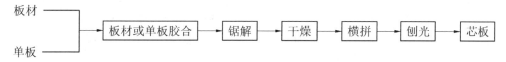

图 8-17　联合中板法制造芯板的工艺流程

②胶拼木条法

胶拼木条法是指用胶把小木条拼接成芯板,其工艺流程见图 8-18。该法主要原料是板材及小木条。先将板材用双面刨床刨平,再用多锯片机床把板材同时锯成宽度相等的木条,其宽度即为细木工板芯板的厚度,而后在小木条的侧面涂胶,在一定温度和压力作用下,用拼板机使小木条胶拼在一起,在生产中,胶拼的温度一般情况下在 140℃ 左右,胶拼时间大约 1min。此法制造的芯板质量好,强度高。

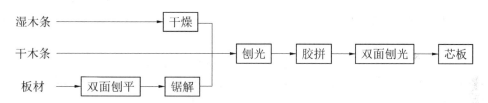

图 8-18　胶拼木条法制造芯板的工艺流程

③不胶拼芯板法

联合中板法和胶拼木条法均要使用胶黏剂,芯板的加工也较复杂。不胶拼芯板法是指木条边部不胶拼,而是用框夹、镶嵌物或其他结构连接制成。不胶拼芯板法有镶纸带法和框夹法两种,其工艺流程如图 8-19 和图 8-20 所示。不胶拼芯板法是省掉了胶拼工序和不消耗胶黏剂,工艺简单、成本低,但产品的强度较低。

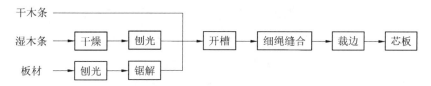

图 8-19　镶纸带法不胶拼芯板的制造工艺流程

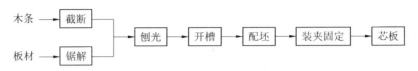

图 8-20　框夹法不胶拼芯板的制造工艺流程

(4) 细木工板胶合

胶合是细木工板制造中的一个很重要的工序。胶合前需对单板或芯板涂胶，然后按照胶合板的组坯原则进行组坯，最后胶压成细木工板。细木工板板坯若为五层结构，则胶通常涂在二、四层(中板)上；若为三层结构，则胶涂在芯板上。目前生产的细木工板产品，多为五层结构，三层结构极少见。

细木工板的胶合方法可分为热压法和冷压法两种，其中热压法制造细木工板的生产效率高，产品胶合质量好，为国内外细木工板生产的主要方法。

① 热压法

近些年来，为了提高细木工板的质量，特别是克服板材表面平整度差、厚度偏差大等问题，许多学者和企业对细木工板的制造工艺进行了诸多变革，比如对芯条选材和加工、芯板拼合和后加工、中板单板旋切和后处理等进行了调整和改进，但效果均不甚理想。直至对细木工板的热压胶合成型工段进行工艺改革后，细木工板的质量才真正上了一个台阶。细木工板的热压胶合成型工艺有以下三种：

一次热压成型工艺。此工艺是典型的老式工艺，它是将手工铺装的或直接胶拼好的芯板，与涂胶中板和面板、背板一起组成板坯后，直接进入热压机压制成板。该工艺的主要优点在于生产工序简单、生产成本低。但存在的缺点有：中板的裂隙、沟槽、色差、节疤等缺陷容易显示在板面；中板质量会影响板面的平整度；板材的厚度偏差大；若芯条的尺寸较大，且大小不一，会导致板面出现明显的纵向条纹，甚至芯条的轮廓线；板材的档次较低。

预压修补二次热压工艺。为了克服一次热压成型工艺的缺点，出现了预压修补二次热压工艺，其简单工艺流程如图 8-21 所示。

图 8-21　细木工板的预压修补二次热压工艺的简单工艺流程

预压修补二次热压工艺的主要优点有：采用两次修补和定厚砂光方法，大大提高了板面的平整度，减少了板材的厚度偏差，使板面缺陷得到了良好修正；采用隐蔽剂处理板坯，使中板的裂隙、沟槽、色差、节疤等缺陷不会显露在表背板上，提高了板材的外观质量；板坯陈化定型后，其残余应力得到释放，板材的尺寸稳定性得到提高。目前，中、大型工厂广泛采用该工艺进行细木工板的胶合，一些小工厂也在逐步采用此工艺。但此工艺也存在生产过程较复杂、占地大、砂光增加材料损失、能源消耗大于一次热压工艺等缺点。

在该工艺的生产中，多用脲醛树脂胶热压制造细木工板。通常先在芯板的上下两表面覆贴较厚的木单板作为中板，单板的厚度多在 1.4~2.5mm 之间，其中杨木单板用得最多，而中板的热压目前大多采用低温、低压胶合工艺，其单位压力多在 0.5~0.8 MPa 之间，热压温度多在 95~110℃ 范围内，热压时间则取决于中板厚度，但许多工厂只热压 4~6min。对于表板通常采用较薄的单板，且有越来越薄的发展趋势，其中 0.18~0.20mm 厚的奥古曼单板工厂用得最多，表板的热压压力和热压温度通常与中板差不多，但热压时间要短得多，一般情况下为 30~35s。

预压修补一次热压工艺。针对二次热压工艺的缺点，出现了一种新的预压修补一次热压工艺，其简单工艺流程见图 8-22。

图 8-22　细木工板的预压修补一次热压工艺的简单工艺流程

该工艺比二次热压工艺简化了几道工序，其优点是明显的，但其用材与工艺要求高：一是芯板要有较高的质量，如沟槽不能深、不能填补腻子灰等；二是胶黏剂要有较高的初黏度，预压 1h 左右即有较高的初始强度，以适应修整和定厚砂光，同时要有较长的活性期，一般在 12h 之内不能完全固化，只允许有初期的凝胶；三是需要充分了解该工艺并进行严格管理才能采用。此外，因该工艺取消了热压后的陈化定型，板材的残余应力未得到释放，对板材的尺寸稳定性有一定的影响。

②冷压法

细木工板的冷压法胶合成型工艺的优点是产品的内应力小、变形小、木材压缩损失少，缺点是生产周期长。冷压胶合时，由于木材塑性和胶黏剂流动性较差，因而需稍高的单位压力，使用脲醛树脂冷压胶合时，单位压力 1.2MPa，胶合时间 6~8h。板坯采用成堆冷压，每隔一定高度需放一张垫板，使板坯受力均匀，保证板面平整。

8.5.3.2　空心细木工板制造

空心细木工板是以空心方格状芯板制作的细木工板。空心细木工板常由胶合板作表板，芯板有木质空心结构，轻木、空心刨花板框、泡沫橡胶、蜂窝结构板等。其生产方法一般与空芯板结构（图 8-23）有很大关系。这里仅介绍三种空心细木工板的生产工艺。

（1）木质空芯结构

先将木料、刨花板或中密度纤维板按其需要锯成有一定规格与厚度的木条，然后把木条制作成有一定规格的空心木框，中间部分可以任意放置或不放置木条，待制成木框后，两面涂胶，之后上下覆盖胶合板，通过冷压或热压

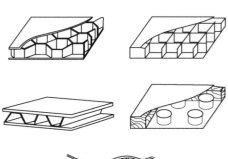

图 8-23　各种空芯结构
1. 芯板　2. 单板或胶合板

后而成。

(2) 单板和板材联合制造夹芯材料

生产这种产品时,把涂胶小单板条垂直于板材纤维方向排列,然后在单板条上放一张同样厚度的大单板,再在大单板上放一层单板条,这些单板条要互相错开,如此重复多次,达到规定的厚度为止,最后一次再放板材。将此混合板坯冷压胶合后,再进行干燥。将干燥后的板坯,按芯板要求厚度顺着板材纤维方向锯开,把锯下的芯板拉开,再在两个板条间用横向方材撑住,并在纵横向与连接物连接,这样就制成芯板材料,再在上下面覆盖单板、胶合板等,便制成空心细木工板。

(3) 蜂窝结构空心板

蜂窝结构空心板是通过用纸、单板、棉布、塑料、铝、玻璃钢等材料制成蜂窝状孔格芯板,而后在其表面覆上涂有脲醛树脂的单板或胶合板,在一定温度和压力作用下制成的。

蜂窝结构空心板具有较高的"强度-重量"比和"刚度-重量"比,此外,还具有阻尼振动、隔热、隔音等特性。蜂窝结构空心板可广泛用于家具工业、建筑工业、车厢制造、船舶制造和飞机制造工业等。

8.6 木材层积塑料

8.6.1 定义

木材层积塑料(laminated wood plastic,LWP),是指用浸渍合成树脂(主要是醇溶性酚醛树脂)的薄单板(0.35~0.6mm),在高温(140~150℃)高压(15~20MPa)下压制而成的一种木质层压材料。

按照产品规格和性能,木材层积塑料可分为木材层积塑料、化学精制层积板、增强层积塑料等。在生产过程中,根据木质纤维的排列方向配置板坯中的各层单板,就可以制得力学性能不同的木材层积塑料。

8.6.2 性能特点及用途

木材层积塑料具有耐水、耐湿、电绝缘性能好、强度高、形态稳定等优点,具体的性能特点有:

(1) 密度

木材层积塑料的密度与单板中干树脂的质量和数量、压缩程度和热处理条件有关。使用醇溶性酚醛树脂的木材层积塑料,其密度为 $1.3 g/cm^3$,使用水溶性树脂的木材层积塑料密度为 $1.35~1.40 g/cm^3$。

(2) 吸湿性

木材层积塑料的吸湿性小于木材,与树种有关。

(3) 热力学性质

随着木材层积塑料含水率的增加,其热传导性提高。如含水率提高到12%,热传导系数即增加 8%～10%。温度在 -50～50℃ 范围内变化时，不致引起木材层积塑料的变形。木材层积塑料的比热容、热导率和表面传热系数如下：

比热容：kJ/(kg·K)　　　　　　　　　　　　　1.55～2.39
热导率：kcal/(m·h·K)　　　　　　　　　　　 0.13～0.26
表面传热系数：kcal/(m²·h·K)　　　　　　　　0.3～5.15×10⁻⁴

(4) 耐磨性

木材层积塑料具有很好的耐磨性，通常用摩擦系数来描述。木材层积塑料在和钢进行干摩擦时，其摩擦系数较高，但当使用润滑剂时摩擦系数会大大降低，并且不超过锡基和铅基轴承合金（又称巴比特合金）、青铜、夹布胶木的摩擦系数。

(5) 介电性

木材层积塑料具有较高的强度和绝缘性能，可以在电气工业中作为结构材料或绝缘材料。木材层积塑料的介电性和一系列因素有关，如含水率、温度、含胶量、每层厚度、相邻层木材纤维方向的配置等，同时，介电性还与电场强度向量有关。

(6) 力学性能

木材层积塑料的力学强度，取决于木质纤维的排列方向，其各项力学性能指标都优于同树种的胶合板和实心木材。

木材层积塑料具有质轻而高强、耐磨及绝缘性能好等特征，是一种很好的工程材料，能代替某些有色金属、夹布塑料和特种硬质木材，而成为机械、电气、船舶、航空、纺织工业采用的一种非金属材料，可广泛用于制造风扇叶片、滑道、轴承、无声齿轮等。

8.6.3 制造工艺

木材层积塑料的生产工艺流程见图 8-24。

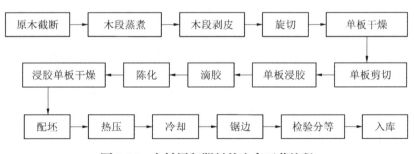

图 8-24　木材层积塑料的生产工艺流程

木材层积塑料的具体生产工艺如下：

(1) 单板准备

木材层积塑料生产使用的树种主要为材质均匀的阔叶树种散孔材，如桦木、色木、荷木、杨木等，其中以桦木（枫桦、白桦等）为主。单板制备工艺如单板旋切和干燥可参照胶合板部分。

(2) 单板浸胶

单板浸胶，就是将一定尺寸的干单板浸入胶槽中，让单板充分吸收酚醛树脂胶。浸胶时，干单板垂直立在浸胶用的吊笼中，浸胶一定时间后提起吊笼，把多余的胶液淋掉。木材层积塑料生产中一般使用醇溶性酚醛树脂胶黏剂，树脂的部分物理化学性能如下：

树脂外观色泽	微红到褐色透明液体，无不溶性微粒
树脂液密度(kg/m^3)	0.965
树脂含量(%)	50~55
游离酚含量不大于(%)	14
树脂聚合度(s)	55~90
树脂中水分含量不大于(%)	7
在乙醇中的溶解度	全溶
20℃时黏度(恩氏黏度)(Et)	
浸渍用	15~40
涂胶用	40~100
成品胶层抗剪强度不低于(MPa)	3.0(沸水煮1h后测试)

单板浸胶的方法有两种：普通胶槽浸渍法和真空-加压浸渍法。

①普通胶槽浸渍法

在室温条件下，将单板装在吊笼内，15~20张为一摞。单板厚度为0.75mm时，一摞数量不超过15张；厚度为0.55mm时，一摞数量不超过20张。单板与单板之间由金属丝网隔开。金属丝网由直径5~6mm的金属丝编成，网孔尺寸为100mm×100mm。吊笼中单板的数量，决定于浸胶槽的尺寸，而且吊笼的装料密度，应该保证浸渍胶液在单板之间顺利地渗透。装料后，吊笼同单板浸没于胶槽的浸渍胶液中。为避免乙醇蒸发，要盖上槽盖。这种方法操作简单，劳动量小，设备投资小，因此应用较广泛。较大工厂的浸胶设备如图8-25所示。

树脂向木材内部渗透的速度由单板的树种、厚度、含水率和树脂的特性决定。单板越薄，树脂越容易渗透到木材内部，渗透深度也越大，而且单板断面上树脂含量比较均匀，由此制成的制品性能也较好。但如果单板厚度太薄，由于树脂含量过多，塑料易发脆。单板厚度以0.35~0.60mm为宜。单板含水率对制品性能也有影响，单板含水率低时，树脂胶液渗入木材孔隙中的深度就深，并且分布也较均匀。但是，单板含水率过低，树脂吸入量过多，塑料易发脆。单板含水率以6%~8%为宜。浸胶程度取决于单板在胶槽内的时间，浸胶时间又依单板厚度而定，一般为1~3h，见表8-14。浸胶后，单板必须滴去表面上多余的胶液，这个过程可在浸胶槽或滴胶槽上进行。滴胶时间为30~60min。

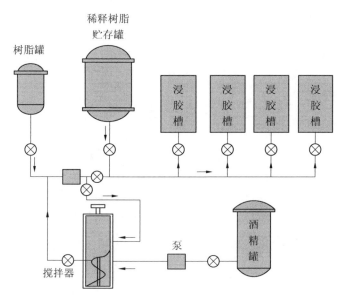

图 8-25　浸胶设备流程

表 8-14　树脂密度和浸胶时间对吸收干树脂的影响

20℃时的树脂密度(g/cm³)	浸胶时间(h)	吸收干树脂量(%)
0.938	1	18.04
	2	18.73
	4	22.38
	6	22.07
0.943	1	10.36
	2	11.76
	4	12.00
	6	16.69
0.975	1	8.35
	2	9.58
	4	10.02
	6	10.44

注：采用桦木单板，厚度0.55mm，含水率6%~8%。

②真空—加压浸渍法

将单板放入密封的耐压罐内，先抽真空，真空度达到$(6.7\sim8.0)\times10^4$Pa 后，保持 15min，使单板细胞腔空气抽出，以便加速胶液的吸收。然后将胶液放入罐内，通过观察孔注视胶液放满，即关闭真空泵和胶槽阀门，再向空气罐中注入空气，使罐内压力达到$(4\sim6)\times10^5$Pa，保持约 30min，打开压力罐下部阀门，使胶液流出，待流完后，关闭流出胶的阀门和加压阀门，此时单板的细胞腔隙已吸满胶液。再次抽真空，使木材细胞腔隙的过多胶液排出，以节省胶料，关闭真空泵，放出罐内胶液，取出浸渍好的单板。此法在很短的时间内能使单板吸收大量的胶液,而且胶液分布均匀。当压力位于 4~6 个大气压时,浸胶时间仅需 30min,而其单板的含水率可放宽到 12%。但此法要求树脂快速压入单板内,需将胶液浓度降低,因此比常压下的浸渍法增加了酒精的消耗量,且设备较复杂。真空-加压浸胶设备如图 8-26 所示。

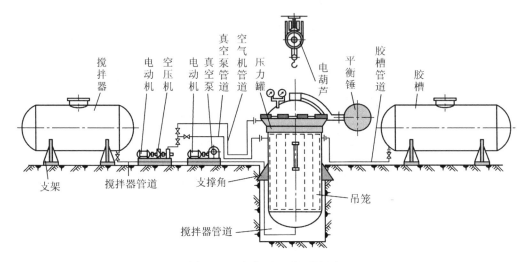

图 8-26　真空-加压浸胶设备

真空-加压浸渍法干单板吸收树脂量取决于压力、加压时间以及单板含水率,其影响见表 8-15。浸胶单板内树脂含量应在 16%~24%。

表 8-15　不同压力下加压时间和单板含水率对吸收干树脂量的影响

压力 ($\times 10^5$Pa)	加压时间 (min)	单板含水率		
		4.6%	10.2%	14.5%
4	30	22.49	20.27	18.48
	60	23.45	21.03	20.87
	90	25.36	22.18	20.79
	120	26.49	22.14	21.30
6	20	24.15	20.26	19.85
	40	24.49	21.45	21.04
	60	25.66	22.80	21.74
	80	28.35	24.38	22.35
8	10	26.63	19.61	16.50
	20	24.51	21.21	17.44

真空-加压浸渍法与普通胶槽浸渍法相比浸胶效果要好,因而在其他条件相同的条件下,采用真空-加压浸渍法生产的木材层积塑料质量明显优于采用普通胶槽浸渍法制得的产品质量,表 8-16 比较了两种浸胶方法对木材层积塑料质量的影响。

表 8-16 两种浸胶方法对木材层积塑料质量的影响

性　能	浸胶方法	
	真空-加压浸渍法	普通胶槽浸渍法
[质量]密度（g/cm³）	1.36	1.3
含水率（%）	5.0	7.0
24h 内膨胀率（%）	0.83	3.8
吸水极限（%）	14.4	21.5
膨胀极限（%）	13.3	22.4
24h 内吸水率（%）	1.07	3.5
抗拉强度（MPa）	284.2	254.8
抗压强度（MPa）	205.8	156.8
胶层剪切强度（MPa）	15.68	13.72
静曲强度（MPa）	323.4	274.4
抗冲击强度（MPa）	12.25	7.84

（3）浸胶单板干燥

制造木材层积塑料，单板浸胶后必须先进行干燥，然后才能组坯热压。因为单板中布满树脂胶，其中大量的溶剂（酒精和水）和一部分挥发物（游离酚和游离醛）热压时，在高压下不易排出，在卸压时容易发生"鼓泡"或"分层"现象，从而产生废品。为了保证产品质量，在热压之前必须对浸胶单板进行干燥，降低浸胶单板中的酒精和其他挥发物的含量。干燥后浸胶单板应达到下述要求：一是达到规定的挥发物指标；二是单板表面胶层无气泡，无缺胶；三是树脂固化率不大于2%；四是单板不发生开裂。

为了保证干燥质量，应分两个阶段进行：第一阶段，为防止溶剂和挥发物猛烈排出而使浸胶单板表面产生气泡，醇溶性树脂浸渍的单板干燥温度应不大于75℃（酒精沸点为78℃），水溶性树脂浸渍的单板干燥温度应不大于90℃（水沸点为100℃）；在浸胶单板含水率降到15%左右后，干燥进入第二阶段。在第二阶段可以提高干燥温度，但应防止树脂固化超过2%。表 8-17 为浸胶单板的干燥工艺参数。

表 8-17 浸胶单板的干燥工艺参数

参　数	不同阶段参数值	
	第一阶段	第二阶段
空气温度（℃）		
醇溶性酚醛树脂	70~75	90~95
水溶性酚醛树脂	65~75	85~90
风速（m/s）	1.5~1.8	0.8~1.0
相对湿度（%）	10~25	10~25

浸胶单板干燥后，含水率（包括挥发物）应在3%~6%。

浸胶单板干燥后，应在温度25℃，相对湿度不大于70%的场所放置4~5天。浸胶单板也应分等，用优质单板做表板，浸胶不完全或凝胶过多的单板不能使用。

(4) 配坯

单板经过浸胶和干燥后,应按照木材层积塑料的性能和用途对单板按纹理方向进行配坯。在配坯之前,先应按所制产品的要求厚度计算所需单板的层数,然后根据单板厚度和木材的压缩系数,按下式计算单板层数:

$$N = \frac{S}{(1-K)S_1} \tag{8-3}$$

式中:S——成品板厚度(mm);
S_1——单板的厚度(mm);
K——压缩系数,见表8-18。

表8-18 单位压力不同时的 K 值

产品种类	单位压力(MPa)	K 值
木材层积塑料	15.0	0.45~0.48
塑化胶合板(水溶性树脂)	3.5~4.0	0.33~0.35
塑化胶合板(醇溶性树脂)	4.0~4.5	0.35~0.45

根据产品的要求及木材层积塑料的结构不同,板坯配制的方法也各不相同。当木材层积塑料的尺寸小于单板尺寸时,可以按整体方案配坯。当木材层积塑料的长度超过单板的尺寸时,应按集成方案配坯,可采用搭接或对接,最好的方法是在木材层积塑料长度方向上采用纵向单板搭接的办法,但必须保证在同一断面上不能有两个搭接缝。横向单板宽度不够时,可用对接的办法,因为单板横纹强度本身就很低,所以无须搭接。

按集成方案组坯时,单板以搭接方式连接。搭接尺寸按照下式计算:

$$a = \frac{L}{(n+1)} \tag{8-4}$$

式中:a——搭接尺寸(mm);
n——板坯中的纵向层数;
L——单板长度(mm)。

板坯配好后,在金属垫板上涂以油酸或矿物油,以防止粘板。由于板坯较重,最好用机械装卸。装料时,压板温度以40~50℃为宜,以防板坯表面的树脂提前固化。

(5) 热压工艺

制造木材层积塑料时的温度一般为145~150℃,单位压力为15MPa左右。单位压力越大,木材压得越密实,传热速度也就越快,这样就促使树脂本身和木材间的物理化学作用快速进行,使木材塑化,降低了产品的吸水性和膨胀性。研究证明,吸水性和膨胀性是单位压力的函数,当单位压力超过15MPa时,函数曲线趋于平缓,即单位压力的增加对产品的物理力学性能的影响不大。所以,制造木材层积塑料的单位压力以15~16MPa为宜。

木材层积塑料热压工艺条件:
装板时热压板温度:40~50℃

热压时热压板温度：145~150℃

卸板时热压板温度：40~50℃

装板时板坯中心要对准热压板中心，以免倾斜、偏移和压力分布不均。然后开始升温和闭合压板，从热压板温度上升到145~150℃起开始计算热压时间。热压时间见表8-19。

表8-19　木材层积塑料板厚度与热压时间的关系

工艺操作	成品板厚度(mm)	时间(min)	备注
第一阶段升温	小于25	20~25	应严格控制升温时间
	大于25	30~40	
第二阶段保温	小于25	5/mm 板厚	温度和压力达到后计算时间
	大于25	4/mm 板厚	
第三阶段降温和卸压	小于25	不少于40	第二段终了前10min关闭蒸汽，通冷却水使板坯温度下降
	大于25	不少于50	

当单位压力及温度达到规定值时开始计算热压时间。

热压完成以后，为了消除板坯在热压时所产生的内部应力，必须使加热材料在压紧的状态下冷却下来。否则，不但会翘曲变形，甚至会完全破坏。所以在胶压结束前10~20min时，就开始停止供汽，通冷水进行冷却。当热压板温度冷却至40~50℃时，继续放置一段时间。一般按1mm板厚放置1min计算。放置结束后，然后降压松开压板，木材层积塑料由卸板机卸出。

木材层积塑料的生产，根据产品用途，工艺上应采用不同的措施，以提高产品质量。作为工程结构材料的木材层积塑料，为了提高力学强度，年轮割断太多的单板要加以限制。要求绝缘性能好的电工材料，树脂含量应不低于20%，热压时间要长，以保证绝缘和耐热性能好，体积稳定性好，加压时间可比规定时间每毫米板厚增加1~2min。耐磨材料要求体积稳定性好，耐压强度高，这就要提高树脂含量，加大单位压力。或浸渍单板涂布石墨，或用二硫化钼粉末混合于树脂内，也可以将单板先浸矿物油，再浸酚醛树脂，使木材层积塑料具含油性质，起自动润滑作用。

本章小结

本章介绍了几种其他单板类人造板，对比了其他单板类人造板与普通胶合板生产工艺及产品性能方面的异同点，给出了具体的工艺参数，为我国胶合板产业的升级换代奠定了理论基础，对于促进我国人造板行业的可持续发展具有重要的现实意义。

思考题

1. 简述竹材胶合板生产工艺。
2. 细木工板的特点是什么？主要用途有哪些？
3. 单板层积材的生产工艺与普通多层胶合板有何异同点？
4. 集成材有哪些特点？关键制造工艺有哪些？
5. 什么是平行单板条层积材？简述其生产工艺。

参考文献

陈桂华, 胡积昌, 程良松. 2006. 泡桐单板条层积材工艺研究[J]. 林业科技, 31(1): 35-37.

陈桂华. 1995. 浸胶法生产单板条层积材工艺研究[J]. 建筑人造板(2): 6-8.

陈绪和. 2011. 世界人造板工业发展态势[J]. 中国人造板(3): 78-84.

陈勇平, 王金林, 李春生, 等. 2007. 高频介质加热在木材胶合中的应用[J]. 木材加工机械(5): 37-41.

陈勇平, 王金林, 李春生, 等. 2011. 高频热压胶合中板坯内温度分布及变化趋势[J]. 林业科学, 47(1): 113-117.

陈志林, 张勤丽, 洪中立. 1994. 杨木单板条层积材工艺参数的研究[J]. 林产工业, 21(4): 10-13.

陈志林, 张勤丽, 洪中立. 1994. 杨木单板条层积材热压工艺的研究[J]. 木材工业, 8(2): 13-16.

高婧, 王石建, 朱祥光, 等. 2011. 工艺因子对杨木碎单板 PSL 材性变异性的影响[J]. 林业科技开发, 25(1): 57-59.

高强, 李建章, 张世锋. 2008. 木材工业用大豆蛋白胶黏剂研究与应用现状[J]. 大豆科学, 27(4): 679-683.

顾继友, 胡英成, 朱丽滨. 2009. 人造板生产技术与应用[M]. 北京: 化学工业出版社.

郝金城, 危力全. 2003. 集成材制造技术问答——1 集成材的基本概念[J]. 人造板通讯(5): 15-17.

何泽龙. 2005. 喷蒸热压新工艺技术及其在国内外人造板工业中的应用开发[J]. 林产工业, 35(1): 10-12.

何泽龙. 2005. 喷蒸热压新工艺技术及其在国内外人造板工业中的应用开发[J]. 林产工业, 32(1): 10-12.

李巧林. 2005. 木材单板层积材现状及趋势探讨[J]. 林业建设(2): 44-45.

凌云. 2011. 2015 年全球的胶合板产量预计可达 7590 万 m^3[J]. 中国人造板(2): 42.

刘焕荣, 刘君良, 柴宇博. 2007. 单板层积材的应用和发展[J]. 中国人造板(2): 5-7.

刘杨, 冶敏, 赵方, 等. 2010. 单板层积材的研究与发展趋势[J]. 木材加工机械(5): 40-43.

陆仁书. 1993. 胶合板制造学[M]. 北京: 中国林业出版社.

梅长彤, 周晓燕, 金菊婉. 2005. 人造板[M]. 北京: 中国林业出版社.

石祎, 李亚莉, 谭荣国. 2004. 高频加热在人造板热压中的应用[J]. 林业机械与木工设备(7): 42-43.

谭守侠, 周定国. 2006. 木材工业手册[M]. 北京: 中国林业出版社.

田海江, 宋希元, 高大宏, 等. 2008. 生物血球蛋白粉胶在胶合板基材生产中的应用[J]. 林业科技, 33(5): 35-37.

王宏棣, 时兰翠. 2007. 单板条平行成材(PSL)研究现状及发展趋势[J]. 林业科技, 32(4): 51-53.

王硕. 2010. 影响未来中国胶合板行业之关键词浅析[J]. 中国人造板(9): 3-6.

吴盛富. 2003. 浅析单板层积材在我国的应用和发展[J]. 人造板通讯 (2): 6-9.

吴盛富. 2008. 我国杨木资源与胶合板工业的发展[J]. 中国人造板(3): 24-28.

向仕龙, 蒋远舟. 2008. 非木材植物人造板[M]. 2版. 北京: 中国林业出版社.

向仕龙, 申明倩. 2003. 我国细木工板的生产现状及工艺改革[J]. 木材工业, 17(1): 14-16.

向仕龙, 吴建辉. 1996. 影响细木工板表面波纹度的因素分析[J]. 建筑人造板(4): 3-6.

杨建华. 2009. 工程结构材密度计算机在线检测系统的研究[D]. 北京: 北京林业大学.

叶克林, 熊满珍. 2006. 我国胶合板生产和贸易的现状和展望[J]. 木材工业, 20(2): 26-29.

张齐生, 等. 1995. 中国竹材工业化利用[M]. 北京: 中国林业出版社.

张双保, 杨小军. 2001. 木质复合材料的研究现状与前景[J]. 建筑人造板 (2): 3-6.

赵仁杰, 喻云水. 2002. 竹材人造板工艺学[M]. 北京: 中国林业出版社.

郑霞, 徐剑莹, 李新功. 2010. 人造板喷蒸热压工艺研究进展[J]. 林业机械与木工设备, 38 (9): 12-15.

中国林产工业协会. 2010. 中国胶合板产业报告(2009). 北京: 中国林产工业协会.

周定国. 2011. 人造板工艺学[M]. 2版. 北京: 中国林业出版社.

N. S. Hettiarachchy, U. Kalapathy, D. J. Myers. 1995. Alkali-modified soy protein with improved adhesive and hydrophobic properties [J]. Journal of the American Oil Chemists' Society, 72(12): 1461-1464.

W. Huang, X. Z. Sun. 2000. Adhesive properties of soy proteins modified by sodium dodecyl sulfate and sodium dodecylbenzene sulfonate[J]. Journal of the American Oil Chemists' society, 77 (7): 705-708.